现代食品科学技术著作丛书

膜技术在乳品成分分离中的应用

MEMBRANE PROCESSING FOR DAIRY INGREDIENT SEPARATION

主编 [美]胡康（Kang Hu）
[加]杰姆斯·M.迪克森（James M. Dickson）

主译 黄锐 张凤 胡刚

WILEY

中国轻工业出版社

图书在版编目（CIP）数据

膜技术在乳品成分分离中的应用／（美）胡康（Kang Hu），（加）杰姆斯·M. 迪克森（James M. Dickson）主编；黄锐，张凤，胡刚主译. — 北京：中国轻工业出版社，2023. 3
ISBN 978-7-5184-4108-2

Ⅰ. ①膜… Ⅱ. ①胡… ②杰… ③黄… ④张… ⑤胡… Ⅲ. ①薄膜技术—应用—乳制品—分离 Ⅳ. ①TS252. 1

中国版本图书馆 CIP 数据核字（2022）第 154170 号

责任编辑：张　靓
文字编辑：王宝瑶　　责任终审：白　洁　　整体设计：锋尚设计
策划编辑：罗晓航　王宝瑶　　责任校对：朱燕春　　责任监印：张　可

出版发行：中国轻工业出版社（北京东长安街 6 号，邮编：100740）
印　　刷：三河市万龙印装有限公司
经　　销：各地新华书店
版　　次：2023 年 3 月第 1 版第 1 次印刷
开　　本：787×1092　1/16　印张 13. 75
字　　数：317 千字
书　　号：ISBN 978-7-5184-4108-2　定价：108. 00 元
邮购电话：010-65241695
发行电话：010-85119835　传真：85113293
网　　址：http://www. chlip. com. cn
Email：club@ chlip. com. cn
如发现图书残缺请与我社邮购联系调换
211604K1X101ZYW

本书编写人员

Abhiram Arunkumar, PhD

Department of Chemical and Biological Engineering 1605 Linden Drive Madison WI 53706, USA

Laurent Bazinet, PhD

Institute of Nutrition and Functional Foods (INAF) Dairy Research Center (STELA) Department of Food Sciences and Nutrition, Université Laval, Pavillon Paul Comtois Québec, Canada G1V 0A6

Sheng Dai, PhD

School of Chemical Engineering The University of Adelaide Adelaide South Australia 5005, Australia

James M. Dickson, PhD

Department of Chemical Engineering McMaster University Hamilton Ontario, Canada L8S 4L7

Mark R. Etzel, PhD

Department of Chemical and Biological Engineering 1605 Linden Drive Madison WI 53706, USA

Xianshe Feng, PhD

Department of Chemical Engineering University of Waterloo Waterloo Ontario, Canada N2L 3G1

Raja Ghosh, PhD

Department of Chemical Engineering McMaster University 1280 Main Street West Hamilton Ontario, Canada L8S 4L7

Kang Hu, PhD

Department of Chemical Engineering McMaster University Hamilton Ontario, Canada L8S 4L7 and R&D Land O'Lakes Inc. Arden Hills MN 55126, USA

Bo Jin, PhD

School of Chemical Engineering The University of Adelaide Adelaide South Australia 5005, Australia

Dharmesh Kanani, PhD

Principal Scientist Process Sciences Natrix Separations Inc. 5295 John Lucas Drive, Unit 6 Burlington Ontario, Canada L7L 6A8

Sandra E. Kentish, PhD

Department of Chemical and Biomolecular Engineering The University of Melbourne Melbourne Victoria 3010, Australia

Suwattana Pruksasri, PhD

Department of Biotechnology Faculty of Engineering and Industrial Technology Silpakorn University Nakhon Pathom 73000, Thailand

Gwynneth Rice, PhD

Beca Pty Ltd L4, 5 Queens Rd, Melbourne Victoria 3004, Australia

Panida Sampranpiboon, PhD

Department of Chemical and Material Engineering Rangsit University Pathumthani 12000, Thailand

Masoumeh Zargar, PhD Candidate

School of Chemical Engineering The University of Adelaide Adelaide South Australia 5005, Australia

Boya Zhang, PhD Candidate

Department of Chemical Engineering University of Waterloo Waterloo Ontario, Canada N2L 3G1

本书翻译人员

主　　译　黄　锐（中垦华山牧乳业有限公司）

张　凤（重庆市天友乳业股份有限公司）

胡　刚（中垦乳业股份有限公司）

主译单位　中垦华山牧乳业有限公司

中垦华山牧乳业“优质乳工程”专家工作站

翻译人员（按姓氏拼音排序）

曹晓倩（渭南职业技术学院）

曹艳妮（中垦华山牧乳业有限公司）

陈玉洁（西北农林科技大学）

陈祖国（重庆市天友乳业股份有限公司）

侯　艳（重庆市天友乳业股份有限公司）

蒋源渊（重庆市天友乳业股份有限公司）

李莉蓉（昆明理工大学）

王　新（西北农林科技大学）

王梦璇［礼蓝（四川）动物保健有限公司］

徐　丹（陕西科技大学）

徐秦峰（陕西科技大学）

周　鑫（中垦乳业股份有限公司）

审　　阅　陈历俊（国家母婴乳品健康工程技术研究中心）

顾　　问　顾佳升（中国奶业协会乳品加工委员会）

王千六（重庆市农业投资集团有限公司）

邱太明（中垦乳业股份有限公司）

序

乳是营养均衡的全价食品，富含蛋白质、维生素和矿物质等，具有提高免疫力、促进骨骼健康、调节肠道等多种有益于健康的作用。“十三五”期间，我国乳制品行业保持了稳定的发展趋势，2020 年乳制品产量达到 2780.38 万吨，2016—2020 年乳制品产量年均增长率为 4.94%且营业收入年均增长率为 7.93%。随着《“健康中国 2030”规划纲要》被持续推进、人民生活水平的不断提高，乳制品消费也将持续增长。对乳制品行业而言，需要进一步加强技术和产品创新，不断优化乳制品结构，满足和引领消费需求。

在乳制品加工过程中，加热是常见的加工处理过程，也是保障乳品安全的关键。热处理可以杀灭或者减少乳品中的微生物，可以延长乳品保质期，对于保障乳品安全至关重要，同时，也是各类乳品加工的必需环节。然而，加热会导致乳中部分活性成分功效降低或丧失（如乳铁蛋白）。随着人们对乳中活性成分功能特性认识的逐步深化，非热加工成为乳品加工新的热点，也是乳制品行业新的机遇，常见的非热加工手段有超高压、膜过滤、高压电场等。

中垦华山牧乳业有限责任公司的黄锐与团队其他译者共同翻译了本书，系统介绍了膜技术在乳品中的应用，主要包括微滤、超滤、纳滤、反渗透、膜色谱、电渗析等。目前，膜技术是乳制品新技术领域应用比较稳定的加工技术，可以实现与其他加工工艺组合使用，实现乳成分分离、除菌、延长货架期，保留牛乳中更多的活性成分等诸多功能，对于乳中主要成分的分级分离，开发乳蛋白产品和乳脂产品等，有重要参考价值。

本书为乳品从业者和乳品研究者提供了膜技术在乳品中应用的重要参考资料，对乳品技术人员进行技术创新很有参考价值。同时，也为我国优质乳源向高附加值产品的创新提供了新的思路。

西北农林科技大学

食品科学与工程学院院长

2022 年 1 月

译者序

本书由美国蓝多湖公司（Land O'Lakes Inc.）的胡康（Kang Hu）和加拿大麦克马斯特大学的杰姆斯·M. 迪克森（James M. Dickson）主编，由于他们在膜科学与工程领域的努力，才能呈现出如此深厚的著作。

微滤可能是最早投入使用的膜分离技术。本书第 1 章介绍了微滤膜和微滤工艺，错流微滤及膜淤堵的机制。第 2 章介绍了超滤膜组件及其结构，超滤膜特性以及乳制品中乳糖的高分子超滤膜分离/浓缩技术的应用。第 3 章详细介绍了乳品超滤过程中的一大挑战——膜淤堵，分析了影响膜淤堵的主要因素，对应膜淤堵的机理建立了三种经典淤堵模型，以确定最小化淤堵的控制方法，此外为延长膜寿命，必须重视膜清洗和消毒。第 4 章介绍了荷电超滤膜的工作原理及其在乳蛋白分离和浓缩中的应用。荷电超滤膜根据静电排斥原理分离蛋白质，可取代传统的膜分离技术。在使用普通大孔径膜浓缩蛋白质时，为稳定膜性能，需要控制蛋白质在膜上的层积，因此需要控制渗透通量，而荷电超滤膜能够保证高于标准膜的渗透通量，同时防止淤堵。第 5 章介绍了纳滤，纳滤可以通过小于 200u 的小分子而使钙、镁和磷酸等多价离子盐部分截留，其操作和膜成本都远低于电渗析纳滤膜，是一种有效的浓缩乳糖和降低乳液中盐含量的技术。第 6 章概述了反渗透膜材料和组件结构以及反渗透膜的机制，总结了影响反渗透膜性能的特性和操作方面的关键参数以及反渗透工艺应用中的技术突破口，特别讨论了在乳制品行业使用反渗透膜的工艺参数和挑战，最后简要介绍了反渗透膜材料和技术的发展前景。第 7 章介绍的渗透蒸发是一种相对较新的分离过程，可作为传统风味回收技术的替代方法，此章综述了乳制品香气化合物的蒸发提取和富集的基本原理，以及用于乳制品香气浓缩的蒸发膜的现状，还讨论了渗透汽化分离的特征以及与乳制品香气的渗透汽化提取有关的一些潜在技术问题。第 8 章阐述了膜色谱当前的一些应用和潜在的未来机会，同时重点介绍了一些关键挑战点。第 9 章讲述了常规电渗析的原理以及通过离子交换膜的传质现象，重点介绍了双极膜（BM）和过滤膜（FM）的混合电渗析工艺和研究成果。

膜技术在乳品工业中应用广泛。国内关于乳制品加工技术方面的著作较为常见，但未见系统介绍乳制品膜分离技术的书籍，本书填补了这一领域的空白，深入介绍了有关乳品成分分离中各种膜分离技术（包括反渗透、微滤、超滤、纳滤）的发展及其在乳制品中的应用现状，内容涵盖了传统膜技术应用和具有巨大商业化潜力的前沿膜技术，对乳制品行业生产工艺流程设计、成分分离和新产品开发相关的技术人员大有帮助。

本书的翻译得到了许多乳品工程专家和乳制品行业人士的支持，全书由中垦华山牧乳业有限公司曹艳妮统稿，国家母婴乳品健康工程技术研究中心主任教授级高工陈历俊审阅。感谢参译者对本书翻译工作的付出。感谢重庆市农业投资集团有限公司总经理王千六，中垦乳业股份有限公司党委书记、董事长、总经理邱太明，中国奶业协会乳品加工委员会副主任顾佳升教授对本书翻译工作的支持和帮助。还要感谢中垦华山牧乳业“优质乳工程”专家工作站、西北农林科技大学优质乳工程专业学位研究生实践基地为本书翻译工作所做的大量工作。

由于译者水平有限，本书错误和不足之处在所难免，恳请读者批评指正。

译者

致谢

如果没有所有参加编写者的努力，这本书是不可能完成的。正是因为他们在膜技术方面的独特背景和经验，才为本书增添了深度和色彩。感谢 John Wiley & Sons，特别感谢 David McDade、Fiona Seymour、Audrie Tan 和 Lea Abot 在过去 3 年中的耐心和支持。

本书主编胡康（Kang Hu）和杰姆斯·M. 迪克森（James M. Dickson）还要感谢加拿大麦克马斯特大学持之以恒的帮助。胡康（Kang Hu）感谢 Land O' Lakes 的支持。杰姆斯·M. 迪克森（James M. Dickson）感谢多年来与他一起工作的所有学生的辛勤工作，他们中的许多人仍继续在膜科学与工程领域工作。

胡康（Kang Hu）和杰姆斯·M. 迪克森（James M. Dickson）

前言

根据联合国粮食及农业组织（简称粮农组织）的数据，2011 年全球全年约 2.6 亿头乳牛生产约 7.3 亿吨牛乳。绝大部分牛乳以生乳、各种加工乳制品和干酪的形式供人类食用。通过各种膜分离过程，人们实现了乳和（或）乳副产品中多种价值成分的生产或工业化生产，例如脂肪、蛋白质、矿物质和维生素，并证明了膜分离工艺在回收这些产品方面是有效的。

脂肪、蛋白质、肽、糖和乳矿物质等乳制品成分的功能、营养和生物学特性为食品、化学和制药行业的产品开发提供了多种可能性，这些产品的开发过程会受加工工艺的影响。这些工艺可能很简单，如降低 pH 以凝固酪蛋白，也可能很复杂，如通过色谱分离免疫球蛋白 G（IgG）。膜分离工艺已在乳制品行业应用了数十年。最早的应用之一是 Maubois、Macquot 和 Vassal（1969）提出的用于制作软乳酪的超滤工艺（超滤工艺的优点包括高产量和低能耗）。液态乳固形物含量高且成分复杂，与传统的膜应用（如水处理和脱盐）相比，从液态乳中分离成分增加了分离工艺的复杂性，所以是一项特殊的挑战。随着膜材料和膜组件配置的不断发展，几乎所有类型的膜工艺都已成功应用于乳制品行业，用于固形物浓缩、成分分离和废液回收。

本书详细介绍了乳品成分分离中各种膜分离技术的发展成果。本书中的方法是从化学工程师的视角看待用于乳品成分分离的膜分离过程。也就是说，本书不仅将膜视为获取成分的工具，还解决了处理系统的数学建模、设计和优化问题。本书还深入介绍了每个膜分离过程的机制与应用于乳制品行业的膜和模型，并给出模型方程以帮助读者理解计算结果（截留、分离和通量）。

与其他膜工艺相比，微滤膜具有相对较大的孔径（0.1～10μm），通常用于乳蛋白分级。第 1 章介绍了使用微滤从脱脂乳中分离乳清蛋白（或天然乳清蛋白）的工艺。与传统从干酪加工中获得乳清蛋白的工艺相比，微滤不会改变乳的 pH 和离子强度，从而减少蛋白质变性，使产品流的纯度更高，所得成分的功能性更好。

超滤可能是乳制品原料制造中使用最广泛的膜工艺。第 2 章全面回顾了使用聚合物超滤膜分离乳制品成分（重点是乳糖回收）的知识，详细讨论了影响乳糖分离/分级的因素以及对产量的影响，还介绍了集成膜生物反应器制备功能性乳制品的概念和原理。最后，讨论了分离乳糖以生产低乳糖乳和其他附加值产品的未来和挑战。第 3 章重点介绍超滤过程中发生的淤堵，描述了超滤淤堵的机理和影响淤堵的因素，并提出了一些超滤膜淤堵的控制方法。第 4 章提出采用带电超滤膜从根本上改变了分离机制，使大小相似但净电荷不同的蛋白质实现分离，阐述了带电超滤膜在乳蛋白分馏和传统蛋白质浓缩中应用的效果（与不带电超滤膜相比，观察到通量显著增加）。

在乳制品工业中，纳滤用于从溶液中去除氯化钠，包括乳浓缩蛋白、乳清或乳糖溶液的脱盐。该方法还可用于回收重要的矿物质，尤其是钙和镁。第5章概述了此类膜系统的主要特征，包括在这些过滤过程中通常使用的膜类型和目标矿物质种类。

在乳制品原料的制造过程中，会消耗大量的水，这些水最终会成为含污染物的废物流，必须进一步处理。在第6章中，回顾和讨论了反渗透膜工艺在乳制品废水净化上的应用，以产生浓缩废物流和可再利用的干净的透过液流。这种蒸发干燥前的预浓缩节省了能源消耗，减少了热环境时间，从而降低了运行成本，减少了乳中蛋白质的变性。来自反渗透的透过水几乎是“纯水”，可重复用于工艺洗滤和原位清洗系统（CIP）。在CIP中，渗透水用于膜系统和其他加工设备的清洗，因此在节约成本和环境可持续性方面具有相当大的优势。

除了上述广泛使用的膜工艺外，几种独特且新兴的膜分离工艺也已应用于成分生产。第7章介绍了用于乳制品香气浓缩的渗透汽化膜的现状，介绍了用于香气提取的渗透蒸发过程的基本原理，并记录了适用于乳制品香气富集的膜，讨论了与香气回收相关的各个方面（例如香气化合物的性质、膜的渗透选择性以及香气化合物与膜材料之间的相互作用）。第8章介绍了使用膜色谱的蛋白质纯化和分析方法，讨论了一些更传统的应用，例如蛋白质的纯化和精制，还讨论了新应用，如蛋白质聚集体的分析和使用膜堆叠作为生物反应器对蛋白质进行酶促和合成修饰。第9章回顾了最近用于有效分离某些乳制品成分的电渗析，首先描述了常规电渗析的原理以及通过离子交换膜的传质现象；然后重点介绍了使用双极膜和过滤膜的混合电渗析工艺；最后，介绍了用于从乳、乳清或乳副产品中分离、纯化和分馏乳成分的传统和先进电渗析工艺的情况。

本书对乳制品行业用于产品回收的膜系统开发和设计工作的任何人都具有价值。总体而言，本书的内容涵盖了用于乳品成分分离和产品流生产的大多数膜分离过程，它包括商业化的膜分离技术，对乳制品行业具有重大意义。本书还收录了一些经过深入研究并具有巨大商业化潜力的前沿技术，目标受众是相关领域的专业人士，例如工艺和系统设计工程师以及配料产品开发人员。这种基于现代信息和经验的知识将对膜和膜加工行业的专业人士大有帮助，从而使本书所述的乳制品相关行业的膜及其工艺商业化具有更大的潜力。

胡康（Kang Hu）和杰姆斯·M. 迪克森（James M. Dickson）

目录

1 酪蛋白和乳清蛋白的微滤分离

Kang Hu[1]、James M. Dickson[1]和 Sandra E. Kentish[2]

1 *Department of Chemical Engineering, McMaster University, Hamilton, Ontario, Canada, L8S 4L7*

2 *ARC Dairy Innovation Hub, Department of Chemical and Biomolecular Engineering, The University of Melbourne, Parkville, Victoria* 3010, *Australia*

1.1 微滤引言

微滤（Microfiltration，MF）可能是最早投入使用的膜分离技术，它是德国在第一次世界大战和第二次世界大战中为除菌而开发的（Zsigmondy 和 Bachmann，1922）。通常，微滤膜的孔径范围为 0.1~10μm，涵盖了各种天然和工业颗粒，例如胶体、细菌和红细胞。

微滤是一种压力驱动的分离工艺，类似于超滤、纳滤和反渗透等其他广泛使用的膜工艺，与这些工艺相比，微滤通常在相对较低的压力下运行，主要用于较大颗粒的分离和分馏。

以下介绍微滤的原理，包括微滤膜和工艺的介绍、错流微滤及膜污染的机理。

1.1.1 微滤膜和工艺

微滤膜可以由多种材料合成，通常分为有机材料（聚合物）和无机材料（陶瓷材料）。聚合材料可以是疏水的，包括聚四氟乙烯（Polytetrafluoroethylene，PTFE）、聚偏二氟乙烯［Poly（vinylidene fluoride），PVDF］和聚丙烯（Polypropylene，PP）；也可以是亲水的，包括聚碳酸酯（Polycarbonate，PC）和聚醚砜［Poly（ethersulfone），PES］（Mulder，1996a）。陶瓷膜通常由氧化铝（Al_2O_3）、氧化锆（ZrO_2）和二氧化钛（TiO_2）制成。在膜的制造过程中，可以根据特定应用的需要对某些疏水性材料进行表面改性，使其变为亲水性。Gekas 和 Hallstrom（1990）综述了这些材料，并总结了它们的优缺点。对比陶瓷膜和聚合物膜，前者具有出色的耐热性和耐化学性，并且膜寿命更长，后者通常更便宜，具有更高的面积体积比，更容易结合蛋白质并且具有更宽的孔径分布。

人们使用多种技术制造微孔膜，例如通过在支撑材料上烧结制备陶瓷膜。得益于当前聚合物加工技术，聚合物膜可以通过多种方法制备，如熔融拉伸、径迹刻蚀、相转化和烧结（Glimenius，1985；Mulder，1996b）。

微滤膜的孔结构会根据制备膜的材料和技术的不同而显著变化。图 1.1 举例说明了使用不同制造方法和材料制成的膜多孔表面结构。从图中可以看出，通过熔融拉伸［图 1.1（1）］产生的膜孔不是圆形的，但是制造过程相对简单；径迹刻蚀［图 1.1（2）］产生的孔呈圆柱形，尺寸均匀，但孔隙率较低；而相转化［图 1.1（3）］产生的孔具有更高的孔隙率（或孔隙密度）；对于陶瓷膜，烧结通常形成结节结构［图 1.1（4）］。

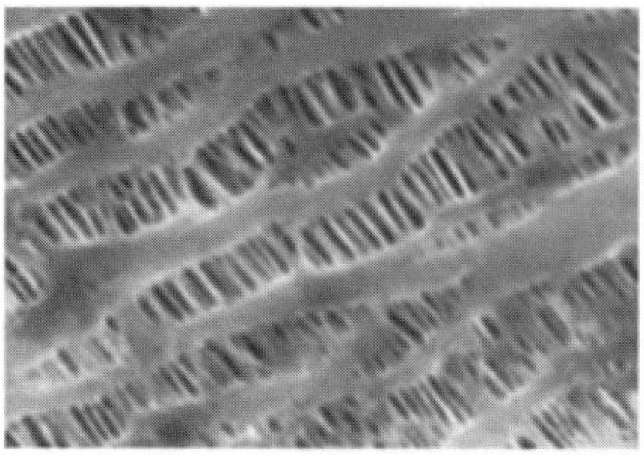

（1）通过熔融拉伸制成的聚合物膜
（资料来源：Barbe、Hogan和Johnson，2000，经Elsevier许可使用）

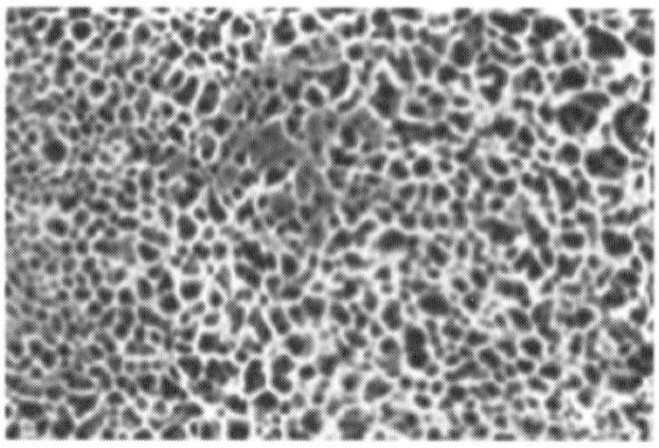

（2）通过径迹刻蚀制成的聚合物膜
（资料来源：Millipore Product Catalogue，2013）

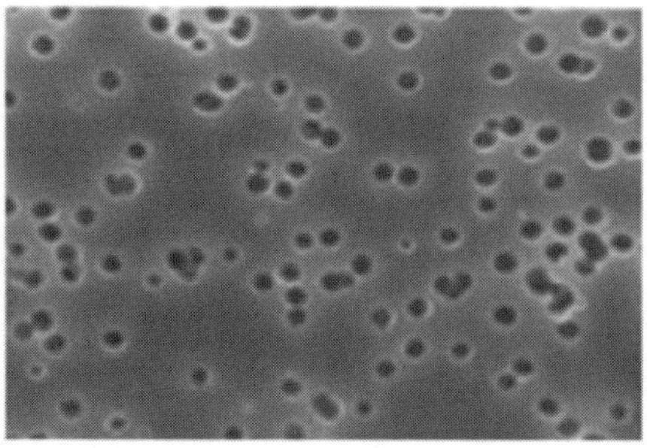

（3）通过相转化制成的聚合物膜
（资料来源：Ying、Kang和Neoh，2002，经Elsevier许可使用）

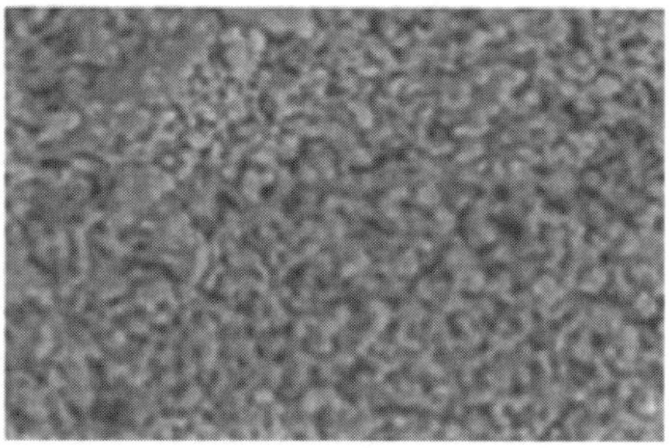

（4）通过烧结制成的陶瓷膜
（资料来源：Zhang、Zhong和Xing，2013，经Elsevier许可使用）

图 1.1 微滤膜表面结构照片

微滤工艺是压力驱动的，通常以两种模式进行：死端微滤或错流微滤。如图 1.2 所示，在死端微滤中，施加的压力使进料流向与膜垂直。由于跨膜的压力差，溶剂和一些较小的颗粒会渗透穿过膜，但是较大的颗粒会保留下来，然后堆积在膜表面，因此形成淤堵层，导致渗透通量减少。随着污垢的增加，渗透通量急剧下降。当污垢足够多，无法再收集透过液时，需要更换膜。因此，死端微滤仅在应用于相当稀和（或）高价值的溶液时才是经济可行的，因为淤堵的膜很难清洗，所以通常只能丢弃。死端微滤通常间歇式进行，并且通常在实验室中小体量应用，使用圆柱形容器（例如注射器）作为过滤单元。

在错流微滤中［图 1.2（2）］，进料流向与膜表面平行。类似于死端微滤，由于跨膜的压差，溶剂和一些小颗粒穿过膜并被收集在透过液侧。其余的进料沿膜表面继续流动，并单独作为浓缩液（称为截留液）除去。

与死端微滤相似，在截留液侧，截留的颗粒积聚在膜表面形成淤堵层，导致渗透通量随时间减少。然而，由进料的切向流动引起的剪切作用限制了淤堵层的堆积和形成。因此，在错流微滤期间，淤堵层在初始快速形成，之后形成过程变慢甚至停止。在此时，累积的颗粒即为通过错流流回到分散液体中的颗粒的数量。当淤堵层产生的水力阻力相对恒定时，渗透通量变得稳定。在这种条件下，错流微滤可以在稳态过滤流下连续运行很长一段时间，从而大大提高了其分离性能，拓宽了工业应用范围。

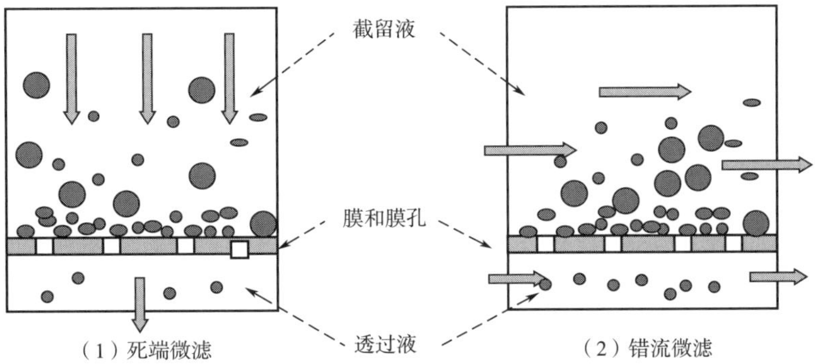

图 1.2 死端微滤和错流微滤

1.1.2 错流微滤的机制

在微滤中，分离机理主要是尺寸排阻或所谓的“筛分效应”。小于孔径的颗粒可以穿过膜，但大于孔径的颗粒会被截留。分离性能受多个参数影响，包括错流速度、施加的压力、膜和颗粒的物理和化学性质、颗粒和颗粒之间的相互作用以及颗粒和膜材料之间的相互作用。考虑到这些参数，当前已经开发了许多数学模型来表述错流微滤的透过机理。所有这些模型都有其局限性，这是由于膜表面和界面上发生的现象还不清楚，特别是当进料溶液中存在各种类型的颗粒时，会增加现象的复杂性。但是，这些模型可以提高人们对工艺的理解，并为此类操作的工艺设计提供指导。

对错流微滤进行建模的早期尝试是从浓差极化模型开始的，因为浓差极化会影响几乎所有类型膜分离的性能。如图 1.3 所示，在微滤过程中，颗粒会被膜截留，然后在膜表面附近聚集。因此，膜表面上的颗粒 i 的浓度（$c_{i,m}^{B}$）始终高于截留液中主体溶液的浓度（c_i^B）。发生在膜表面的这种现象称为“浓差极化”。在膜进料侧上形成的厚度为 z 的极化层（边界层）对膜分离有一些不良影响。膜表面上较高的颗粒浓度会导致污垢增加（颗粒与膜

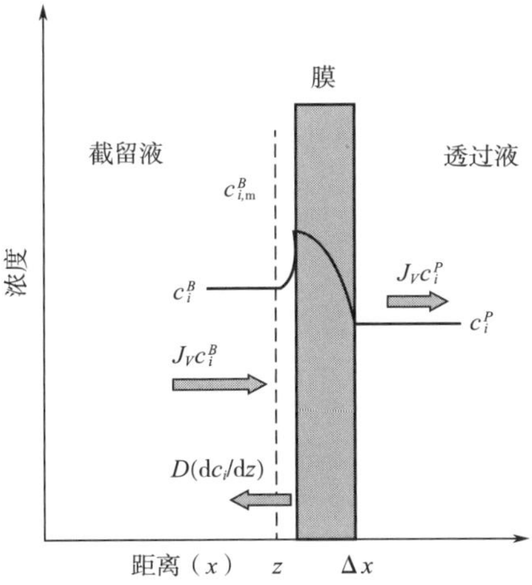

图 1.3 具有颗粒浓度分布的微滤膜的浓差极化效应

表面的结合)。此外，浓差极化总是导致通量降低，因为该层具有相对较大的渗透阻力(Zeman 和 Zydney，1996)，导致截留增加或截留减少，因为淤堵层会更加限制溶质渗透(因此增加截留)，并且边界层中较高的浓度转化为渗透层中的较高浓度（因此减少截留)。

在截留液侧，在膜表面上积累的浓度使颗粒从膜扩散回流到进料分散液体中。一段时间后，达到稳定状态，流过膜的颗粒流（$J_V c_{i,m}^B$）加上从膜表面回到分散液体的扩散流［$D(\mathrm{d}c_i/\mathrm{d}z)$］，与使颗粒 i 流入膜表面的量（$J_V c_i^P$）达到质量平衡，由式（1.1）给出：

$$J_V c_i^P = J_V c_{i,\mathrm{m}}^B + D\frac{\mathrm{d}c_i}{\mathrm{d}z} \tag{1.1}$$

式中 J_V——体积渗透通量；

D——溶液中颗粒的扩散系数；

c_i^P——透过液中颗粒 i 的浓度；

$\mathrm{d}c_i/\mathrm{d}z$——通过边界层的浓度梯度。

颗粒 i 的表观膜截留率定义为式（1.2）：

$$R = \left(1 - \frac{c_i^P}{c_i^B}\right) \tag{1.2}$$

式（1.1）的积分（Kimura 和 Sourirajan，1967）如式（1.3）所示：

$$J_V = k\ln\left(\frac{c_{i,\mathrm{m}}^B - c_i^P}{c_i^B - c_i^P}\right) \tag{1.3}$$

其中 k 是浓差极化层中的传质系数。对于湍流，管道和通道中传质系数的半经验关系表述为式（1.4）（引自 Mulder，1996c）：

$$Sh = \frac{kd_\mathrm{h}}{D} = aRe^b\,Sc^c \tag{1.4}$$

式中 Sh、Re 和 Sc——舍伍德数、雷诺数和施密特数；

d_h——膜流道的水力直径；

a，b，c——必须通过实验确定的常数。

根据式（1.4），传质系数 k 是进料流速的函数，而进料流速又与雷诺数有关，进料溶液的物理性质由施密特数表示，颗粒扩散系数和膜组件形状和尺寸与舍伍德数有关。

在理想的系统中，假设没有膜淤堵，通常认为 Hagen-Poiseuille 方程是描述通过微孔膜的流体传输的最佳方法，在该方法中，膜孔被建模为圆柱形通道。该方程式可以表达为膜加工中广泛使用的一种形式（Nakao 和 Kimura，1981），见式（1.5）：

$$J_V = \frac{r_\mathrm{P}^2 \Delta P}{8\mu\left(\frac{\Delta x}{A_\mathrm{K}}\right)} \tag{1.5}$$

式中 r_P——膜的毛细孔半径；

μ——在工作温度下溶液的黏度；

ΔP——跨膜压力（Transmembrane pressure，TMP），即跨膜的压差；

$\Delta x/A_\mathrm{K}$——膜的有效厚度与膜孔隙率的比率。

使用 Hagen-Poiseuille 方程，渗透通量只是简单地与膜结构和操作条件（例如压力和温度）相关。根据式（1.5），渗透通量与跨膜压力、毛细孔半径（孔径）、孔隙率成正比，并与温度间接成正比，因为随着温度升高，黏度降低。相反，渗透通量与膜有效厚度成反比，因为膜有效厚度会对流体通量产生水力阻力。但是，在现实中，由于其他因素（例如膜与颗粒之间的相互作用的性质，特别是淤堵等因素），通量与模型并不完全一致。

在此浓差极化模型中，颗粒对膜的对流通量通过布朗运动反向扩散平衡，如式（1.1）和图 1.3 所示。另外，对于错流微滤，由高速错流引起的剪切应力有将颗粒从淤堵层中提起的效果，从而增加颗粒向分散液体的反向扩散。因此，一些改进的模型通过使用不同的方法获得扩散系数整合这些效果（Ripperger 和 Altmann，2002），例如，Zydney 和 Colton（1986）假定在错流微滤处，剪切诱导的颗粒扩散是主要的传输机制，扩散系数可以表示为 $D = 0.03r^2\tau$，其中 r 是颗粒半径，τ 是壁剪切率。Agashichev（2006）提出了一个模型，该模型可以分析剪切应力对浓差极化程度的影响，并能够计算发生剪切相关行为的浓度曲线。

总体而言，很难开发出足以满足所有类型错流微滤应用的模型，因为理想条件永远无法实现，并且人们对膜表面所发生的现象或淤堵机理的了解还远远不够（Gekas 和 Hallstrom，1990）。因此，必须做出一些假设，例如颗粒在膜表面上的吸附，这些假设虽然简化了计算，但增加了模型与实验结果之间的差异。

1.1.3　错流微滤膜淤堵

限制微滤应用的主要技术障碍是膜淤堵。一旦发生严重的淤堵，渗透通量就会急剧下降，颗粒截留率会增加，从而导致不良的分离结果。然后，需要停止该操作进行清洁，这通常会浪费时间并产生废液。因此，膜淤堵增加了工艺操作的复杂性，影响产品质量，并增加了生产停机时间和成本。

膜淤堵受多种因素影响，如图 1.4 所示。这些因素包括膜内孔阻塞，膜表面滤饼层的形成和生长以及浓差极化。如图 1.4（1）所示，错流微滤的渗透通量与时间的典型关系曲线可说明淤堵现象。在工业规模上，错流微滤操作通常用水处理，然后用物料代替水来开始。在零时刻，渗透通量基本上处于最大值。当将进料流进入系统时，几分钟之内渗透通量急剧下降。此后，渗透通量继续降低，但降低速度比以前更慢。最后，渗透通量稳定在稳态值。

最初用水代替进料溶液时，渗透通量的急剧下降是由于膜孔的迅速阻塞所致（Song，1998）。如图 1.4（2）所示，一旦将颗粒困在膜内，膜孔的有效数量和孔径减少。由于 r_p 和 A_K 的降低，渗透通量立即降低，如式（1.5）所示。孔堵塞是多孔膜的常见现象，尤其是用于微滤的微孔膜。这种现象受膜-颗粒相互作用以及颗粒相对于孔径形状和尺寸的差异的影响。因此，当颗粒和孔隙在形状和尺寸都相似时，淤堵会更加严重（Belfort、Davis 和 Zydney，1994）。

在渗透通量快速下降之后，由于滤饼层的形成和增加，渗透通量呈指数下降。如图 1.4（3）所示，由于筛分效应而被膜截留的颗粒，以及因颗粒与膜的吸附而累积并沉积在膜表面上的颗粒，会形成滤饼层。滤饼层会产生对渗透通量和颗粒透过的水力阻力。但是，通过采用较高的流速和（或）较低的进料浓度，可以在工业过程中使滤饼层的阻力最小化。换句话说，如式（1.4）所示，可以通过更高的雷诺数改善大规模的透过。

指数减小后，渗透流量继续减小，但随着滤饼层趋于恒定厚度，速率开始趋于平稳。当滤饼层“厚度”稳定时，可获得稳态通量。

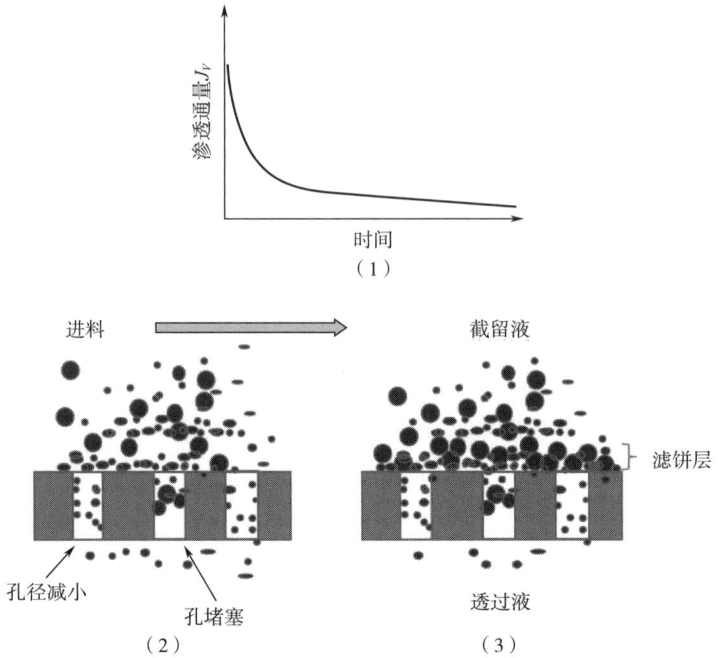

图 1.4 由于膜淤堵，错流微滤渗透通量随时间降低（1）；由孔堵塞和滤饼层形成引起的膜淤堵：最初形成的颗粒沉积和浓差极化（2），进而形成滤饼层（3）

由于影响滤饼层形成和增加的因素众多，滤饼层形成的整体理论的进展很困难。这些因素包括操作条件、膜与颗粒之间以及颗粒与颗粒之间的相互作用等，例如，如果膜材料是疏水的，则疏水颗粒容易被吸附。此外，在一定的 pH 和离子强度下，一些颗粒也可能在膜表面凝结并形成凝胶层。

总而言之，造成淤堵的是进料中的颗粒。因此，渗透通量是控制污染的关键因素，反映了溶液（包括颗粒）从料液向膜的错流流动。Field 等（1995）提出了临界通量假说。如果初始渗透通量小于某个值，则可以实现恒定的过滤速率，因为，通过增加将颗粒流回到分散液体的错流速度，可以减小淤堵层的缓慢增长。Brans 等（2004）提出，在膜过滤（例如乳的微滤或超滤）中，由于淤堵，渗透通量并不总是随跨膜压力线性增加，如式（1.5）所示。可以区分为三种情况（三种过滤区域，见图 1.5），它们对跨膜压力的通量依赖性不同。

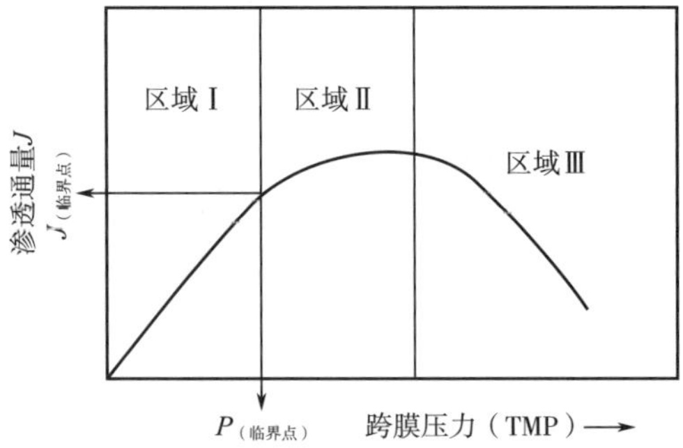

图 1.5 临界通量机制：通量依赖于跨膜压力（Brans 等，2004；经 Elsevier 许可转载）

在区域Ⅰ，渗透通量很低，只有轻微的淤堵。如式（1.5）所预期的，通量随跨膜压力线性增加。随着渗透通量的增加，更多的颗粒被带向膜，但滤饼层的生长受到错流剪切效应的限制。区域Ⅰ中具有恒定的渗透通量，但是较低的渗透通量可能需要更大的膜面积。随着跨膜压力的增加，渗透通量超过临界通量并到达区域Ⅱ，膜淤堵变得明显，渗透通量增加的速率下降。在区域Ⅱ中，跨膜压力对渗透通量的正效应仍大于滤饼层生长对渗透通量的负效应。然而，淤堵的增加和可能的饼层压实形成的渗透通量不会随跨膜压力线性增加。

通过进一步增加跨膜压力（区域Ⅲ）而使渗透通量超过限制值时，在跨膜压力的驱动下，渗透通量不会增加，反而开始下降。在区域Ⅲ的实际操作中，当压力增加时，观察到流量初始有短期的增加，然后迅速下降，渗透通量变得比压力增加前还要低。这是因为初始较高的渗透通量将更多的颗粒带向膜，然后增加并压实了滤饼层，从而导致了水力阻力的增加。区域Ⅲ与区域Ⅱ相比，滤饼层淤堵严重得多，并且变得不可逆转。当加工到达区域Ⅲ时，滤饼层已非常致密，以至于透过液成分也会发生变化，因为淤堵层会增加颗粒的截留率。

众所周知，微滤工艺在较低的渗透通量下进行更为有效。初始渗透通量应控制在“临界通量”值以下，以免迅速淤堵。当然，对于不同的进料流和膜，临界通量值会变化。可以通过膜组件和系统的配置改变传质系数以影响临界通量值。为了避免不可逆的淤堵，启动程序也很重要。一旦操作达到区域Ⅱ或区域Ⅲ，即使降低了跨膜压力，也很难返回区域Ⅰ，因为膜系统已经形成了不可逆的淤堵。

1.1.4 错流微滤的应用

错流微滤已应用于多种工业过程中。例如在食品工业中，错流微滤用于对流体进行除菌。与传统的超高温处理或巴氏杀菌等高温处理相比，通过低温膜工艺去除微生物，可以提高产品质量。由于可以通过除去不希望有的颗粒显著降低流体的浊度，而不会截留高价值的小分子成分，所以错流微滤也可用于澄清果汁、豆沙酱、葡萄酒和啤酒等。在水/废水处理工业中，错流微滤用于制备清洁的饮用水，因为它能去除可能引发健康危害的细菌，或者在超纯水生产的净化过程中用于去除颗粒。在生物技术中，错流微滤用于细胞的收集和恢复，或作为膜生物反应器的一部分。有关这些应用的详细综述和案例研究，请参见 Cheryan（1998）的文献。

在乳品工业中，错流微滤主要用于去除乳中的细菌和芽孢或净化加工用水。错流微滤可以减少细菌和芽孢的数量，而不会影响乳的味道，从而延长了保质期，提高了质量。错流微滤也用于乳品发酵过程中以去除微生物。与这些应用相比，乳制品行业中采用微滤进行蛋白质分离（分馏）的技术相对较新。在后文中，将回顾和讨论错流微滤在脱脂牛乳的酪蛋白和乳清蛋白分离中的应用。

1.2 脱脂乳中的酪蛋白胶束和乳清蛋白

牛乳是人类主要蛋白质来源之一，含有约 3.3%（质量分数）的蛋白质，3.4%（质量分数）的脂肪，4.6%（质量分数）的乳糖和 0.7%（质量分数）的灰分，并且这些成分含量随乳源的不同而略有不同。基于化学成分和物理性质，乳蛋白被广泛定义为两类。第一类是酪蛋白，含有磷并在 pH 4.6（蛋白质的等电点）时沉淀。第二类通常称为乳清蛋白，不含磷并且在 pH 4.6 时仍可溶。在乳 3.3% 的蛋白质中，酪蛋白约为 2.6%，乳清蛋白约为 0.7%（Fox 和 McSweeney，2003）。

在乳制品工业中，酪蛋白被用于生产干酪。当将凝乳酶或酸添加到乳中时，酪蛋白凝结并形成固体凝乳，而剩下的溶液则主要包含乳清蛋白和乳糖。在过去，它一直是干酪生产的一种废弃副产品，但如今由于乳清的功能性和营养特性，它已成为一种有价值的乳基配料。乳清被广泛用于各种产品中，包括婴儿配方食品、食品营养强化剂、能量棒和运动饮料。工业乳清蛋白产品有多种形式，例如浓缩乳清蛋白粉（Whey protein concentrates，WPCs）、乳清蛋白分离物（Whey protein isolate，WPI）、干甜乳清（Dried sweet dairy whey，DSW）等。

相对于传统的干酪乳清工艺而言，微滤膜分离工艺是生产乳清蛋白的另一种方法。在膜处理工艺中，酪蛋白在膜的截留液侧被截留，而乳清蛋白［主要包括 β-乳球蛋白，α-乳白蛋白和牛血清蛋白（Bovine serum albumin，BSA）］能通过膜并在透过液侧被回收。在这种情况下，乳清蛋白也被称为“天然乳清蛋白”或“血清蛋白”，因为它们是通过不同的方法获得的，并且其成分不同于传统的乳清蛋白。膜微滤是一个物理分离过程，因此，从透过液侧回收的可溶性乳清蛋白与乳具有相同的 pH，这与相对酸性的传统干酪乳清不同。乳清蛋白溶液不含酪蛋白肽、酶、脂肪和变性乳清蛋白。因此，其技术和经济价值高于传统的干酪乳清。例如，Maubois（2002）提出，与常规乳清蛋白分离物和乳清蛋白浓缩物相比，乳清蛋白的凝胶化、起泡沫和溶解性得到了显著改善。而高纯度的乳清蛋白溶液是进一步分离单个功能蛋白的较好的初始原料。由于氨基酸组成不同，乳清蛋白的营养价值也比干酪乳清高。Boirie 等（1997）证明，乳清蛋白在人体中氧化更快，这为满足运动员或希望减肥的人们的需求提供了一种可能的解决方案。

同时，使用微滤膜工艺浓缩酪蛋白可以改进干酪的生产工艺。Maubois（2002）提出，凝乳酶的凝结得到了改善，因为凝结时间可以大大减少，凝乳硬度动力学加速，最终的坚硬度增加。因此，干酪凝乳中的酪蛋白和脂肪滞留量得到显著改善，干酪产量提高了 2%～4%。浓缩酪蛋白可以与奶油重组以制备干酪，也可以干燥，作为天然酪蛋白配料用于食品。人们可以通过进一步加工，用天然酪蛋白生产纯净的 β-酪蛋白或其他蛋白质（Maubois 和 Ollivier，1997）。

使用微滤分离酪蛋白和乳清蛋白，要基于两种类型蛋白质的物理和化学性质。表 1.1 给出了乳中主要乳蛋白和乳清蛋白的浓度和分子质量（Fox 和 McSweeney，2003）。尽管酪蛋白本身具有相对较低的分子质量，但乳中约 95% 的酪蛋白以悬浮的胶体颗粒形式存在，称为酪蛋白胶束，这使得基于粒径差的分离可行。酪蛋白胶束通常为球形，直径范围为 0.05～0.5μm，大多数在 0.13～0.16μm（Fox 和 McSweeney，2003）。这样尺寸的酪蛋白胶束要比乳中存在的乳清蛋白大得多，并且容易被截留，而其他蛋白质则会通过膜。以前，酪蛋白和乳清蛋白分离的研究中使用的是孔径较大的超滤膜至孔径为 0.5μm 的微滤膜（具体取决于分离的目的）。从全脂乳中去除了奶油（或脂肪）的脱脂牛乳，是分离酪蛋白和乳清蛋白更好的初始材料，因为脂肪液滴会迅速使膜淤堵。

使用微滤从脱脂乳中分离酪蛋白和乳清蛋白的典型过程如图 1.6 所示。脱脂乳进入微滤系统后，在第一阶段，脱脂牛乳通常被浓缩，会有一定的体积减少。一些乳清蛋白和乳糖被去除到透过液中。酪蛋白以及其余的乳清蛋白和乳糖保留在截留液中。如果是连续工艺模式，则有两个出口：透过液流和截留液流，二者以一定的流量比流出。通常第二阶段（或更多阶段）会进一步从透过液中去除乳清蛋白。洗滤水会被添加到进料侧流中，以防止在过滤过程中浓度增加。所有截留液合并以进一步处理。

表 1.1 乳中主要乳蛋白的浓度和分子质量（Fox 和 McSweeney，2003）

蛋白质	浓度/（g/L）	分子质量/u
α_{s1}-酪蛋白	10.0	24000
α_{s2}-酪蛋白	2.6	25000
β-酪蛋白	9.3	24000
κ-酪蛋白	3.3	19000
γ-酪蛋白	0.8	12000~20000
β-乳球蛋白	3.2	18000*
α-乳清蛋白	1.2	14000
牛血清蛋白	0.4	66000
免疫球蛋白	0.7	150000~900000

注：* 通常在乳溶液中以二聚体形式存在，分子质量为 36000u。

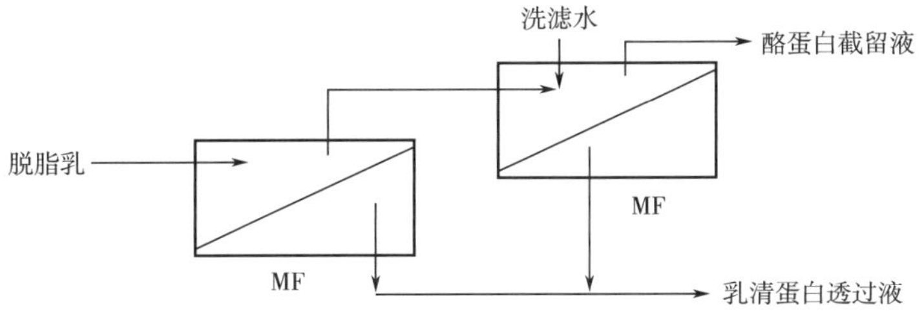

图 1.6 使用微滤（MF）从脱脂乳中分离酪蛋白和乳清蛋白

1.3 渗透通量和剪切应力对膜分离性能的影响

错流微滤在酪蛋白胶束中分离乳清蛋白的应用，可以追溯到 20 世纪 80 年代后期。该应用的主要限制在于滤饼层会发生淤堵。Le Berre 和 Daufin（1996）提出，在形成滤饼层后，膜孔不再控制分离，具有其自身厚度和孔隙率特征的滤饼层主导了分离性能。

渗透通量和表面剪切应力（或表面流速）是确定滤饼层性能的最重要因素（请参见第 1.1 节）。在本节中，将说明这两个参数如何影响滤饼层的生长。这种理解将为新膜的开发、系统和工艺设计以及操作提供指导。

渗透通量通过对流，控制蛋白质从分散液体向膜表面传输。渗透通量越高，蛋白质就越会移动并积聚在膜表面，这可能会形成更厚的滤饼层和更高的阻力。因此，通常以相对较低的渗透通量值运行，例如低于“极限渗透通量”，这与 Field 等（1995）提出的“临界通量”概念相似。正确选择初始跨膜压力，以便不超过临界通量值，可以大大降低淤堵率。因此，错流微滤系统应设计成能够提供更高的极限渗透通量值，并且在操作过程中，渗透通量应被限制为不高于极限值。

极限渗透通量受影响的因素，包括错流速度、蛋白质性质和膜组件的几何形状。Samuelsson 等（1997a）回顾了脱脂乳错流微滤的几种模型，并得出结论，剪切诱导扩散模型能够很好地预测极限通量值，如式（1.6）所示：

$$J_{\text{lim}} = 0.072\,\frac{\tau}{\mu}\left(\frac{\Phi_{\text{w}}\alpha^4}{\Phi_{\text{b}}L}\right) \tag{1.6}$$

式中 J_{lim}——极限渗透通量；

Φ_{w}——膜表面淤堵层正上方边界层中的颗粒体积分数；

α——颗粒半径；

Φ_{b}——分散液体的体积分数；

L——膜组件长度；

τ——剪切应力；

μ——黏度。

从式（1.6）可以清楚地看出，通过使用较短的膜组件或外壳可以实现更高的极限通量值，在较高温度下运行可以降低黏度（μ），同时在较高剪切应力（τ）下运行可以通过将蛋白质从滤饼层“剥离”出来，使滤饼层的厚度减小，从而促使滤饼层扩散回分散液体。

为了通过施加高剪切应力提高极限渗透通量值，需要较高的进料流速（或较高的表面流速），这会导致从进料口到出料口的截留液侧膜上的高压降。对于在膜组件上以一定速度流动的脱脂乳，达西-魏斯巴赫方程（the Darcy-Weisbach equation）将给定长度上的压降（ΔP_{L}）与作为剪切应力函数的摩擦力相关联，如式（1.7）所示：

$$\Delta P_{\text{L}} = P_{\text{inlet}} - P_{\text{outlet}} = f\,\frac{L}{D}\rho v^2/2$$

$$f = 8\,\frac{\tau}{\rho v^2} \tag{1.7}$$

式中 P_{inlet}和P_{outlet}——截留液侧的膜组件入口和出口的压力；

ρ——进料流的密度；

v——流道中的速度；

D——水力直径（管直径或通道高度）；

τ——剪切应力；

f——层流或湍流的达西摩擦因数。

然后，通过重组式（1.7）可得到膜表面的壁面剪切应力 τ_{W}，见式（1.8）：

$$\tau_{\text{W}} = \frac{D}{4L}(P_{\text{inlet}} - P_{\text{outlet}}) \tag{1.8}$$

如式（1.8）所示，可以通过简单地增加从膜组件入口到出口的压降，或通过更大的 D/L 增加剪切应力。

有几种方法可用于将渗透通量限制在极限通量值以下。例如，基于式（1.5），可以通过改变膜的性能（例如增加有效的膜厚度或降低膜的孔隙率）降低渗透通量，这种方法是膜制造商的关注点，并将在接下来的两节中进行讨论；此外，一旦膜被制造出来，就可以通过在较低的跨膜压力驱动下进行过滤以减少渗透通量，这种方法是膜工艺设计的重点。

膜组件入口和出口处的跨膜压力（图 1.7）为：

当 $X=0$ 时，$\Delta P=P_{\text{inlet}}-P_{\text{perm}}$；

当 $X=\text{L}$ 时，$\Delta P=P_{\text{outlet}}-P_{\text{perm}}$；

P_{perm}为透过液侧的平均压力。

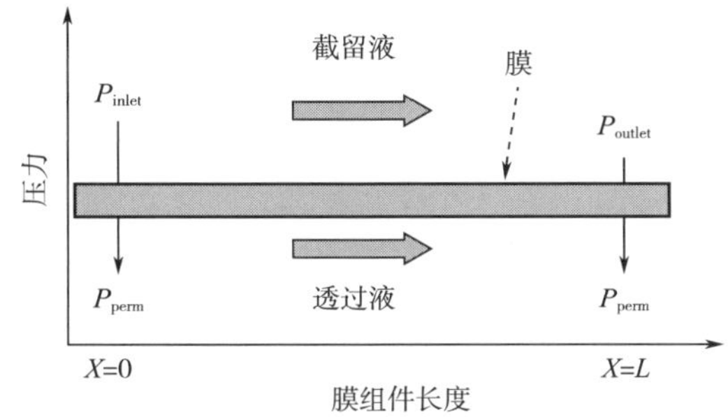

图 1.7 错流膜的跨膜压力图示

假设渗透压大致恒定，则有式（1.9）：

$$\Delta P=\frac{P_{\text{inlet}}-P_{\text{outlet}}}{2}-P_{\text{perm}} \tag{1.9}$$

通常，将错流微滤中的 P_{perm} 设置得足够低，以维持透过液流并降低能耗。ΔP 在组件入口处很高，并且从入口到出口逐渐减小，因此渗透通量在入口处也比出口处高。因此，为了保持低的渗透通量（或低的跨膜压力），不仅需要保持低的出口压力，还需要保持沿膜组件的低入口压力。

滤饼层的增长取决于通过对流（J_V）转移到膜表面的粒子与通过剪切应力（τ）离开膜表面的“升力”之间的竞争，所以 J_V/τ 的值是评估膜分离性能通常使用的操作因子。Gesan、Daufin 和 Merin（1995）提出，对于脱脂乳微滤，低 J_V/τ 可以增加总的有效运行时间，并可以回收更多的乳清蛋白。然而，通过同时实行低渗透通量和高剪切应力防止滤饼层增长的尝试，并未完全成功。这是因为高剪切应力需要沿着膜组件产生高压降，从而使组件入口端的跨膜压力增加。结果，入口端的渗透通量可能变得高于临界通量，如图 1.5 所示，分离移至过滤区域Ⅱ或区域Ⅲ，导致分离失败。

总之，在低渗透通量和高剪切应力下运行，通常可以提高酪蛋白和乳清蛋白的分离性能。为了实现这一目标，可以选择具有特定设计的膜（参见后文）和（或）在优化的条件下运行系统。请注意，降低渗透通量和增加剪切应力在实际工作中都有缺点：较低的渗透通量会增加所需的膜面积，这意味着资金投入的增加，而较高的剪切应力则需要较高的流速，这意味着能耗更大。应当仔细考虑调整运行温度以改善分离性能的操作，因为改变黏度对降低渗透通量［式（1.5）］和增加限制渗透通量值［式（1.6）］的影响有相反的效果。另外，温度会影响蛋白质分子的结构，温度过高会使其变性。因此，在实际的乳制品加工过程中，应该选择一个操作温度，不仅要使渗透通量在低于极限渗透通量值下最大化，还要最大限度地减少微生物的生长并避免蛋白质变性。

1.4 使用陶瓷膜微滤分离酪蛋白和乳清蛋白

陶瓷膜工艺应用于乳品行业已超过三十年。许多乳制品加工厂，特别是在欧洲的加工厂，认为陶瓷膜是唯一一种满足乳制品所有要求的膜，例如有强机械阻力、能在流体高速循环下使用、有较大的 pH 耐受范围（0.5~13.5）从而可以使用强碱性和酸性溶液进行就地清洗。如图 1.8 所示为一些典型的陶瓷膜元件和组件。陶瓷膜组件具有管状构造，可以根据需要更改流道的类型［图 1.8（1）］。这种构造耐受高流速和由此引起的高剪切应力。然而，膜面积与体积比低是管状膜的通用问题。为了改善这一点，需要在膜组件中安装更多的元件，例如 Pall Membralox 模块包含多达 60 个元件，膜面积约为 $21m^2$，组装密度为 $240m^2/m^3$［图 1.8（2）］。

为了从脱脂乳中分离酪蛋白和乳清蛋白，工业上应用了三种类型的陶瓷膜工艺。使用最广泛的是均匀跨膜压力工艺（UTP）。该工艺最近被梯度渗透工艺（也称为梯度孔隙率 GP 和 Isoflux 工艺）所取代。本节在对常规微滤处理进行初步讨论之后，将对这三个工艺进行介绍。

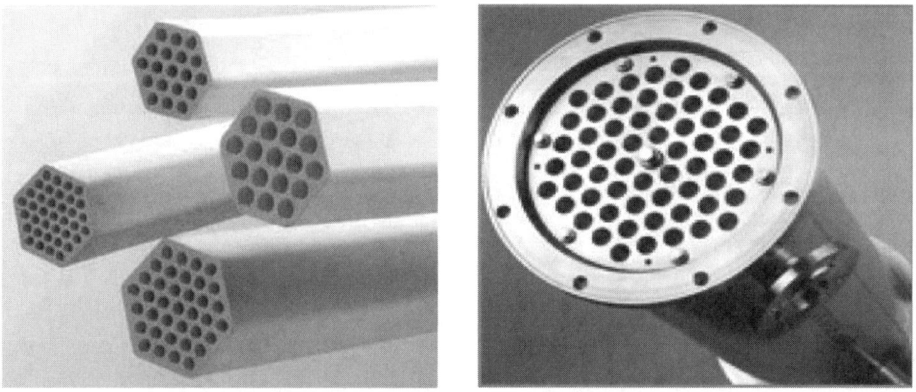

（1）　　　　（2）

图 1.8　工业用陶瓷膜元件（1）和组件（2）
［资料来源：Pall 公司的产品数据表（Pall 公司目录，2007）］

1.4.1 传统微滤工艺

人们通常认为传统微滤工艺不切实际，因此对使用传统陶瓷膜错流微滤分离脱脂乳蛋白的研究非常有限。如图 1.9（1）所示，在传统工艺中，进料流在截留液一侧再循环，而透过液则在膜的另一侧被收集（图 1.9 的替代工艺将在后文中讨论）。跨膜压力在进口处较高，然后沿着出口方向逐渐降低。导致入口处的渗透通量较高，而出口处的渗透通量较低。

因此，由维持高剪切应力所需的高压降引起的入口处的高跨膜压力可能导致入口端快速淤堵。

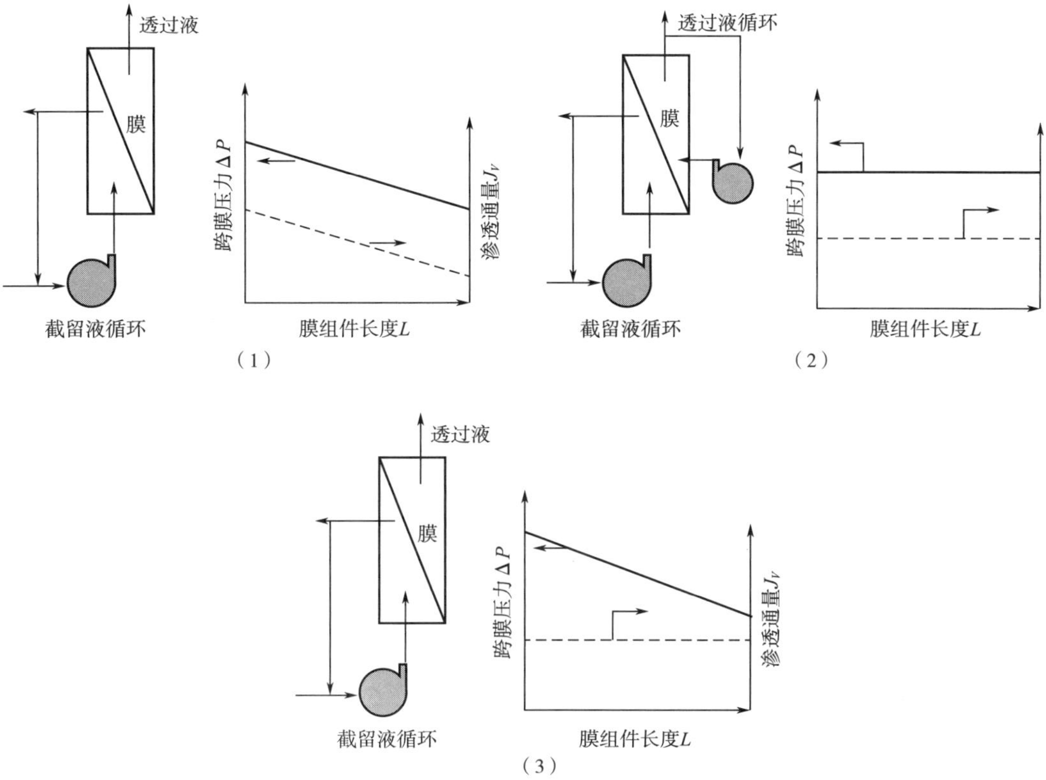

图1.9 传统微滤工艺说明以及跨膜压力（实线）和J_V（虚线）与L的关系，用于（1）常规、（2）均匀跨膜压力工艺（UTP）和（3）梯度孔隙率工艺（GP）

Saboya 和 Maubois（2000）回顾了传统的陶瓷膜工艺，并提出，即使这些膜的化学和热稳定性符合乳制品行业的要求，但该工艺过程中渗透通量的快速下降和选择率的变化仍不适于工业化放大生产。

Pouliot、Pouliot 和 Britten（1996）研究了传统陶瓷膜从脱脂乳中分离酪蛋白和乳清蛋白的分离性能。测试在小型生产规模下进行，使用孔径为 0.22μm 的陶瓷膜［塞拉弗（Ceraflo）公司，密理博（Millipore）公司］，体积浓缩系数（Concentration factor，CF）为 3（初始液体积与最终截留液体积之比为 3，或称为 3×连续工艺），大约 1.2h 后，渗透通量从 180L/(m^2·h) 降至 90L/(m^2·h)，如图 1.10 所示。

如预期的那样，渗透通量显著下降。在 190kPa 的跨膜压力和 180L/(m^2·h) 的渗透通量下进行微滤，渗透通量可能超过极限渗透通量。Samuelsson 等（1997b）使用传统的陶瓷膜研究了极限通量随表面流速从 1.5m/s 到 8m/s 的变化。结果发现，在跨膜压力为 100kPa 时，极限渗透通量约为 140L/(m^2·h)，表面流速为 8m/s，浓缩系数为 1.15。鉴于 Pouliot 等的研究是在更高浓缩系数（3 与 1.15）下进行的，这意味着 Φ_b更高，根据式（1.6），极限渗透通量小于 140L/(m^2·h)。

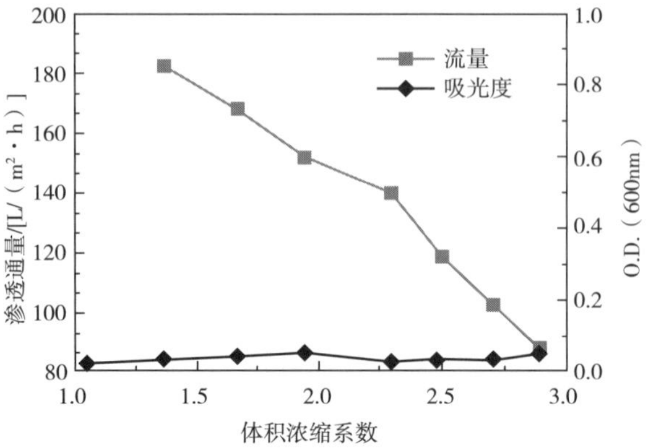

图 1.10 在 50℃、6.9m/s 错流速度和 190kPa 平均跨膜压力条件下，脱脂乳微滤过程中透过液的渗透通量和吸光度（表示蛋白质浓度）（Pouliot、Pouliot 和 Britten，1996；经 Elsevier 许可转载）

1.4.2 均匀跨膜压力工艺（UTP）

为通过在保持高剪切应力的同时降低渗透通量，克服滤饼层淤堵，已经成功开发了几种方法，例如均匀跨膜压力工艺（Uniform TMP process，UTP）。由 Sandblom（1978）开发并由 Alfa-Laval 申请专利的均匀跨膜压力工艺通过维持恒定的跨膜压力，实现了沿膜组件的均匀低渗透通量。这是通过用泵循环透过液以在透过液侧沿膜产生压降实现的［图 1.9（2）］。结果，跨膜压力从入口到出口都是相同的，因此渗透通量也是如此。这种设计为操作带来了很大方便，因为沿组件的整个长度上，保持较低渗透通量，同时保持较高的表面流速（或剪切应力），所以在透过液侧沿组件的压降较高。

Vadi 和 Rizvi（2001）比较了均匀跨膜压力工艺与使用 0.2μm 孔径的 Membralox 陶瓷膜的常规工艺，将传统脱脂乳分离至浓缩系数高达 10 时的性能（在 50℃ 时，膜面积为 0.184m²），发现传统工艺会导致膜快速淤堵，由于渗透通量急剧下降，所以在浓缩系数超过 6 的条件下无法运行。他们认为，在传统工艺模式下形成的滤饼层比均匀跨膜压力工艺模式更紧凑、更结实（更难侵蚀）。与传统模式相比，均匀跨膜压力工艺模式表现出较低的初始渗透通量，但通量随时间的下降明显更慢，最终可以使悬浮液浓度具有更高的浓缩系数。

Le Berre 和 Daufin（1996）使用孔径为 0.1μm 的 Membralox 膜在 50℃、浓缩系数为 2 时，通过均匀跨膜压力工艺研究了运行条件（如剪切应力和渗透通量）对酪蛋白和乳清蛋白分离性能的影响。在这项研究中，实验是在各种恒定的渗透通量［30~110L/(m²·h)］和壁面剪切应力（40~110Pa）下进行的，从而产生了 3.0~7.2m/s 的错流速度。他们发现在高达 90L/(m²·h）左右的渗透通量和 110Pa 的壁面剪切应力下，分离结果显示，淤堵缓慢增加，并且膜运行时间延长（> 6h）。乳清蛋白的透过率（定义为 100% $-R$）很高（70%~80%），并且几乎所有酪蛋白都被截留了下来。因此，他们得出结论，仅当 J_V/τ_W 值低于约 1.0L/(m²·h·Pa）的临界值时，分离性能才令人满意。他们还提出，通过增加壁面剪切应力产生的渗透通量仍可增加到 90L/(m²·h）以上，而不会加剧滤饼层的淤堵。然而，由于较大的胶束被去除并被小胶束取代，滤饼层的孔隙率会降低，从而导致乳清蛋白质透过率降低。Gesan-Guiziou、Boyaval 和 Daufin（1999）进行了进一步研究，得出 J_V/τ_W 为 0.95L/(m² · h · Pa)。他们得出结论，临界操作比表征了从可逆蛋白质沉积到不可逆沉积的转变（图 1.11）。这对于确定稳定过滤过程的最佳操作条件具有重要意义，这一最佳条件具有最大生产率，并减少了膜清洗频率。

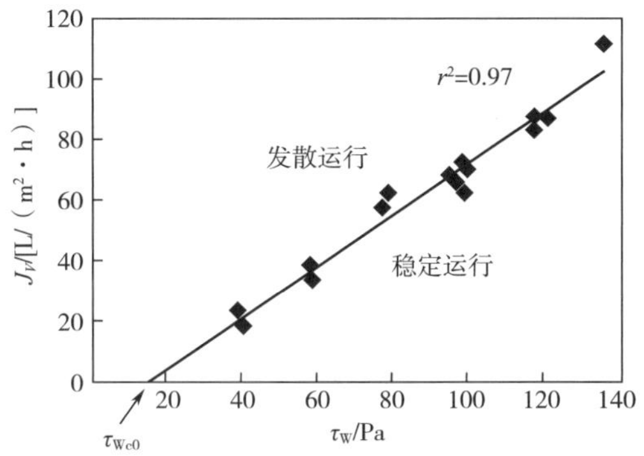

图 1.11 脱脂乳微滤期间临界操作比的评估：渗透通量 J_V 与膜壁剪切应力 τ_W
（Gesan-Guiziou、Boyaval 和 Daufi，1999；经 Elsevier 许可转载）

Nelson 和 Barbano（2005）研究了使用均匀跨膜压力工艺，在浓缩系数为 3 和比 Le Berre 和 Daufin（1996）的研究更大的膜面积下，从脱脂乳中回收乳清蛋白的微滤性能。在这项研究中，工艺过程是一步浓缩，随后进行两步洗滤，微滤是通过 Membralox 系统进行的，该系统的孔径为 0.1μm，总膜面积为 1.7m²。由于跨膜压力较低且均匀，在 6h 处理的整个过程中，渗透通量可保持在 53L/(m² · h)。该渗透通量小于 Le Berre 和 Daufin（1996）报告的渗透通量，同时透过液浓度更高。在浓缩步骤，大约 56% 的总乳清蛋白被去除到透过液的过程中，在两次透析后，收集了 95% 的乳清蛋白。

自 20 世纪 80 年代以来，均匀跨膜压力工艺已成功实现工业化，用于酪蛋白和乳清蛋白的分离和乳品加工中。但是，这种方法有几个缺点。第一，由于用了透过液再循环泵，系统增加了透过液回路的资金投入，并且额外加装泵的能耗增加了运行成本。第二，在膜组件的透过液侧放置塑料珠以填充空隙体积，通过减小压力波动增加阻力，增加了工艺的稳定性。但是，这些珠子可能会污染透过的乳清蛋白液。第三，均匀跨膜压力工艺操作相对复杂，因为压力在透过液侧和截留液侧均沿组件下降，在整个处理过程中，应不断对压力进行调整以使其与其他条件匹配。

1.4.3 梯度孔隙率工艺

还有一种实现低而均匀的渗透通量的方法是改变膜的结构。从式（1.5）可以看出，对于给定的进料流，可以通过改变膜结构［例如孔隙率（A_K）和有效厚度（Δx）］改变渗透通量（J_V）。

基于这一原理，Garcera 和 Toujas（2002）开发了一种被称作 Membralox GP 的梯度渗透性陶瓷膜，该膜沿膜的长度方向有均匀的渗透通量，不用回收透过液。正如 Garrcera 和 Toujas（2002）所说明的那样，该组件在膜支撑基质上的孔隙率，沿组件长度方向变化。例如沿膜的平均孔隙率从出口处的30.5%逐渐降低至入口处的10.5%（30%是陶瓷膜孔隙率的典型值）。由于入口端的高跨膜压力被低孔隙率补偿，孔隙率的这种调整，使得沿膜长度方向可能产生均匀的低渗透通量，如式（1.5）所示和图1.9（3）所示。与均匀跨膜压力工艺模式相比，梯度孔隙率工艺的操作更加简单，能耗也更低。图1.12展示了一个工业梯度孔隙率工艺系统。

图1.12 一个工业梯度孔隙率工艺系统，其中三个组件以平行方式安装
（资料来源：Pall公司）

Zulewska、Newbold和Barbano（2009）比较了梯度孔隙率工艺模式和均匀跨膜压力工艺模式从脱脂乳中去除乳清蛋白的效率。在均匀跨膜压力工艺模式下，他们使用了孔径为0.1μm，表面积为1.7m^{2}的Membralox常规膜。在膜组件的透过液侧，填充了聚合物珠粒以减少死体积并充当压力变化的缓冲剂。从入口到出口的压力降为191kPa，但由于采用均匀跨膜压力工艺模式，跨膜压力沿膜片长度可保持在25kPa。实验在50℃、浓缩系数为3的条件下进行，渗透通量设定为50L/(m^2·h)。在梯度孔隙率工艺中，使用了与常规孔相同的孔尺寸和膜面积的Membralox GP膜，但渗透通量更高［70L/(m^2·h)］。从出口到入口处的压降约为198Pa，入口的跨膜压力约为225Pa，出口的跨膜压力约为13Pa。

在6h的运行时间内，发现均匀跨膜压力工艺的渗透通量和跨膜压力非常稳定。这是因为控制渗透通量低，同时剪切应力高。结果，该过程运行在稳定区域中一个低于极限渗透通量的点，如图1.11所示，淤堵率低且可以稳定运行。对于梯度孔隙率工艺，入口和出口处的跨膜压力随时间略有增加，以保持恒定的渗透通量。运行期间梯度孔隙率膜的跨膜压力升高，可能表明在此过程中淤堵正在发生并在增加，这意味着渗透通量设定点接近或略高于极限渗透通量。人们还比较了蛋白质的透过率，发现这两个工艺的乳清蛋白透过率大致相同（两种透过液中均发现少量酪蛋白）。在3倍浓缩后，两种情况下透过液中超过60%的总乳清蛋白被回收。

1.4.4 Isoflux膜工艺

Grangeon等（2002）开发了可实现均匀渗透通量的第三种方法，并获得了Tami Industries

的专利。其开发的 Isoflux 膜采用了与梯度孔隙率工艺相似的理念，即通过改变膜结构以补偿跨膜压力变化。对于 Isoflux 膜，膜的选择层的有效厚度（而不是梯度孔隙率工艺过程中的孔隙率）从出口到入口逐渐增加，以补偿入口处的高跨膜压力。如式（1.5）中给出的，当 $\Delta P/\Delta x$ 值沿组件保持恒定时，预计会出现均匀的渗透通量。

Grangeon 等（2002）比较了传统陶瓷膜和 Isoflux 膜组件的纯水渗透通量。在实验中，组件分为四个部分。常规陶瓷膜厚度均匀，约为 50μm，从入口到出口的平均跨膜压力从 174kPa 降低到 111kPa 时，渗透通量从第一部分的 4.5×10^3L/(m^2·h）降低到最后一部分的 3.1×10^3L/(m^2·h)。对于 Isoflux 膜，从入口到出口的表面层厚度从 89μm 逐渐减小到 45μm。当常规陶瓷膜跨膜压力从 174kPa 降低到 111kPa 时，Isoflux 膜所有四个部分的渗透通量大致恒定在 3.4×10^3L/(m^2·h)。

Skrzypek 和 Burger（2010）综述了 Isoflux 膜在乳制品行业中的实际应用，最常见的应用包括使乳中的细菌和芽孢减少；干酪盐水中的细菌和芽孢减少；干乳中酪蛋白胶束的分离。例如在工厂中使用孔径为 0.14μm 的 Isoflux 膜微滤分离酪蛋白和乳清蛋白，以生产酪蛋白胶束浓缩物。该系统包含四个过滤模块，它们的总膜面积为 198m^2，并且在浓缩系数 2~6 条件下运行。但很遗憾，综述中没有提到详细的操作参数。

1.5 聚合物膜微滤分离酪蛋白和乳清蛋白

聚合物是用于合成分离膜的最常用的材料，其原因在于，有大量的聚合物材料可用于膜的开发，并且可以容易地改变聚合物的性能以满足分离的各种要求，以及聚合物材料通常价格便宜，因此可降低投资成本。

螺旋缠绕是乳品行业中工业用聚合物膜微滤组件最普遍的结构，这是因为它具有处理多种进料流的高性能，以及通过改变组件直径和长度进行放大生产的高度灵活性。这种结构提供了比陶瓷系统更大的膜面积体积比（最高可达 1000m^2/m^3）（Mulder，1996d）。螺旋缠绕组件的结构如图 1.13 所示。基本上，该组件是通过在中心透过液收集管周围卷起多个由进料隔片隔开的膜片构成的。对于每个膜片（也称为膜包膜），有两片平板状的膜，由透过液隔片隔开，三侧粘合在一起，一侧向中心管打开用于收集透过液。

在运行中，进料流在进料隔片中沿平行于中心管的方向流动，并且从进料口到出料口压力降变大。在整个膜厚度上的压力差的驱动下，基于尺寸排阻，小颗粒和溶剂会穿过膜，在透过液隔片中流动，并被收集在中心管中。在商业工业系统中，可将几个组件串联安装在一个压力容器（外壳）中，许多管可以串联和并联安装，共用一个或多个进料泵。图 1.14 展示了用于乳品加工的螺旋缠绕膜系统。

在乳品工业中，螺旋缠绕微滤膜主要用于处理低垢物料流，例如工艺用水。由于微孔膜结构容易淤堵且难以清洁，因此在乳制品物料流上的应用受到很大限制。Jost 和 Jelen（1997）以及 Saboya 和 Maubois（2000）回顾了通过微滤膜对乳制品物料流的澄清和纯化工艺，并提出，当时可用的由聚砜和聚碳酸酯制成聚合物膜，在膜分离性能以及化学和机械稳定性方面均无法令人满意。然而，由于聚偏二氟乙烯材料具有高稳定性和低蛋白质吸附性，由聚偏二氟乙烯制造的新型微滤膜促进了用于乳品加工的大规模聚合物膜系统的工业化。

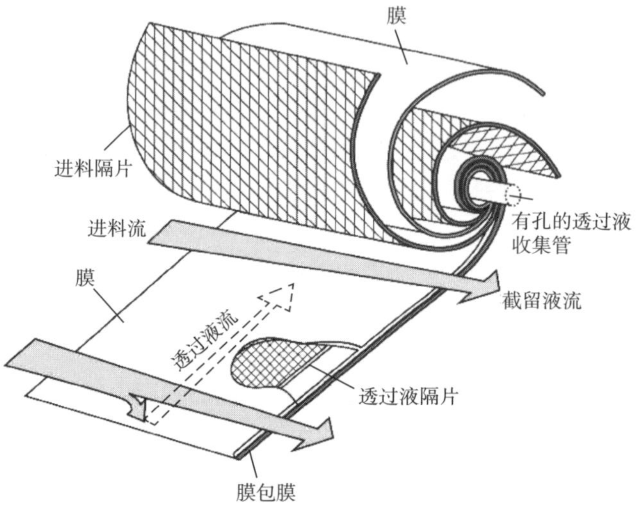

图 1.13 聚合物螺旋缠绕膜组件的结构（Lin 等，2013；经 Elsevier 许可转载）

图 1.14 用于乳品加工的微滤膜系统

用于指导陶瓷膜工艺操作的原理也可以应用于聚合物膜工艺。因此，用于酪蛋白和乳清蛋白分离的螺旋缠绕聚合物膜工艺，也应在高错流速度和沿膜长度降低而均匀的渗透通量下进行操作。

由于与管状组件的构造不同，螺旋缠绕聚合物膜组件的错流速度比管状陶瓷膜组件中的错流速度低得多（仅 1/10 左右）。进料隔片引起的湍流可能会限制滤饼层的增长（Schwinge 等，2004）。使用低跨膜压力可获得较低的渗透通量。但是，由于螺旋缠绕膜的跨膜压力始终比出口处的跨膜压力高，因此螺旋缠绕膜组件无法沿膜长度获得均匀的渗透通量。因此，相对较高的入口温度可能会导致膜快速淤堵，在一个壳体中安装三个组件是典型的工业膜过滤系统设计。这限制了螺旋缠绕膜系统在这些应用中的规模。

Lawrence 等（2008）使用孔径为 1.1mm（即 0.043 英寸）的 0.3mm 和 0.5μm 孔径聚偏二氟乙烯膜（Parker Hannifin Corporation）评估了聚合物膜在酪蛋白和乳清蛋白分离中的性能。该过程在 50℃和 10℃的温度和 0.31～0.52m/s 的表面流速下运行。与传统的陶瓷膜操作类似，入口处的跨膜压力远高于出口处的跨膜压力，跨膜压力值是沿膜组件长度的总平均 ΔP。Lawrence 等发现，在低温和 150kPa 的跨膜压力下进行 7h 后，截留液浓缩系数达到 3，渗透通量从 17L/(m^2·h) 降至 6L/(m^2·h)。Lawrence 等还研究了酪蛋白截留和乳清蛋白透过与跨膜压力的关系。结果发现，随着跨膜压力从 50kPa 增加到 258kPa，酪蛋白的截留效应从 96% 增加到 100%。这是因为滤饼层密度随着跨膜压力的增加而增加。出于同样的原因，随着跨膜压力从 50kPa 增至 258kPa，跨膜压力升高，乳清蛋白的透过率从 22% 降低至 1%。以 1∶1 的体积洗滤后，约 50% 的总乳清蛋白被渗透至透过液侧。因此可得出结论，使用聚合物膜生产浓缩酪蛋白并且富集乳清蛋白是可行的，但是，其渗透通量和选择性均低于陶瓷膜系统。

Beckman 等（2010）使用与上述相同的 0.3μm 孔径，但膜面积更大的膜，评估了酪蛋白和乳清蛋白的分离性能。实验在 50℃和跨膜压力为 100kPa 的条件下进行。该系统在渗入模式下运行至浓缩系数为 3，这意味着与上述研究不同，膜截留液侧的浓度相对稳定。研究发现，在 2.5h 的运行时间内，渗透通量保持在 15L/(m^2·h)，在两次透析后，70% 的总乳清蛋白被去除到渗透液侧。大多数酪蛋白能够再次被保留。

1.6 陶瓷膜系统与聚合物膜系统的比较

对于陶瓷膜和聚合物膜在酪蛋白和乳清蛋白分离中的应用，已经有了彻底的研究。通常，为了实现长且稳定的运行时间并具备应用中可接受的分离性能，需要控制低渗透通量和高错流表面流速。陶瓷膜系统（例如均匀跨膜压力工艺、梯度孔隙率工艺和 Isoflux 膜工艺）能够满足这些要求，并且可以成功地应用于工业规模上。基于实验室和中试工厂规模的研究，这种聚合物膜系统的应用似乎是可行的，但是将其放大到工业规模可能仍然存在一些技术限制（Karasu 等，2010）。工业规模的聚合物螺旋缠绕膜系统通常使用包含多个组件的壳体，这会导致从壳体的入口到出口的压降很大。因此，要在入口处保持低渗透通量和低跨膜压力，就不可能有足够的面积进行合理的回收（参见第 1.5 节中的讨论）。

陶瓷膜系统和聚合物膜系统的蛋白质分离性能差异很大。Beckman 等（2010）发现使用 0.3μm 孔径的聚偏二氟乙烯膜三倍浓缩时，乳清蛋白的回收率为 38%，使用具有均匀跨膜压力工艺模式的 0.1μm 孔径的陶瓷膜回收率为 68%。该差异是因为尽管聚偏二氟乙烯膜的孔径大得多，但聚偏二氟乙烯膜对乳清蛋白的截留率比陶瓷膜高。Zulewska、Newbold 和 Barbano（2009）也观察到了类似的现象。如前所述，在微滤脱脂乳分离中，由滤饼层而不是膜本身主导的分离，受到 J_V/τ_W 的控制。Karasu 等（2010）表明，如果两个系统在剪切应力和跨膜压力的可比水平下运行，则这两个系统可提供可比的结果。但是，由于没有可用于聚合物系统的均匀跨膜压力工艺概念的等效方法，所以难以实现高液压降和低跨膜压力之间的有效平衡。

尽管分离性能有缺陷，但是聚合物膜系统的资金投入要比陶瓷膜系统低得多。因此，取决于最终产品的质量和成本的需求，在高蛋白选择性和高乳清蛋白回收率不重要的某些应用下，聚合物膜系统可能优于陶瓷膜系统。

在本节中，从资金投入和运营成本两方面，进行了用于酪蛋白和乳清蛋白分离的陶瓷膜系统和聚合物膜系统的经济分析。通常，膜过滤系统的资金投入主要包括膜组件、泵和控制系统以及 CIP（就地清洗）系统（Singh 和 Cheryan，1998）。为简化起见，在本节中，将这三个部分结合在一起称为“膜系统”。运行成本也被简化，仅包括膜更换成本和清洗成本。运行成本未包括人工成本，因为估价的目的是比较两个系统，而不是估计蛋白质生产成本。

在此分析中，成本基于 22h/d 和 350d/a 运行，用于连续的多级膜系统分离 $20m^3/h$ 的脱脂乳。该假设预设了 2h/d 的膜清洗周期，15d/a 停机时间用于系统维护。多级膜系统包括将脱脂乳浓缩至浓缩系数为 3 的浓缩阶段，继续过滤直至乳清蛋白回收率达到 90% 的洗滤阶段。Zulewska、Newbold 和 Barbano（2009）的研究中提到，陶瓷膜系统的渗透通量为 $71L/(m^2 \cdot h)$，聚合物膜系统的渗透通量为 $16L/(m^2 \cdot h)$。假设酪蛋白的截留率为 100%，则质量守恒的计算基于乳清蛋白在透过液中的回收。假设陶瓷膜系统 3 倍浓缩后，乳清蛋白截留率为 52%，而聚合物膜系统的乳清蛋白截留率为 69%，具体计算结果见表 1.2。为简化起见，假定乳的密度为 1kg/L。

表 1.2　使用多级微滤系统（包括浓缩和洗滤阶段）从 $20m^3/h$ 的进料流中回收 90% 乳清蛋白所需的膜面积估算

系统	陶瓷膜系统	聚合物膜系统
浓缩阶段（3×连续工艺）		
透过液流速/（m^3/h）	13.3	13.3
膜面积/m^2	188	834
截留液流速/（m^3/h）	6.7	6.7
截留液中乳清蛋白浓度/%	0.91	1.11
洗滤阶段		
透过液流速/（m^3/h）	27	34
截留液流速/（m^3/h）	6.7	6.7
截留液中乳清蛋白浓度/%	0.18	0.18
膜面积/m^2	381	2153
总膜面积/m^2	569	2987

针对已知的两个系统的膜面积，资金成本根据以下假设估算（表 1.3）。

（1）聚合物螺旋缠绕膜系统为 250 美元/m^2，而陶瓷膜系统为 2200 美元/m^2，这是常见的膜成本范围的上限。在此费用基础上给出了 1.2 的系数以计算 CIP 和其他未知成本。

（2）膜的更换成本：聚合物膜 40 美元/m^2，陶瓷膜 1500 美元/m^2。

（3）膜制造商给出的使用寿命：聚合物膜系统 1.5 年和陶瓷膜系统 7 年。

（4）清洗成本为每平方米每年 4 美元。

表 1.3 用微滤系统从脱脂牛乳中回收酪蛋白时，聚合物膜系统与陶瓷膜系统的资金投入和运营成本比较

项目	陶瓷膜系统	聚合物膜系统
膜系统/百万美元	1.5	1.1
膜更换/（千美元/年）	122	79.6
清洗费用/（千美元/年）	2.3	11.9
能耗	中等	低

总之，与聚合物膜系统相比，陶瓷膜系统的渗透通量和乳清蛋白透过率高得多，因此所需的膜面积较小。然而，陶瓷膜系统的资金投入较高，这主要是由于其膜的成本高。总体而言，相较于聚合物膜系统，陶瓷膜系统的资金投入大约高 27%，膜更换成本大约高 35%，能耗也更高；由于膜面积较小，陶瓷系统的清洗成本则要低得多。由于孔径分布较宽，从聚合物膜系统中获得的乳清蛋白纯度较低，这可能导致产品质量降低，或用于可能的进一步个体蛋白质分离的成本更高。聚合物膜系统需要很多水进行洗滤，才能从脱脂乳中充分去除乳清蛋白，因此透过液流会被稀释。被稀释的透过液流会增加下游浓缩步骤的工作负荷，要生产乳清蛋白粉产品，就意味着总成本的增加。

本章名词和术语

a	常数
A_K	膜孔隙率
b	常数
c	常数
c_i^B	主体溶液中颗粒 i 的浓度
$c_{i,m}^B$	膜表面颗粒 i 的浓度
c_i^P	透过液中颗粒 i 的浓度
dc_i/dz	通过边界层的浓度梯度
d_h	膜流道的水力直径
D	扩散系数或水力直径（管直径或通道高度）
f	层流或湍流的达西摩擦因数
J_{lim}	极限渗透通量
J_V	体积渗透通量
k	传质系数
L	膜组件长度

ΔP	跨膜压力差
P_{inlet}	截留液侧膜组件入口处的压力
P_{outlet}	截留液侧膜组件出口处的压力
P_{perm}	透过液侧的平均压力
r_{p}	膜的毛细孔半径
R	表观膜截留率
Re	雷诺数
Sc	施密特数
Sh	舍伍德数
TMP	跨膜压力
Δx	膜有效厚度
z	边界层厚度
α	式（1.6）中的颗粒半径
μ	溶液黏度
ρ	进料流密度
Φ_{b}	在主流体中颗粒的体积分数
Φ_{w}	膜表面淤堵层正上方边界层中颗粒的体积分数
τ	剪切应力

参考文献

[1] Agashichev, S. P. Concentration polarization in cross-flow microfiltration under the conditions of shear-induced diffusion. Desalination, 2006, 200: 346-348.

[2] Barbe, A. M., Hogan, P. A., and Johnson, R. A. Surface morphology changes during initial usage of hydrophobic microporous polypropylene membranes. Journal of Membrane Science, 2000, 172: 149-156.

[3] Beckman, S. L., Zulewska, J., Newbold, M., and Barbano, D. M. Production efficiency of micellar casein concentrate using polymeric spiral-wound microfiltration membranes. Journal of Dairy Science, 2010, 93: 4506-4517.

[4] Belfort, G., Davis, R. H., and Zydney, A. L. The behavior of suspensions and macromolecular solutions in crossflow microfiltration. Journal of Membrane Science, 1994, 96: 1-58.

[5] Boirie, Y., Dangin, M., Gachon, P., Vasson, M. P., et al. Slow and fast dietary proteins differently modulate postprandial protein accretion. Proceedings of the National Academy of Sciences of the United States of America, 1997, 94: 14930-14935.

[6] Brans, G., Schroen, C. G. P. H., van der Sman, R. G. M., and Boom, R. M. Membrane fractionation of milk: state of the art and challenges. Journal of Membrane Science, 2004, 243: 263-272.

[7] Cheryan, M. Ultrafiltration and Microfiltration Handbook. Technomic Publishing Company, Inc., 1998: pp. 345-484.

[8] Field, R. W., Wu, D., Howell, J. A., and Gupta, B. B. Critical flux concept for microfiltration fouling. Journal of Membrane Science, 1995, 100: 259-272.

[9] Fox, P. F. and McSweeney, P. L. H. (eds.) Advanced Dairy Chemistry, Vol. 1, Proteins, third edition, Kluwer Academic/Plenum Publishers, New York, 2003.

[10] Garcera, D. and Toujas, E. Graded permeability macroporous support for crossflow filtration, 2002. US patent, US6375014.

[11] Gesan-Guiziou, G., Boyaval, E., and Daufin, G. Critical stability conditions in crossflow microfiltration of skim milk: transition to irreversible deposition. Journal of Membrane Science, 1999, 158: 211-222.

[12] Gekas, V. and Hallstrom, B. Microfiltration membranes, cross-flow transport mechanisms and fouling studies. Desalination, 1990, 77: 195-218.

[13] Gesan, G., Daufin, G., and Merin, U. Performance of whey crossflow microfiltration during transient and stationary operating conditions. Journal of Membrane Science, 1995, 104: 271-281.

[14] Glimenius, R. Microfiltration-state of the art. Desalination, 1985, 53: 363-372.

[15] Grangeon, A., Lescoche, P., Fleischmann, T., and Ruschel, B. Cross-flow filter membrane and method of manufacturing it. US patent US6499606, 2002.

[16] Jost, R. and Jelen, P. Cross-flow microfiltration-an extension of membrane processing of milk and whey. Bulletin of the International Dairy Federation, 1997, 320: 9-15.

[17] Karasu, K., Glennon, N., Lawrence, N. D., Stevens, et al. A comparison between ceramic and polymeric membrane systems for casein concentrate manufacture. International Journal of Dairy Technology, 2010, 63: 284-289.

[18] Kimura, S. and Sourirajan, S. Analysis of data in reverse osmosis with porous cellulose acetate membranes used. American Institute of Chemical Engineers Journal, 1967, 13 (3): 497-503.

[19] Lawrence, N. D., Kentish, S. E., O'Connor, A. J., et al. Microfiltration of skim milk using polymeric membranes for casein concentrate manufacture. Separation and Purification Technology, 2008, 60: 237-244.

[20] Le Berre, O. and Daufin, G. Skim milk crossflow microfiltration performance versus permeation flux to wall shear stress ratio. Journal of Membrane Science, 1996, 117: 261-270.

[21] Lin, H., Thompson, S. M., Serbanescu-Martin, A., et al. Dehydration of natural gas using membranes. Part Ⅱ: Sweep/countercurrent design and field test. Journal of Membrane Science, 2013, 432: 106-114.

[22] Maubois, J. L. Membrane microfiltration: a tool for a new approach in dairy technology. Australian Journal of Dairy Technology, 2002, 57: 92-96.

[23] Maubois, J. L. and Ollivier, G. Extraction of milk proteins, in Food Proteins and Their Application, (eds. S. Damodaran and A. Paraf). Marcel Dekker Inc., New York, 1997: pp. 579-595.

[24] Millipore product catalogue, www. millipore. com/catalogue/module/c153# (12 December 2013).

[25] Mulder, M. Basic Principles of Membrane Technology, second edition. Kluwer Academic Publishers, 1996: pp. 288-293 (a), pp. 72-77 (b), pp. 421 (c), and pp. 468-469 (d).

[26] Nakao, S. and Kimura, S. Analysis of solutes rejection in ultrafiltration. Journal of Chemical Engineering of Japan, 1981, 14 (1): 32-37.

[27] Nelson, B. K. and Barbano, D. M. A microfiltration process to maximize removal of serum proteins from

skim milk before cheese making. Journal of Dairy Science, 2005, 88: 1891-1900.

[28] Pall Corporation Catalogue, www. pall. com/pdfs/Fuels - and - Chemicals/PIMEMBRAEN. pdf (12 December 2007).

[29] Pouliot, M., Pouliot, Y., and Britten, M. On the conventional cross-flow microfiltration of skim milk for the production of native phosphocaseinate. International Dairy Journal, 1996, 6: 105-111.

[30] Ripperger, S. and Altmann, J. Crossflow microfiltration - state of the art. Separation and Purification Technology, 2002, 26: 19-31.

[31] Saboya, L. V. and Maubois, J. L. Current developments of microfiltration technology in the dairy industry. Lait, 2000, 80: 541-553.

[32] Samuelsson, G., Huisman, I. H., Tragardh, G., and Paulsson, M. Predicting limiting flux of skim milk in crossflow microfiltration. Journal of Membrane Science, 1997, 129: 277-281.

[33] Samuelsson, G., Dejmek, P., Tragardh, G., and Paulsson, M. Minimizing whey protein retention in cross-flow microfiltration of skim milk. International Dairy Journal, 1997, 7: 237-242.

[34] Sandblom, R. M. Filtering process. US patent US4105547. 1978.

[35] Schwinge, J., Neal, P. R., Wiley, D. F., et al. Spiral wound modules and spacers. Review and analysis. Journal of Membrane Science, 2004, 242: 129-153.

[36] Singh, N. and Cheryan, M. Process design and economic analysis of a ceramic membrane system for microfiltration of corn starch hydrolysate. Journal of Food Engineering, 1998, 38: 57-67.

[37] Skrzypek, M. and Burger, M. Isoflux ceramic membranes - Practical experiences in dairy industry. Desalination, 2010, 250: 1095-1100.

[38] Song, L. Flux decline in crossflow microfiltration and ultrafiltration: mechanisms and modeling of membrane fouling. Journal of Membrane Science, 1998, 139: 183-200.

[39] Vadi, P. K. and Rizvi, S. S. H. Experimental evaluation of uniform transmembrane pressure crossflow microfiltration unit for the concentration of micellar casein from skim milk. Journal of Membrane Science, 2001, 189: 69-82.

[40] Ying, L., Kang, E. T., and Neoh, K. G. Covalent immobilization of glucose oxidase on microporous membranes prepared from poly (vinylidene fluoride) with grafted poly (acrylic acid) side chains. Journal of Membrane Science, 2002, 208: 361-374.

[41] Zeman, L. J. and Zydney, A. L. Microfiltration and Ultrafiltration, Principles and Applications. Marcel Dekker, Inc., 1996: 350.

[42] Zhang, H., Zhong, Z., and Xing, W. Application of ceramic membranes in the treatment of oilfield-produced water: Effects of polyacrylamide and inorganic salts. Desalination, 2013, 309: 84-90.

[43] Zulewska, J., Newbold, M., and Barbano, D. M. Efficiency of serum protein removal from skim milk with ceramic and polymeric membranes at 50℃. Journal of Dairy Science, 2009, 92 (4), 1361-1377.

[44] Zsigmondy, S. and Bachmann, R. Filter and method of producing same, US patent 1. 1922: 421, 341.

[45] Zydney, A. L. and Colton, C. K. Concentration polarization model for filtrate flux in cross flow microfiltration of particulate suspensions. Chemical Engineering Communications, 1986, 47: 1-21.

2 乳制品中乳糖的高分子超滤膜分离/浓缩技术

Suwattana Pruksasri
Department of Biotechnology, Faculty of Engineering and Industrial Technology, Silpakorn University, Nakhon Pathom 73000, Thailand

2.1 引言

乳中含有多种有益健康的功能性成分。其组分的分离将使乳在许多食品生产中或功能性食品（乳酪和生物活性肽）中得到有效利用（Brans 等，2004）。膜分离工艺在乳制品工业中的普及率约为 40%，其中 10%用于乳中蛋白质的标准化（Daufin 等，2001）。膜分离技术在全球市场的应用从 2001 年的 2.5 亿美元增长到 2010 年的 8 亿~8.5 亿美元（Daufin 等，2001；Lipnizki，2010）。其工艺的主要优势是能耗低，操作简便，可在室温下操作，产品不易变质等。目前该技术已很好地融入了乳制品行业。膜分离技术在乳制品中的应用包括：从乳清中分离乳清蛋白、从全脂乳中分离脂肪、减少脱脂乳中的细菌和芽孢（低温巴氏杀菌）、从脱脂乳中浓缩酪蛋白胶束（乳酪生产中的预处理步骤）以及如表 2.1所示的更多应用（Brans 等，2004）。

表 2.1　膜技术在乳制品行业的应用

1. 单元操作的替代方案
（1）离心：乳脂的分离和分级
（2）低温巴氏杀菌：去除细菌和芽孢
（3）蒸发：脱脂乳中酪蛋白胶束的浓缩
（4）电渗析：乳清脱盐处理
2. 乳或乳清的分离
分离单体乳清蛋白：α-乳清蛋白、β-乳球蛋白、牛血清蛋白、免疫球蛋白、乳铁蛋白、转铁蛋白和肽
3. 开发新产品
（1）超滤乳酪、微滤乳酪
（2）乳清饮料
4. 乳制品标准化
5. 牧场中超滤乳：降低运输和冷藏成本

（资料来源：Cheryan 和 Alvarez，1995；Rosenberg，1995；Brans 等，2004；Pouliot，2008）

2.2 超滤膜

超滤从本质上来说是一个压力驱动的尺寸排阻过程。它能分离并且浓缩进料液中的大分子，例如胶体、微生物、蛋白质和脂类，这些大分子通常保留在截留液中，而小分子，如糖、矿物质和维生素，则透过膜进入透过液中。

超滤膜可根据膜孔径大小滤除不同尺寸的大分子，其范围为 0.001~0.2μm 或分子质量为 $1\times10^3 \sim 1\times10^6$u（Garcia 等，1999）。跨膜传输的驱动力是跨膜的压差。由于超滤膜允许糖类和盐类等小分子透过膜，因此超滤系统的渗透压比反渗透小。因此，超滤的工作压力在 0.2~1.0MPa；在某些情况下，也会采用 2.5~3.0MPa 的跨膜压力（Kulkarni、Funk 和 Li，2001）。超滤工艺广泛用于澄清进料液、浓缩截留液的溶质和分离其溶质。

通常，超滤膜材料可分为两类：聚合物膜和无机膜。聚合物膜以聚砜、聚醚砜、醋酸纤维素、再生纤维素、聚酰胺、聚偏二氟乙烯和聚丙烯腈为载体。而无机膜以 γ-氧化铝/α-氧化铝、硼硅玻璃、热解碳、氧化锆/不锈钢或氧化锆/碳为载体（Kulkarni、Funk 和 Li，2001）。

2.2.1 超滤组件及其结构

不同加工过程中膜组件的选择取决于污染或堵塞膜孔的溶质的性质和截留液的特性。膜组件的结构可分为两大类：①螺旋缠绕或板框组件的平板膜。②管状或中空纤维结构的圆柱形膜。然而，管状和中空纤维膜的管径不同。中空纤维膜的直径比管状膜的直径小得多。过滤方式对膜性能也有显著影响。一般有两种过滤方式：死端过滤和错流过滤。在死端过滤中，进料流垂直于膜表面，而在错流过滤中，进料流在压力下切向流过膜。死端过滤很简单，但会导致颗粒在膜表面沉积，渗透通量降低。由于切向流时颗粒随料液流动被带走，因此使用错流过滤来最小化这种影响。

2.2.2 超滤膜特性

2.2.2.1 通量

渗透通量 J，定义为单位时间内单位过滤面积的滤液体积，计算公式见式（2.1）：

$$J = \frac{V_p}{At} \tag{2.1}$$

式中 J——渗透通量；

V_p——收集的滤液体积；

A——过滤面积；

t——过滤时间。

根据达西定律，在没有渗透压影响的情况下，通量用式（2.2）表示：

$$J = \frac{\Delta P}{\mu_p R_m} \tag{2.2}$$

式中 ΔP——跨膜压力，Pa；

μ_p——滤液黏度，Pa·s；

R_m——膜阻力，/m。

如果没有浓差极化和膜淤堵，传质的唯一阻力就是膜阻力。然而，浓差极化和膜淤堵通常会由于乳成分在膜表面和孔隙中沉积而导致额外的膜阻力（Makardij、Chen 和 Farid，1999）。因此，式（2.2）可以修改为包含淤堵对膜阻力的影响项式（2.3）：

$$J=\frac{\Delta P}{\mu_p(R_m+R_f)} \tag{2.3}$$

其中 R_f是因淤堵而产生的阻力，它在较低的跨膜压力下随着压力、进料浓度和错流速度的变化而变化。R_f的值可能远高于 R_m，因此渗透通量与膜渗透率无关（Kulkarni、Funk 和 Li，2001）。增加跨膜压力会导致沉积在膜表面或孔内的淤堵层增加。甚至完全堵塞膜孔，从而降低膜的渗透通量。

对于小溶质分子，应考虑跨膜渗透压。因此，渗透通量可以修改为式（2.4）：

$$J=\frac{\Delta P-\Delta P_\pi}{\mu_p(R_m+R_f)} \tag{2.4}$$

其中 ΔP_π 是跨膜渗透压。

2.2.2.2 浓差极化

浓差极化是所有膜过滤过程中的普遍现象。在过滤过程中，截留的溶质在膜表面积累到一定浓度，膜表面的溶质浓度远高于进料液中的浓度。膜表面的累积浓度会增加其饱和极限，从而形成边界层。根据菲克定律，膜表面的浓度累积会导致溶质反向扩散到主体溶液中。浓差极化的边界层也会对溶质从主体溶液到膜表面的传质产生阻力，从而降低渗透通量和表观截留率（Kulkarni、Funk 和 Li，2001）。通过增加进料流速以形成湍流或在进料管路中装上搅拌器搅拌，可以使浓差极化的负面影响降到最小。

根据溶质的质量守恒原理，浓差极化的数学术语可以定义为：

溶质传递=扩散离开膜壁的溶质+透过膜的溶质

或者式（2.5）：

$$Jc=-D\frac{dc}{dx}+Jc_p \tag{2.5}$$

式中 D——溶质扩散系数；

x——边界层厚度；

c——主体溶液的浓度；

c_p——滤液中的溶质浓度。

假设溶质扩散系数恒定且通过膜的溶质量可忽略不计，当考虑溶质在浓度边界层上的传递时，则有式（2.6）：

$$Jc=-D\frac{dc}{dx} \tag{2.6}$$

最后得到式（2.7）：

$$J(x)=\frac{D}{\delta(x)}\ln\frac{c_w}{c_b} \tag{2.7}$$

式中 c_w——膜壁处的浓度；

c_b——主体溶液中溶质的浓度；

$\delta(x)$——边界层厚度。

当浓差极化很小时，膜壁处的溶质浓度与溶液中的溶质浓度几乎相同（$c_w=c_b$），这是由于 $\frac{D}{\delta(x)J}\gg 1$。

2.2.2.3 淤堵

膜淤堵一般是指进料液中的某些成分在膜表面或膜孔内沉积。一般来说，造成淤堵的进料成分含量很低（Makardij、Chen 和 Farid，1999）。淤堵不仅会降低渗透通量，还会改变膜的化学性质，导致膜的选择性发生变化。膜淤堵有吸附、孔堵塞、沉淀和形成滤饼层等几种情况（Koh、Ashokkumar 和 Kentish，2013）。浓差极化和膜污染对渗透通量都有负面影响。然而，这两种现象却截然不同。如前所述，浓差极化取决于跨膜压力、温度、进料浓度和进料流速等操作条件，但不取决于时间。相比之下，膜淤堵部分也取决于这些参数，但更多取决于时间（Kulkarni、Funk 和 Li，2001）。

2.2.2.4 截留

在膜过滤过程中，每种组分的表观截留率可以通过式（2.8）计算：

$$R_i = 1 - \frac{c_{p,i}}{c_{r,i}} \tag{2.8}$$

其中 $c_{p,i}$——透过液中组分 i 的浓度；

$c_{r,i}$——截留液中组分 i 的浓度。

在间歇过滤的情况下，可以根据透过液或截留液的浓度以及体积浓缩因子计算组分的截留率（R_i），公式如式（2.9）~式（2.11）所示（Kulkarni、Funk 和 Li，2001）：

$$R_i = \frac{\ln(c_r/c_f)}{\ln(\mathrm{VCF})} \tag{2.9}$$

或者

$$R_i = \frac{\ln[\mathrm{VCF} - (c_p/c_f)(\mathrm{VCF} - 1)]}{\ln(\mathrm{VCF})} \tag{2.10}$$

$$\mathrm{VCF} = \frac{V_0}{V_r} \tag{2.11}$$

式中 c_r——截留液浓度；

c_f——初始进料液浓度；

c_p——透过液浓度；

V_0——初始进料体积；

V_r——剩余截留液体积；

VCF——体积浓缩因子，根据式（2.11）计算。

组分的截留率受多种因素的影响，例如膜的孔径或截留分子质量（Molecular weight cut-off，MWCO）、膜的化学成分、进料物质与膜表面之间的相互作用。工作参数如跨膜压力、温度和进料流速也会影响膜的截留率（Smith，2013）。

2.2.2.5 选择性

选择性（$S_{i,j}$）或分离因子用来比较两种组分的分离能力，可以根据溶质 i 的截留率（R_i）和溶质 j 的截留率（R_j）计算，见式（2.12）：

$$S_{i,j} = \frac{R_i}{R_j} \tag{2.12}$$

2.2.2.6　渗滤

渗滤是一种超滤膜技术，用于从进料液或截留液中澄清、去除或降低溶质或盐的浓度。它需要向截留液或进料液中添加溶剂（通常是水），以最大程度地降低高浓度下的低通量问题，并更好地去除可透过膜进入透过液的小分子溶质。在渗滤过程中，进料液中的溶质浓度被降低，因此很容易将滤液中的小分子去除。然而，加水会导致工艺过程体积增加，因此，为了达到相同的浓度，能耗需求更高。加水过程可以通过连续浓缩后多次稀释完成，也可以通过连续加水平衡料液体积。在连续浓缩/稀释模式下进行洗滤时，截留液浓度可以表示为式（2.13）（Kulkarni、Funk 和 Li，2001）：

$$c_r = c_0(\mathrm{VCF})^{1+n(R_i-1)} \tag{2.13}$$

式中　c_r——截留液浓度；

c_0——原始浓度；

VCF——根据式（2.11）计算的体积浓缩因子；

n——连续渗滤阶段的次数；

R_i——溶质的表观截留率。

如果渗滤过程中加水速率与渗透通量相同，则截留液浓度可以用稀释因子（Dilution factor，DF）表示，见式（2.14）和式（2.15）（Kulkarni、Funk 和 Li，2001）：

$$\mathrm{DF} = \frac{稀释剂的体积}{料液的原始体积} \tag{2.14}$$

和

$$c_r = c_0\exp[-\mathrm{DF}(1-R_i)] \tag{2.15}$$

式中　c_r——截留液浓度；

c_0——原始浓度；

R_i——溶质的表观截留率。

2.3　超滤在乳糖分离/浓缩方面的应用

2.3.1　乳糖分离/无乳糖乳

乳是一种理想的营养食品，含有优质的蛋白质和钙。牛乳中含有约 87.3% 的水，3.3% 的蛋白质（包括 2.6% 的酪蛋白和 0.7% 的乳清蛋白），4.1% 的脂肪，0.7% 的矿物质和 4.6% 的乳糖（de Wit，2001）。乳中的主要碳水化合物是乳糖，其浓度为 4.5%~5%。近年来，人们越来越关注无乳糖乳，因为约有 70% 的世界人口由于肠道内缺乏乳糖酶或者乳糖酶活性不足而受乳糖不耐症的困扰（Adhikari 等，2010）。研究发现，乳糖酶缺乏症跟人口的种族和民族有关，大多数亚洲人、美洲原住民（超过 90%）、非洲人（占 80%~100%）和南欧人（超过 80%）对乳糖不耐受（Mlichova 和 Rosenberg，2006）。未彻底消化的乳糖被肠道菌群发酵，产生短链脂肪酸和气体，导致人们出现肠胃胀气、腹胀、腹痛、绞痛和腹泻

(Hertzler、Huynh 和 Savaiano，1996)。据报道，2011 年美国和欧洲的无乳糖乳制品市场份额为 9 亿美元（Prescott，2012)。欧洲市场正蓬勃发展，2012—2016 年估计增长了 75%，其次是美国市场（Valio，2013)。但是，亚洲和南美洲的无乳糖乳制品市场还没有完全发展起来。表 2. 2 列出了全球市场上出现的部分无乳糖乳制品。市售乳制品中的乳糖含量通常少于 0. 25g/100g 乳（Adhikari 等，2010)。在 2001 年，芬兰 Valio 公司推出了一种乳糖含量低于 0. 01% 的无乳糖乳饮料（Jelen 和 Tossavainen，2003；Harju、Kallioinen 和 Tossavainen，2012)。根据欧盟法规，只有通过酶解作用将乳中的乳糖分解的产品才能被称为“无乳糖乳饮料”(Jelen 和 Tossavainen，2003)。虽然声称“无乳糖”没有统一的国际标准，但事实上，与食用无乳糖产品相比，有报道称乳糖不耐受人群食用 2g 乳糖没有任何不耐受症状 (Hertzler、Huynh 和 Savaiano，1996；Harju、Kallioinen 和 Tossavainen，2012)；也有报道表明，摄入高达 6g 乳糖不会产生不耐受症状，但摄入 12g 或更高的乳糖后会出现乳糖消化不良和不耐受症状（Hertzler、Huynh 和 Savaiano，1996)。斯堪的纳维亚半岛（北欧）已规定，每 100g 乳中乳糖少于 10mg，才允许声称“无乳糖”（Harju、Kallioinen 和 Tossavainen，2012)。

表 2. 2 全球市场上的部分无乳糖乳制品

品牌	公司，国家	分离乳糖方法	无乳糖乳制品
Liddells	Murray Goulburn Co-Operative Co. Ltd，澳大利亚	酶解	牛乳，乳酪，奶油酸乳，涂抹乳制品
Prairie Farms	Prairie Farms Dairy，Inc.，美国	n/a*	牛乳
LACTAID®	McNeil Nutritionals，美国	酶催化	牛乳，农家干酪，冰淇淋，蛋奶酒
Land O LAKES® Dairy Ease®	Land O' Lakes，Inc.，美国	酶催化	牛乳
H-E-B Mootopia	H-E-B Co.，美国	膜分离+酶催化	牛乳
Smart Balance®	Boulder Brands，Inc.，美国	酶催化	牛乳
GreenValley Organics	Redwood Hill Farm，美国	n/a*	酸乳，开菲尔，酸奶油
Hiland	Hiland Dairy，美国	酶催化	牛乳
Organic Meadow®	Organic Meadow Inc.，加拿大	n/a*	牛乳
Arla Lactofree	Arla Foods Ltd.，丹麦	n/a*	牛乳，奶油，乳酪

续表

品牌	公司，国家	分离乳糖方法	无乳糖乳制品
HYLA，Eila®	Valio，芬兰	层析法/膜分离	牛乳，乳粉，乳酪，黄油，酸乳
Meggle	RAJO，A. S.，斯洛伐克	n/a*	牛乳
GAZi	Garmo AG，德国	n/a*	白乳酪，凯仕卡菲尔半硬质乳酪

译者注：*为原文，含义不明。

2.3.2 乳糖的去除方法

2.3.2.1 酶解乳糖

人们从20世纪70年代中期开始研究乳糖的水解，当时第一种乳糖酶开始商业销售。乳糖酶（β-D-半乳糖苷酶，β-D-半乳糖苷半乳糖水解酶，EC3.2.1.23）是一种能水解D-半乳糖苷分子的酶，可以从真菌、细菌、植物和动物细胞等天然来源中分离得到（Husain，2010；Harju、Kallioinen和Tossavainen，2012）。酶的最适pH在2.5~7.0，不同的酶来源，最适pH不同（真菌乳糖酶的最适pH为2.5~5.4，酵母和细菌乳糖酶的最适pH为6.0~7.0）（Mlichova和Rosenberg，2006；Husain，2010）。酶促反应水解乳糖的过程并不复杂，不需要特殊的设备（Zadow，1986）。但是，乳糖水解有以下几个因素需要考虑：pH、水解温度、底物或乳糖浓度、酶活性、酶剂量和酶成本。对乳清或乳中的乳糖进行酶促水解已有很多研究。酶用量越少，完全水解所需的反应时间就越长。这种方式不适用于乳，因为在4~35℃下长时间放置会导致微生物大量繁殖。Zadow（1986）也研究了乳糖在冷藏温度下过夜进行酶促水解反应，以降低酶的成本（Harju、Kallioinen和Tossavainen，2012）。乳糖在热处理（巴氏杀菌或超高温瞬时灭菌）之前或之后的酶促水解已经有了几项研究（Dahlqvist等，1977；Chen、Hsu和Chiang，2002；Harju，2004；Mendoza、Olano和Villamiel，2005）。乳糖的不同水解程度会对牛乳的性质和感官特性产生很大影响。乳糖水解产生葡萄糖和半乳糖，因为葡萄糖比乳糖甜得多，所以增加了乳制品的甜度。还有研究表明，乳糖水解度为70%时，其甜度增加的程度与添加约2%蔗糖相同（Harju、Kallioinen和Tossavainen，2012）。此外，增加或减少单糖（葡萄糖和半乳糖）会导致其产生更多不良副产物（乳果糖和糠氨酸），这种副产物不仅出现在加热过程中，也会出现在储存期间（Ruiz-Matute等，2012）。由于美拉德反应，室温下储存的UHT乳糖水解乳中糠氨酸（Furosine）含量会增加（Messia、Candigliota和Marconi，2007）。在超高温处理后，葡萄糖也可能异构化为果糖，半乳糖异构化为塔格糖（Mendoza、Olano和Villamiel，2005；Messia、Candigliota和Marconi，2007）。而且，美拉德反应会导致乳中赖氨酸的大量损失（Mendoza、Olano和Villamiel，2005）。因此，建议将经超高温瞬时灭菌处理的乳糖水解乳或高还原糖乳保存在4℃下（Messia、Candigliota和Marconi，2007）。酶解乳糖的产品在感官特性和产品质量方面有一些缺陷。关于如何避免这些缺陷，有如下建议：首先，许多研究建议在乳糖水解之前进行热处理。此外，乳糖的水解度应控制在80%~90%，以避免产生过多的甜味（Mendoza、Olano和

Villamiel, 2005)。另外，还可以通过添加氯化钾（Flynn、Bakal 和 Snyder, 1994）或 15~45mmol/L 的柠檬酸、苹果酸、葡萄糖酸或乳酸等有机酸的钾盐降低乳糖水解乳的甜度（Harju、Kallioinen 和 Tossavainen, 2012）。通过 β-半乳糖苷酶去除乳糖会使每升乳制品的成本增加 0.06~0.08 美元（Shakeel-Ur-Rehman, 2009）。

商业化水解乳糖（HYLA®）脱脂乳粉于 1979 年推出，该产品使用了可溶性 β-半乳糖苷酶，在 UHT 工厂，18~20℃下储存 1 周后，约 80% 的乳糖被水解。要实现乳糖的完全水解，建议将水解乳在室温下储存 3 个月（Tuure 和 Korpela, 2003）。

2.3.2.2 色谱法分离

自 1989 年以来，已有用色谱法分离牛乳中乳糖的专利（Harju, 1989），即从牛乳中分离出乳糖，而盐类仍保留在蛋白质组分中或蛋白质/脂肪混合组分中。Harju（1989）获得了一个使用强阳离子交换树脂从牛乳中分离乳糖的专利，该阳离子交换树脂以聚苯乙烯二乙烯基苯为主链，并带有磺酸基。蛋白质和矿物质可以结合到带相反电荷的树脂上，而乳糖不能结合，从而分离出乳糖。该色谱柱用以钠盐形式存在的树脂进行填充，然后平衡树脂以便形成与乳相对应的平衡离子形式。色谱分离的操作温度在 50~80℃，以避免细菌滋生。就树脂特性而言，也可以耐受 80℃以上的温度。但是，乳清蛋白在高温下易变性，因此，该方法应在 55~70℃的温度下运行。将浓缩乳或脱脂乳泵送通过色谱柱，乳糖馏分在底部，而蛋白质和矿物质则用软化水洗脱。通过这种方式，将乳糖作为纯馏分进行分离，而将盐类保留在蛋白质馏分中。剩余的盐通过超滤进一步除去。但是，单独使用色谱法在时间和成本上都存在一些缺陷（Shakeel-Ur-Rehman, 2009）。因此，色谱分离技术已经与乳糖的水解和膜技术结合，应用在低乳糖和无乳糖乳制品的工业生产过程中（Shakeel-Ur-Rehman, 2009; Harju、Kallioinen 和 Tossavainen, 2012）。

2.3.2.3 膜过滤法分离

膜过滤系统（例如微滤、超滤、纳滤和反渗透）被广泛用于减少或调整乳及乳制品中乳糖的比例。其中，超滤是一种有前景的减少乳中乳糖的方法。超滤处理乳制品时，脂肪和蛋白质被保留在截留液中，而乳糖、矿物质和盐则很容易透过膜。但是，附着在蛋白质上的盐，例如钙盐、镁盐和磷酸盐仍保留在截留液中。已有研究表明，超滤过程中乳糖的残留率可能高达 10%（Shakeel-Ur-Rehman, 2009）。并且关于单独使用超滤或结合 β-半乳糖苷酶和（或）纳滤的方法去除乳糖的研究很多。

在 2002 年，Chen、Hsu 和 Chiang 对比了两种生产含低聚糖的低乳糖乳方法的加工条件。第一种方法是使用米曲霉 β-半乳糖苷酶将浓缩乳中的乳糖直接催化为低聚糖。而第二种方法是使用中空纤维柱超滤系统（截留分子质量为 50ku，有效膜面积为 0.46m^2）。采用第一种方法，入口压力和出口压力分别保持在 138kPa 和 103kPa，流速为 25.28kg/min，脱脂乳中约 30% 的乳糖保留在截留液中，然后将透过液浓缩，并使用米曲霉 β-半乳糖苷酶将透过液中的乳糖进一步催化成低聚糖。总低聚糖最大产率的发生条件为：在 50℃下，透过液中乳糖约 25.3%，酶与底物的比率（Enzyme to substrate, E/S）为 6.7%，反应 3.5h，可得到总低聚糖的最大产率为 31.1%。最后，将水解产物与截留液混合以获得含有低聚糖的低乳糖乳。然而，采用第二种方法，最终调制乳中总低聚糖的最终产率为 22.0%，与第一种方法［不使用超滤（UF）系统］的全脂乳的最终产率没有差异。但是，因为乳蛋白和其他风味物质不与酶直接接触，所以这种超滤技术得到的产品质量更好。而且有研究已经表明，随着β-半乳糖苷酶的添加，乳清蛋白和乳球蛋白的数量有所减少（Parlapanova，1990）。

2.3.3 无乳糖乳制品的专利工艺

Lange（2005）申请了一种生产无乳糖乳工艺的专利，该工艺不会增加乳的甜味。图2.1 概述了 Lange 与 Agropur 合作发明的生产无乳糖乳的过程。

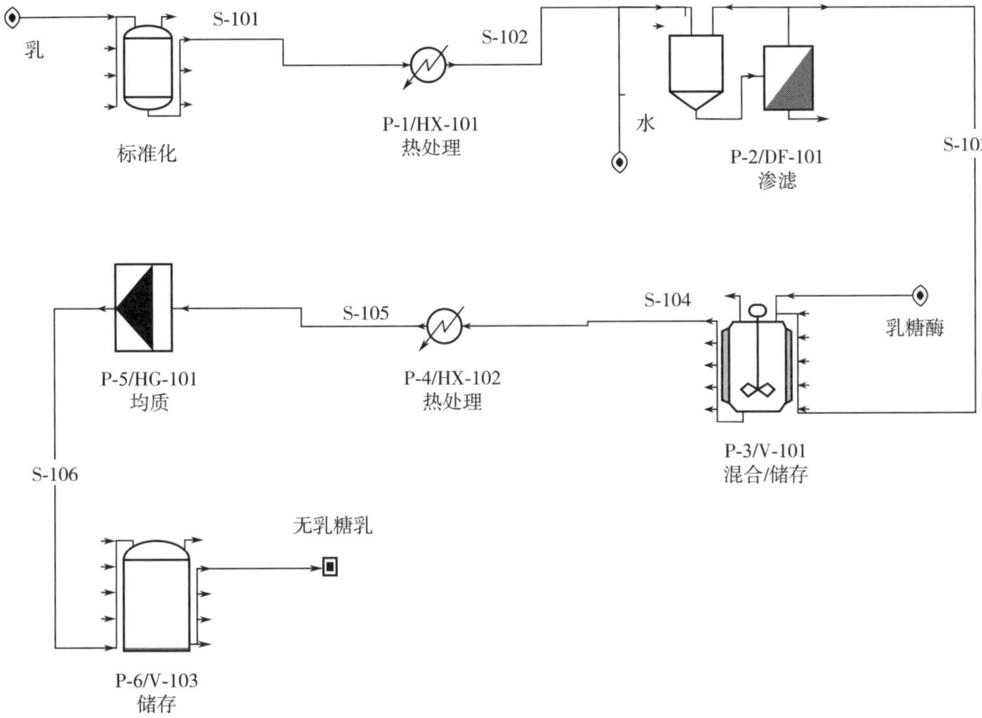

图 2.1 Lange 专利的无乳糖乳制品的工艺流程图（Lange，2005 年修订）

首先将乳中乳糖标准化为 4.6%~4.9%，经过 72.8℃、16s 的热处理（会 3.25% 脂肪）。热处理既为了杀死乳中污染的致病菌，也为了通过减少膜表面的沉积层增加下阶段超滤步骤中的渗透速度或渗透通量。接下来，用 Romicon™ PM50 滤膜进行超滤，跨膜压力、进料流速和处理温度分别为 0.1MPa、≥7m/s、≥50℃，渗透通量为 30L/(m^2·h)。该步骤包括了以与渗透通量相同的速度向截留液中添加纯水的洗滤。在此步骤中，乳糖从 4.6%~4.9% 降至约 3%，乳糖与蛋白质的比例达到 1∶1。作者认为乳糖与蛋白质的比率（3.25% 脂肪）是生产无乳糖乳而甜度没有任何变化的关键因素。在超滤之后，对透过液进行酶促水解和热处理。这两个过程是可以互换的。如果在酶促水解之前进行热处理，则保存温度<5℃；相反，如果在热处理之前进行水解，则保存温度<10℃。而这两个过程的酶解时间均应控制在 24~48h。由于热处理之后进行水解的产品中酶未失活，仍持续水解乳制品中的乳糖，因此产品的保存温度应该降低。为了避免脂肪上浮，建议将无乳糖乳制品进行均质，使脂肪球的直径小于 1μm，以分散所有脂肪。最后，无乳糖终产品还可以进一步加工，如添加风味物

质。由于在酶促水解之前通过超滤可将乳糖降至约3%，所以超滤和水解联用工艺获得的产品的甜度低于仅水解的乳，如果使用脱脂乳，蛋白质含量可能会增加到3.8%~4%。

Wang（2005）提出了一种通过使用连续膜过滤工艺去除乳制品中乳糖的工艺专利，如图2.2所示。

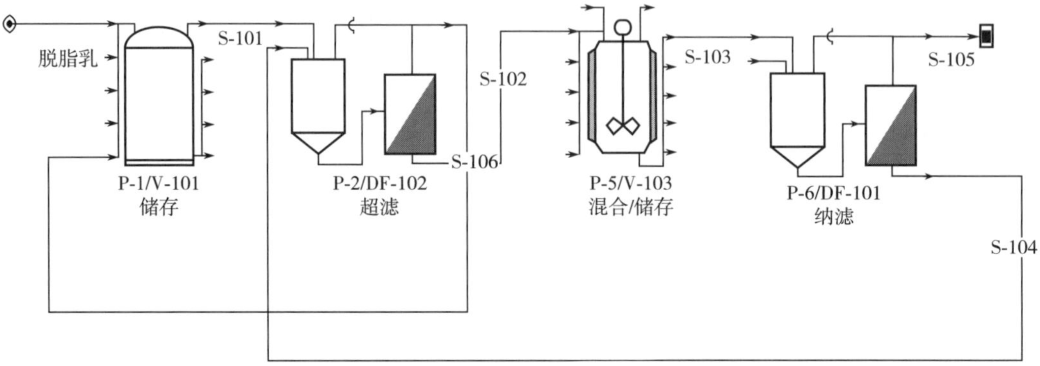

图2.2 Wang专利的无乳糖乳制品工艺流程图（Wang，2005）

乳糖含量为5%的脱脂乳用截留分子质量为900u的超滤膜过滤。其跨膜压力、进料流速和运行温度等操作参数分别控制在0.31MPa、83.2L/min、10℃。大分子化合物［例如脂肪、蛋白质、某些非蛋白氮（Nonprotein nitrogen，NPN）物质］和结合在大分子上的矿物质分子保留在截留液中，而小分子化合物（例如乳糖、矿物质、一些非蛋白氮和水）可以穿过膜（该专利还采用了洗滤技术），然后用截留分子质量为150~300u的滤膜对超滤透过液进行纳滤。纳滤的跨膜压力、进料流速和运行温度分别为1516.8kPa、15.2L/min、10℃。纳滤透过液中的水和一些矿物质被泵回到超滤罐中，作为洗滤介质，如此循环，直至超滤截留液中的乳糖达到0.07%。与最初的脱脂乳相比，此过程可以去除99%的乳糖。而最终产品中的蛋白质含量为4.44%，比最初的脱脂乳（3.40%）高30%。另外，去除了乳糖的乳制品中的钙含量（136mg/100g）比原料脱脂乳中的钙含量（117mg/100g）高约16%。该产品无甜味，但具有天然乳风味。该过程需要纳滤来回收超滤透过液中的矿物质和盐分，因此该脱乳糖乳的最终组成为4.44%总蛋白质，0.07%乳糖，0.31%脂肪，136mg/100g钙，45mg/100g钠，147mg/100g钾，16mg/100g镁和110mg/100g磷。原脱脂乳组成为3.4%总蛋白质，5%乳糖，0.25%脂肪，117mg/100g钙，49mg/100g钠，151mg/100g钾，13mg/100g镁和90mg/100g磷。可以看出，该脱乳糖乳包含原脱脂乳中的所有矿物质，且矿物质含量略有增加。

Tossavainen和Sahlstein（2013）的专利是以浓缩乳为原料使用超滤、纳滤和反渗透技术生产无乳糖乳制品，而对乳制品的感官特性没有任何影响，如图2.3所示。

将乳标准化至所需的脂肪和蛋白质含量，在72℃下巴氏杀菌15s，然后在50℃下，采用截留分子质量为20000u的GR61PP膜进行超滤。在室温下，主要由乳糖和矿物质组成的超滤透过液通过Nanomax-50纳滤膜（Millipore）（氯化钠保留<65%）进行过滤，直至截留液体积为原始进料体积的四分之一。乳糖（约占干物质的90%）保留在纳滤截留液中，可以进一步用作低盐乳糖馏分。纳滤滤液主要由一价矿物质和尿素组成，干物质含量为0.1%~

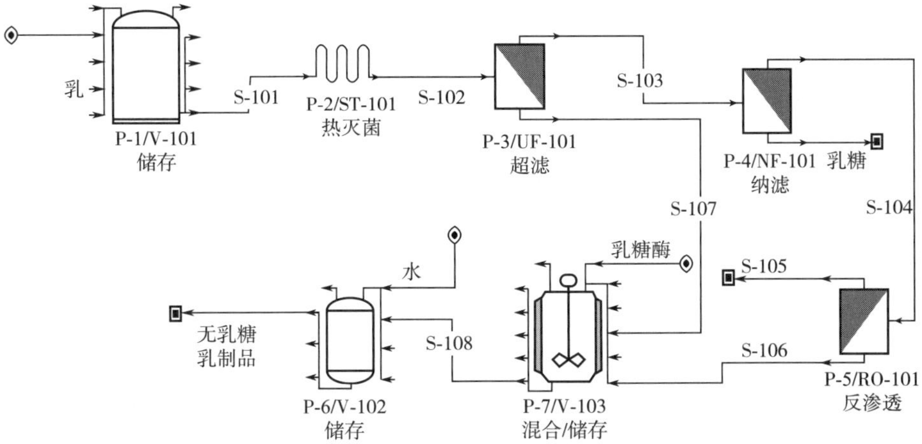

图 2.3 Tossavainen 和 Sahlstein 专利的无乳糖乳制品工艺流程图（Tossavainen 和 Sahlstein，2013）

0.3%，使用反渗透膜（Nanomax-95，氯化钠保留率>94%，Millipore）进一步浓缩，直到反渗透截留液的体积达到纳滤透过液的十分之一，从而将矿物质浓缩在反渗透截留液中。通常，反渗透截留液干物质中的 1%～3% 由 0.5%～2% 的灰分组成。将先前的超滤截留液与反渗透截留液、水和 β-D-半乳糖苷酶（HA-乳糖酶，丹麦）混合，在 10℃ 下进行 24h 的酶解反应，具体时间取决于商业酶的类型。最后得到的乳制品中乳糖含量<0.01%。这种无乳糖乳的最终成分为蛋白质 3.35%，乳糖<0.01%，葡萄糖和半乳糖 3%，脂肪 1.5%，灰分 0.79%，干物质 8.84%，而普通的半脱脂乳的成分为蛋白质 3.3%，乳糖 4.64%，脂肪 1.5%，灰分 0.79%，干物质 10.39%。可以看出，这种无乳糖产品与普通半脱脂乳的组成相似。这种无乳糖产品采用了超滤和纳滤工艺以及酶促水解法，其味道与普通半脱脂乳无明显差异。

2.3.4 乳清中乳糖的分离

乳清是干酪制作过程中产生的有一定营养价值的副产物，含有乳清蛋白、乳糖、维生素、矿物质和生长因子。通常，干酪乳清含有 5%～6% 的乳糖，0.8%～1% 的蛋白质和微量脂肪（Souza 等，2010）。10L 乳制成 1kg 干酪，其余 8～9L 是乳清副产品，然后使用不同的技术（例如膜过滤、离子交换和电渗析工艺）回收乳清中的成分。Cloidt 和 Lehman（2007）申请了一项从乳清中分离乳糖的工艺专利。首先通过超滤将乳清蛋白从乳清中分离。然后，通过反渗透法将含有乳糖的透过液浓缩，以便于水的蒸发和乳糖的结晶（Souza 等，2010）。通常，根据乳清的成分不同，有两种基础方法可用于乳清中乳糖的回收：①从浓缩乳清中结晶。②从超滤透过液中的脱蛋白乳清中结晶（de Wit，2001）。

de Wit（2001）报道了一种采用结晶技术从干酪甜乳清中回收乳糖的方法。干酪加工过程中产生的甜乳清含有 0.2%～0.5% 的乳脂，具体取决于干酪的类型以及凝乳的含量。可以通过离心分离将乳脂除去，得到明显淡黄色的脱脂乳清。然后将脱脂的乳清进行巴氏杀菌，并通过蒸发浓缩，最终获得干物质为 60%～65% 的浓缩液。将浓缩的乳清转移到结晶罐中，冷却至 10℃。在此温度和一定时间下，乳糖的溶解度从 50℃ 时的 17.5% 降至 10℃ 时的约

6%。为了加速该结晶步骤，需要添加乳糖晶种。乳糖晶体以 α-乳糖一水合物晶体的过饱和形式存在，通过卧式离心机从浆液中分离，随后在第二个卧式离心机中洗涤，将乳糖晶体的总固体含量从 80% 提高至 99%。在喷雾干燥器中，水分含量从 9% 进一步降低到小于 0.5%。喷雾干燥器中的温度不能超过 95℃，因为在高温下会形成非理想产物 β-乳糖晶体。最后，将干燥的乳糖磨碎，过筛至所需大小后包装。该产品可用于食品工业，被称为食用乳糖。如果需要更高纯度的乳糖，则需要更多的精制工艺，例如用活性炭吸附和结晶，以获得高纯度的医药级产品。

Souza 等对从干酪乳清中回收和纯化乳糖的四个集成过程（即微滤、超滤、离子交换、反渗透和喷雾干燥）进行了回收率和产物纯度的评估。在前 3 个过程中，干酪乳清首先被离心以除去悬浮的固体，然后进入第一个超滤系统，该系统使用了标称截留分子质量为 5×10^5u 的中空纤维聚醚砜膜。工作压力和温度分别控制在 0.15MPa 和 25℃。此过程的蛋白质和乳糖截留率分别为 0.805 和 0.145，且乳糖纯度为 88.5%，相对较低。然后超滤透过液进入第二个超滤系统，接着进行洗滤步骤。作者比较了两种超滤类型：截留分子质量为 5000~8000u 的螺旋缠绕聚醚砜膜和截留分子质量为 5000u 的盒式聚醚砜膜。结果表明，截留分子质量较小的超滤膜（5000u 的盒式膜）显示出更高的蛋白质保留率和较低的乳糖截留率。来自第二超滤系统的超滤透过液通过离子交换、反渗透和喷雾干燥进一步纯化。这两个过程的乳糖纯度均得到改善。第四个过程在微滤（标识孔径为 0.2μm 的氧化钛管状膜）、超滤（截留分子质量为 5000u）、离子交换和反渗透组成四个过程中是最有效的。该方法得到的乳糖纯度达到 99.8%，总乳糖回收率达到 74%。作者认为，可以进一步回收截留液、膜组件和离子交换中损失的乳糖以提高整体回收率。从乳清中去除乳糖的过程非常简单，且乳清中的固体物质含量较低，因此，乳清对膜的污染比乳低得多。

2.3.5 影响乳糖分馏／分离的因素

影响乳糖分馏/分离的因素包括工作压力和温度、进料流速和进料浓度。

2.3.5.1 工作压力

工作压力是影响膜过滤的重要因素，因为它是分子跨膜运输的主要驱动力，会显著影响渗透通量。渗透通量随着工作压力的增加而增加，直至达到临界跨膜压力，压力的进一步增加可能不再使渗透通量发生变化。在临界跨膜压力下，渗透通量与工作压力无关。临界跨膜压力可能会根据膜的形态、材料和透过液的不同而有所不同（Makardij、Chen 和 Farid，1999）。Atra 等（2005）研究了使用截留分子质量为 6000~8000u 的 FS10 聚偏二氟乙烯膜对低脂乳进行超滤预浓缩。在跨膜压力达到 0.2~0.4MPa 前，渗透通量由跨膜压力决定。在跨膜压力达到 0.2~0.4MPa 时，蛋白质沉积在膜表面上，引发浓差极化。有报道表明膜的类型也影响渗透通量。具有较大孔尺寸的膜的渗透通量较高，更倾向于发生浓差极化。因此，压力无关区域会形成更低的跨膜压力（Kessler，2002；Atra 等，2005）。蛋白质截留率也随着跨膜压力的升高而降低（Atra 等，2005）。Limsawat 和 Pruksasri（2010）研究了跨膜压力对渗透通量以及乳糖和蛋白质排阻的影响。研究表明，在截留分子质量为 5000u 的错流中空纤维组件（Quixstand 台式系统）中对商用低脂超高温乳进行超滤，跨膜压力和渗透通量之间存在线性关系直到跨膜压力达到 31kPa。

2.3.5.2 工作温度

工作温度主要影响料液的特性，特别是乳。随着温度的升高，乳黏度降低，渗透通量通常会增加。随着温度升高，传质系数也升高。这样可以提高乳成分从膜表面转移回原溶液中的能力。但是，工作温度不应超过膜的规定温度范围和乳蛋白的变性温度。这可能会永久损坏膜和乳蛋白。超滤法浓缩乳清的最高工作温度为50℃（Atra 等，2005）。在这个工作温度下，微生物生长速度最低。

2.3.5.3 进料流速

流速或进料流速也会影响渗透通量和使截留液中的蛋白质达到一定浓度的时间。进料流速的增加通常会使浓差极化（即蛋白质分子在膜表面的沉积）降低。因此，压力区域出现在较高的跨膜流速下（Kessler，2002；Atra 等，2005）。在高进料流速下，沉积在膜表面的蛋白质被连续地去除（Atra 等，2005）。另外，淤堵层的水阻力降低，也使大量溶质通过边界层进行传质。

Clarke 和 Heath（1997）比较了脱脂乳在平板膜和螺旋缠绕膜系统中超滤的渗透通量。两种组件中渗透通量都随着跨膜压力和错流速度的增加而增加。但是，在每个错流速度下，螺旋缠绕膜系统的渗透通量都比平板膜系统高。错流速度或雷诺数的增加，会使传质系数显著增加或边界层阻力减小，进而导致渗透通量增加。

有研究者对商业低脂超高温乳在错流中空纤维单元中的超滤过程进行了研究，研究了在不同进料流速下的乳糖和蛋白质排阻情况（Limsawat 和 Pruksasri，2010）。结果表明，渗透通量随着进料流速的增加而增加，在 1.72L/min 的高进料流速下可获得最大的乳糖回收率。

2.3.6 乳超滤过程中存在的问题

由于乳是由大分子物质和小分子物质组成，因此操作条件的变化（例如温度、压力和进料流速）将影响终产品。在乳过滤过程中，首先使渗透通量下降的可能是蛋白质的吸附作用（James、Ying 和 Chen，2003）。据报道，疏水膜（聚砜、聚丙烯、聚偏二氟乙烯和聚四氟乙烯）比亲水膜（醋酸纤维素膜和聚丙烯腈膜）吸附的蛋白质更多（Makardij、Chen 和 Farid，1999）。在某些情况下，污垢可通过膜清洗清除，但某些淤堵是不可逆的，长期大量积累后只能更换膜。乳制品行业中的两种主要污垢是蛋白质和矿物质，尤其是磷酸钙（Rice 等，2009）。乳中的蛋白质可以沉积并吸附在膜表面或孔内，形成凝胶状的滤饼层，从而产生阻碍作用。蛋白质的吸附程度与膜的疏水性大小及膜与蛋白质之间的静电作用有关。此外，钙由于在蛋白质-蛋白质和蛋白质-膜中起桥连作用而在蛋白质滤饼形成中起着重要作用。当进料液中的盐类的浓度远高于其溶解度时，也会在孔内或膜表面沉淀，从而形成淤堵。磷酸钙是乳制品工业中产生淤堵的主要盐类，因为它在乳中是过饱和的，且其溶解度随温度的升高而降低（Rice 等，2009）。另外，磷酸钙的沉淀随着 pH 的增加而增加。因此，乳制品过滤应在低 pH 和低温下进行，以避免出现磷酸钙淤堵。

酪蛋白是乳中的主要蛋白质，通常是由胶体磷酸钙桥连接在一起的亚胶束组成（Hausmann 等，2013）。它们具有疏水性，因此难溶于水。酪蛋白在乳中以酪蛋白胶束的形式存在。乳清中的蛋白质除酪蛋白外，还由 α-乳白蛋白、β-乳球蛋白和乳清蛋白等组成。

这些蛋白质会通过疏水作用吸附在膜表面上。据报道，单一种类蛋白质在无孔疏水膜表面的典型吸附度在 1~4mg/m^2，这取决于膜表面上是否还有其他成分（Waninge 等，2005；Hausmann 等，2013）。已有研究表明，只有乳糖不会引起膜淤堵（Hausmann 等，2013；Koh、Ashokkumar 和 Kentish，2013）。与乳中的两种主要蛋白质相比，酪蛋白比乳清蛋白更容易沉积在膜表面，而且当溶液中存在盐时，膜淤堵的速度更快。

微生物淤堵或生物淤堵是由生物膜的形成引起的，生物膜是膜表面上的细胞外聚合物（Extracellular polymeric substances，EPS）。它会导致通量下降，从而降低工艺性能，增加运行和维护成本，并增加产品淤堵的可能性（Tang 等，2009）。细胞外聚合物由多糖组成，有较高的负电荷密度。它可能会保护细菌细胞免受水力剪切和化学清洗的影响。据报道，由于生物污垢和疏水表面之间的疏水作用减少，所以亲水膜具有更好的抗淤堵性（Asatekin 等，2007；Tang 等，2009；Chiag 等，2012）。因此，未来有望使用到抗生物淤堵的膜材料。为了增强抗生物淤堵的能力，可以通过在膜形成过程中将甲基纤维素、甘油和聚乙二醇等聚合物混合实现对膜的改性（Kim 和 Lee，1998），采用接枝技术，使用亲水性聚合物作为膜浇筑溶液可产生亲水表面（Asatekin 等，2007）或添加抗菌添加剂，例如纳米颗粒 TiO_2、SiO_2、Al_2O_3和碳纳米管（Chen 等，2013）。据报道，将银纳米颗粒加入聚砜超滤膜中可增强对大肠杆菌 K12，门多萨假单胞菌 KR1 和 MS2 噬菌体的抗菌性能（Zodrow 等，2009）。Tang 等（2009）研究了乳制品超滤膜上生物膜形成过程中涉及的微生物类型。已经发现，从乳品工厂的膜表面分离的主要菌株是革兰阴性细菌，特别是大肠杆菌类和阪崎肠杆菌。这可能是由于透析水中的污染物或乳品厂的卫生问题所致。革兰阴性菌通常会产生细胞外聚合物进而形成生物膜，与革兰阳性菌所产生的生物膜相比，它们对杀菌剂具有更强的抵抗力（Tang 等，2009）。因此，就地清洗（Clean-in-Place，CIP）程序可能无法有效地清除这些革兰阴性菌。

乳制品行业中膜过滤的操作通常在 10℃ 或高于 50℃ 的温度下进行，以使生物活性最小化。在干酪乳清超滤的过程中，由于磷酸钙的溶解度降低，渗透通量会随着温度从 10℃ 升高到 30℃ 而降低（Cheryan，1998；Rice 等，2009）。但是，当高于 30℃ 时，因为低黏度和高扩散效应比磷酸钙沉淀的负面影响更占优势（Cheryan，1998），因此渗透通量增加。当通过膜系统过滤乳时，必须考虑这些操作参数，以获得所需的产品。

2.4 集成膜生物反应器

近年来，生物催化膜反应器在产物抑制方面的有益作用使其受到了极大的关注。此外，在进行分离步骤之前，先对产品进行预浓缩，会使产品回收变得容易。膜生物反应器可用于各种生产过程中，例如果汁和葡萄酒的澄清、糖浆的生产、肉的嫩化、食品添加剂的生产；从乳或乳清中去除乳糖以供人们食用（Giorno 和 Drioli，2000；Jochems 等，2011）；氨基酸、抗生素、抗炎药、抗癌药和维生素的生产等（Charcosset，2006）。生物催化剂（例如酶和细胞）有两种作用形式：一为自由悬浮在溶液中并在截留液一侧循环；二为固定在膜表面或膜内部，如图 2.4 所示。

表 2.3 列出了集成膜生物反应器的优缺点。每种膜生物反应器配置都有其自身的特性和

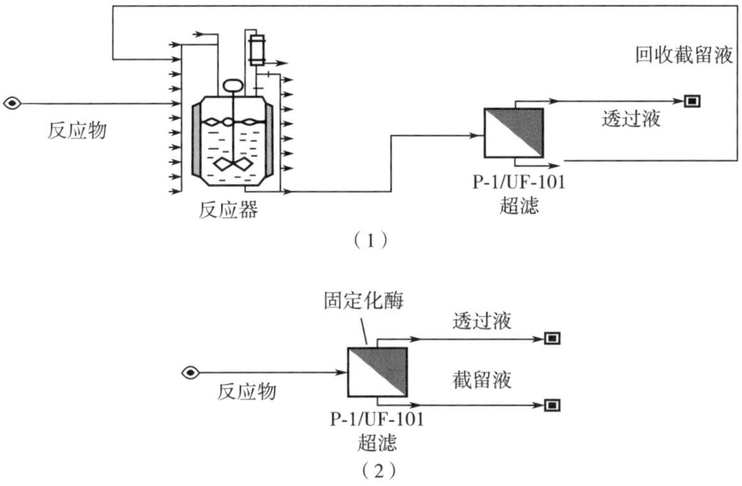

图 2.4 生物反应器与膜分离器组合的构造（1）和催化器与分离器集成的膜生物反应器（2）

优点，例如与膜分离组合的反应器类型适合需要催化剂均匀分布的反应。膜将大分子的酶或细胞以及底物保留在截留液中，同时允许小分子物质通过膜。这种构造的应用实例是淀粉、果胶、κ-酪蛋白和胶原蛋白的水解（Giorno 和 Drioli，2000）。将酶或细胞固定在膜组件中的集成膜反应器适用于酶或细胞敏感或易因剪切应力失活的情况，例如用于治疗性药物的生产。该膜组件还有一种应用是产物抑制反应，产物从反应中连续除去。这种应用包括生物人工胰腺、生物人工肝和体外排毒装置（Giorno 和 Drioli，2000）。膜除了起选择性分离系统的作用外，还充当酶或细胞的支持物。将酶固定在膜上的优点是增加反应器的稳定性和生产率，并提高产物的纯度和质量。但是，酶活性随时间降低是该装置的主要问题。

表 2.3 集成膜生物反应器的优缺点

优点	缺点
（1）生物催化剂的保留和再利用	（1）本体溶液与膜表面之间的反应条件不均匀
（2）尽量减少处理时间	（2）酶活性随时间的变化而下降
（3）集成过程（同时进行反应和分离）	（3）浓差极化和膜淤堵
（4）持续降低底物或产品的抑制作用	（4）难以维持无菌条件（如细胞膜生物反应器）
（5）经济高效	
（6）易于通过酶（特异性）和（或）膜控制产品特性（选择性）	

（数据来源：Garcia 等，1999；Rios 等，2004）

当酶固定在膜内时，底物必须跨膜传输至生物催化剂，产物也必须从反应部位跨膜传输至透过液一侧。通常，传质阻力是影响这些膜系统性能的主要影响因素。蒂勒模数可以用来解释反应速率和扩散速率之间的比例，可用式（2.16）说明（Giorno 和 Drioli，2000）：

$$\varphi = L\left(\frac{V_{max}}{D_{eff}K_m}\right)^{\frac{1}{2}} \tag{2.16}$$

式中 L——长度；

V_{max}——反应的最大速度；

K_m——米氏-门滕常数；

D_{eff}——有效扩散率。

酶转化的速率可能受到底物扩散的限制或反应取决于蒂勒模数，如果 $\varphi \gg 1$，则扩散速率受到限制；对于 $\varphi \ll 1$，该系统由酶动力学控制，传质限制可以忽略不计。

2.4.1 酶在聚合物膜上的固定方式

将生物催化剂固定在膜上有三种方式：截留、凝胶化和通过化学键连接（Giorno 和 Drioli，2000）。截留是在膜制备过程中通过相转化将生物催化剂截留在聚合物膜中的过程。也可通过使用低操作压力沿相反方向过滤（多孔载体朝上），将细胞或酶截留在聚合物膜内。在这种固定化技术中，酶或细胞位于膜孔内，因此底物必须穿过膜才能到达催化剂，并且产物通过膜过滤出去。凝胶化是将酶溶液冲洗过聚合物膜形成的。酶或细胞积聚在膜表面并沉积为凝胶层。因此，底物被水解并且产物生成在截留液侧。如果酶被产物抑制，则反应器性能降低。在附着固定过程中，可以使用离子结合、范德瓦耳斯力和共价结合来进行生物催化剂的固定。大多数市售聚合物膜（例如聚砜基膜）的膜表面带有负电荷。因此，为了与酶或细胞的负电荷结合，必须在膜上涂一层强阳离子聚合物，例如聚乙烯亚胺（Polyethyleneimine，PEI）。聚乙烯亚胺已被广泛用于涂覆膜表面以固定化酶（Albayrak 和 Yang，2002；Sen 等，2011）。这种固定技术具有较高的工艺稳定性。但是，酶本身在结合过程中可能会变性。

2.4.2 集成膜生物反应器在功能性乳制品生产中的应用

2.4.2.1 乳糖水解

表 2.4 列出了用于生产功能性乳制品的集成膜生物反应器的示例。如前所述，β-半乳糖苷酶或乳糖酶是乳制品行业中常用的酶。使用酶去除乳糖的主要问题是乳制品甜度的增加。因此，在膜生物反应器水解乳糖的同时从反应混合物中除去单糖是该生物膜反应器的主要优点。该方法的还有一个优点是可以在低压和高酶浓度下连续运行。

表 2.4 集成膜生物反应器在水解乳糖和生产低聚糖中的应用示例

目的	酶来源	底物	超滤膜类型	截留分子质量/u	结论	数据来源
乳糖水解	Lactozyme 3000L HP-G 脆壁克鲁维酵母	乳糖	中空纤维膜组件	5000	中空纤维膜中的转化率低于搅拌罐	Jurado 等，2004
	Maxilact 2000， Maxilact LX 5000 乳酸克鲁维酵母	脱脂乳（51%乳糖）	中空纤维膜组件	1×10^4	在 9.9L/h 的脱脂乳流速下，转化率 78.11%	Novalin、Neuhaus 和 Kulbe，2005

续表

目的	酶来源	底物	超滤膜类型	截留分子质量/u	结论	数据来源
低聚半乳糖生产	乳酸克鲁维酵母	乳糖	连续错流	1×10^4	6.4mg GOS/(U/h)	Chockchaisa-Wasdee 等，2005
	Maxilact 2000 乳酸克鲁维酵母	20%乳糖	连续膜滤和色谱法膜滤	0.8μm	在 82%的乳糖转化率时 GOS 产量为 24%	Engel、Ebrahimi 和 Czermak，2008
	Maxilact LX 5000	乳糖，超滤滤液，乳清	陶瓷超滤滤膜	1.5×10^5	在超滤滤液的 203.2g/L 乳糖中产生 32.9g/L GOS	Pocedicova 等，2010
	Maxilact 2000 乳酸克鲁维酵母	30%乳糖	陶瓷膜反应器	2×10^4	38%（质量分数）GOS	Ebrahimi 等，2010
	Biolacta FN5 环状芽孢杆菌	乳糖	旋转圆盘膜		30%产量	Sen 等，2011

注：GOS—低聚半乳糖。

Novalin、Neuhaus 和 Kulbe（2005）提出了一种使用中空纤维膜反应器将超滤和酶促水解结合生产低乳糖脱脂乳的方法。乳酸克鲁维酵母（*Kluyveromyces lactis*）β-半乳糖苷酶在截留分子质量为 10ku 的中空纤维膜组件中，随着脱脂乳一起在腔内循环流动。当脱脂乳被泵送过中空纤维膜时，分子质量比截留分子质量要小的蛋白质（盐、乳糖和小蛋白质）会进入壳侧。乳糖被酶转化为葡萄糖和半乳糖以及少量的低聚半乳糖（GOS）。然后，由于浓度梯度，水解产物被转移回管侧。对脱脂乳浓度、酶活性和流速影响的研究表明，中空纤维反应器中酶活性的损失主要是由于酶在膜表面的吸附。为了避免这种损失，可以对膜表面的壳侧覆盖超滤脱脂牛乳后的蛋白质。脱脂乳流速为 8.46L/h，乳糖水解率为 63.99%，可实现 519g/(L·h) 的乳糖转化率。通常，可以通过较高的流速和较高的脱脂乳浓度提高生产率。但是，由于脂肪和蛋白质的吸附，高浓度的脱脂乳可能会导致孔道阻塞。此外，高底物浓度比低底物浓度的加工过程更容易受到微生物的污染，进而导致酶活性下降。对酶溶液的紫外线照射可使微生物污染降至最低。与分段工艺相比，这种集成膜的酶稳定性更高，并且不会将酶泄漏到产品中。

2.4.2.2 低聚半乳糖的生产

功能性食品配料的市场份额一直在增长，并受到广泛关注。据估计，益生元产品的全球零售市场每年为 16.7 万 t，其中 3.9 亿美元来自欧洲市场（Sen 等，2011）。益生元是一种不可消化的食品成分，它通过选择性刺激宿主体内有益菌的生长而对宿主的健康产生益处（Gibson 和 Roberfroid，1995）。低聚半乳糖（Galacto-Oligosaccharide，GOS）是乳制品工业中常见的益生元，可以通过β-半乳糖苷酶对乳糖的酶解作用产生。它们是不易消化的碳水化合物，包含由糖苷键连接的两个到五个分子的半乳糖和一个分子的葡萄糖。低聚半乳糖存在于天然食品例如母乳、大蒜、洋葱、蜂蜜和大豆中。除具有益生元作用外，低聚半乳糖还具有低甜度、低热量值（7.24kJ/g）和低致龋性等优点（Sako、Matsumoto 和 Tanaka，1999；Park 和 Oh，2010）。在酸性条件下，低聚半乳糖在高温下也表现出良好的稳定性。因此，它可用于乳制品、糖果、烘焙和软饮料行业的加工过程中。

β-半乳糖苷酶利用水解作用和转糖苷作用合成低聚半乳糖。高底物（乳糖）浓度对β-半乳糖苷酶的转糖苷反应有利。在反应初始阶段，水解反应占主导，酶-半乳糖基复合物产生葡萄糖，之后酶-半乳糖基复合物被转移到含有羟基的受体（水或其他糖类）上。在低乳糖浓度下，水是受体，形成半乳糖。相反，在高乳糖浓度下，乳糖分子是受体结合酶-半乳糖基复合物，反复形成低聚半乳糖（Mlichova 和 Rosenberg，2006）。乳糖中β-半乳糖苷酶的转半乳糖基化反应始终处于平衡状态，伴随着水解反应产生葡萄糖和半乳糖。通常，转半乳糖基化反应与水解竞争，因此，低聚半乳糖的得率通常低于50%，它还取决于酶的来源、温度和乳糖浓度（Albayrak 和 Yang，2002）。影响低聚半乳糖生成的关键问题是单糖（葡萄糖和半乳糖）的形成，它们起酶抑制剂的作用。因此，连续去除酶抑制剂可以提高产物得率和产物纯度以及低聚半乳糖生产效率。在生物膜反应器中，使用不同来源的酶和不同类型膜同时生产和分离低聚半乳糖的研究已经有很多。Boon、Riet 和 Janssen（2000）报道，与不去除产物的过程相比，使用活性炭连续去除产物的情况下，低聚半乳糖产量提高了约23%。酶固定在具有合适孔径或截留分子质量的膜上有助于促进单糖的分离或减少产物抑制，从而改善水解反应。酶固定化还具有许多优点，例如可重复使用，在下游加工中易于操作以及对温度、pH 和操作条件的稳定性高。膜是极好的酶载体，因为它具有较大的酶负载表面，并且可以在流动模式下运行（Bhattacharyya 等，1996）。

在生物膜反应器中常发生的问题是淤堵现象和反复使用导致酶活力损失。Palai 和 Bhattacharya（2013）通过测量膜的水阻力，研究了环状芽孢杆菌的β-半乳糖苷酶固定化对孔阻塞的影响。结果表明，在酶固定过程中使用戊二醛以及膜上或膜内产物的积聚会导致孔堵塞，第三轮处理后通量减少约74%。在酶固定前、第一轮处理后、第二轮处理后和第三轮处理后，膜阻力分别为1.07，1.73，3.51，4.68/m。第二轮处理后，酶的活性也降低到其初始值的57%。在200g/L 乳糖和12kU/L 酶活度下，低聚半乳糖产率最高，为28%。这些表明，应通过进一步的研究和开发工作解决以高运行稳定性使用生物催化膜的挑战。

2.5 分离乳糖以生产低乳糖乳的前景和挑战

虽然目前通过酶促水解和膜过滤组合技术生产低乳糖乳和无乳糖乳已经应用广泛，但是对酶和膜材料的技术改进仍可以提高乳制品的营养和感官品质。乳糖不耐症的主要地区是亚洲和南美洲，但是这些地区低乳糖或无乳糖乳制品的普及率较低。应用膜工艺以及酶促反应可以使功能性乳制品的生产规模更具吸引力和可行性。集成膜生物反应器在膜材料和工艺操作方面的新进展可以最大程度地减少膜淤堵，并提高酶的稳定性和功能性，这将使膜在乳品工业中的应用得到扩展。

本章名词和术语

A	过滤面积
c_b	主体溶液中溶质的浓度
c_p	透过液中的溶质浓度
$c_{p,i}$	透过液中组分 i 的浓度
$c_{r,i}$	截留液中组分 i 的浓度
c_w	膜壁处的浓度
D	溶质扩散系数
D_{eff}	有效扩散率
J	渗透通量
ΔP	跨膜压力
R_f	因淤堵而产生的阻力
R_i	组分 i 的表观截留率
R_m	膜阻力
$S_{i,j}$	选择性
t	过滤时间
V_0	初始进料量
V_p	收集的透过液体积
V_r	截留液体积
V_{max}	最大反应速度
VCF	体积浓缩因子
x	用于测量边界层厚度的坐标
ΔP_π	跨膜渗透压
μ_p	滤液黏度
δ (x)	边界层厚度
φ	蒂勒模数

参考文献

[1] Adhikari, K., Dooley, L. M., Chambers IV., E., et al. Sensory characteristics of commercial lactose-free milks manufactured in the United States. LWT-Food Science and Technology, 2010, 43: 113-118.

[2] Albayrak, N. and Yang, S. T. Production of galacto-oligosaccharides from lactose by Aspergillus oryzae β-galactosidase immobilized on cotton cloth. Biotechnology and Bioengineering, 2002, 77: 8-19.

[3] Asatekin, A., Kang, S., Elimelech, M., et al. Anti-fouling ultrafiltration membranes containing, 2007.

[4] polyacrylonitrile-graft-poly (ethylene oxide) comb copolymer additives. Journal of Membrane Science, 298: 136-146.

[5] Atra, R., Vatai, G., Bekassy-Molnar, E., et al. Investigation of ultra- and nanofiltration for utilization of whey protein and lactose. Journal of Food Engineering, 2005, 67: 325-332.

[6] Bhattacharyya, D., Ganapathi, S., Vishwanath, S., et al. Immobilized enzyme reactions on beads and membranes, in Biofunctional Membrane (ed. D. A. Butterfield). Platinum Press, New York, 1996: pp. 117-129.

[7] Boon, M. A., Riet, K. V., and Janssen, A. E. Enzymatic synthesis of oligosaccharides: product removal during a kinetically controlled reaction. Biotechnology and Bioengineering, 2000, 70: 411-420.

[8] Brans, G., Schroen, C. G. P. H., Sman, R. G. M., et al. Membrane fractionation of milk: state of the art and challenges. Journal of Membrane Science, 2004, 243: 263-272.

[9] Chiag, Y-C., Chang, Y., Chen, W. -Y., et al. Biofouling resistance of ultrafiltration membranes controlled by surface self-assembled coating with PEGylated copolymers. Langmuir, 2012, 28: 1399-1407.

[10] Charcosset, C. Membrane processes in biotechnology: an overview. Biotechnology Advances, 2006, 24: 482-492.

[11] Chen, C. -S., Hsu, C. -K., and Chiang, B. -H. Optimization of the enzymatic process for manufacturing low-lactose milk containing oligosaccharides. Process Biochemistry, 2002, 38: 801-808.

[12] Chen, Y., Zhang, Y., Zhang, H. Z., et al. Biofouling control of halloysite nanotubesdecorated polyethersulfone ultrafiltration membrane modified with chitosan-silver nanoparticles. Chemical Engineering Journal, 2013, 228: 12-20.

[13] Cheryan, M. Fouling and cleaning, in Ultrafiltration and Microfiltration Handbook. Taylor & Francis, Lancaster, 1998: pp. 237-291.

[14] Cheryan, M., and Alvarez, J. R. Food and beverage industry applications, in Membrane Separation Technology. Principles and Applications (eds. R. D. Noble and S. A. Stern). Elsevier Science, 1995: pp. 415-465.

[15] Chockchaisawasdee, S., Athanasopoulos, V. I., Niranjan, K., et al. Synthesis of galacto-oligosaccharides from lactose using β-galactosidase from Kluyveromyces lactis: studies on batch and continuous UF membrane-fitted bioreactors. Biotechnology and Bioengineering, 2005, 89: 434-443.

[16] Clark, T. E. and Heath, C. A. Ultrafiltration of skim milk in flat-plate and spiral-wound modules. Journal of Food Engineering, 1997, 33: 373-383.

[17] Cloidt, R. and Lehmann, H. Process for the preparation of lactose from whey, 2007. European patent

EP1869984 A1.
[18] Dahlqvist, A., Asp, N. -G., Burvall, A., et al. Hydrolysis of lactose in milk and whey with minute amounts of lactase. Journal of Dairy Research, 1977, 44: 541-548.
[19] Daufin, G., Escudier, J. P., Carrere, H., et al. Recent and emerging applications of membrane processes in the food and dairy industry. Transactions of the Institute of Chemical Engineers, 2001, 79: 89-102.
[20] de Wit, J. N. Lecturer's Handbook on Whey and Whey Products, European Whey Products Association. Brussels, 2001: 91.
[21] Ebrahimi, M., Placido, L., Engel, L., et al. A novel ceramic membrane reactor system for the continuous enzymatic synthesis of oligosaccharides. Desalination, 2010, 250: 1105-1108.
[22] Engel, L., Ebrahimi, M., and Czermak, P. Membrane chromatography reactor system for the continuous synthesis of galactosyl-oligosaccharides. Desalination, 2008, 224: 46-51.
[23] Flynn, R. G., Bakal, A. I., and Snyder, M. A. Method of preparing lactose-hydrolysed milk with suppressed sweetness, US patent 5, 1994: 334, 399.
[24] Garcia, A. A., Bonen, M. R., Ramirez-Vick, J., et al. Bioseparation Process Science. Blackwell Science, Massachusetts, 1999: 423.
[25] Gibson, G. R. and Roberfroid, M. B. Dietary modulation of the human colonic microbiota: introducing the concept of prebiotics. Journal of Nutrition, 1995, 125: 1401-1412.
[26] Giorno, L. and Drioli, E. Biocatalytic membrane reactors: applications and perspectives. Trends in Biotechnology, 2000, 18: 339-349.
[27] Harju, M. Chromatographic and enzymatic removal of lactose from milk. IDF Bulletin, 2004, 389: 4-8.
[28] Harju, M. Process for the specific separation of lactose from milk, US patent 4, 1989: 820, 348.
[29] Harju, M., Kallioinen, H. and Tossavainen, O. Lactose hydrolysis and other conversions in dairy products: technological aspects. International Dairy Journal, 2012, 22: 104-109.
[30] Hausmann, A., Sanciolo, P., Vasiljevic, T., et al. Fouling of dairy components on hydrophobic polytetrafluoroethylene (PTFE) membranes for membrane distillation. Journal of Membrane Science, 2013, 442: 149-159.
[31] Hertzler, S. R., Huynh, B. -C. L., and Savaiano, D. A. (1996) How much lactose is low lactose?
[32] Journal of The American Dietetic Association, 1996, 96: 243-246.
[33] Hilanddairy, http: //hilanddairy. com/ (9 May 2014).
[34] Husain, Q. β-Galactosidases and their potential applications: a review. Critical Reviews in Biotechnology, 2010, 30: 41-62.
[35] James, B. J., Jing, Y., and Chen, X. D. Membrane fouling during filtration of milk-a micro structural study. Journal of Food Engineering, 2003, 60: 431-437.
[36] Jelen, P. and Tossavainen, O. Low lactose and lactose-free milk and dairy products-prospects, technologies and applications. The Australian Journal of Dairy Technology, 2003, 58: 161-165.
[37] Jochems, P., Satyawali, Y., Roy, S. V., et al. Characterization and optimization of β-galactosidase immobilization process on a mixed-matrix membrane. Enzyme and Microbial Technology, 2011, 49: 580-588.
[38] Jurado, E., Camacho, F., Luzon, G., et al. Kinetic model for lactose hydrolysis in a recirculation hollow-fibre bioreactor. Chemical Engineering Science, 2004, 59: 397-405.
[39] Kessler, H. G. Food and Bioprocess Engineering, Dairy Technology, Verlag A. Kessler, Munich,

Germany, 2002: pp. 56–96.

[40] Kim, J. –H., and Lee, K. –H. Effect of PEG additive on membrane formation by phase inversion, 1998. Journal of Membrane Science, 138, 153, http: //hilanddairy. com/63.

[41] Koh, L. L. A., Ashokkumar, M., and Kentish, S. E. Membrane fouling, cleaning and disinfection, in Membrane Processing: Dairy and Beverage Applications (ed. A. Y. Tamime). Blackwell Publishing, West Sussex, 2013: pp. 73–106.

[42] Kulkarni, S. S., Funk, E. W., and Li, N. N. Introduction and definitions, in Membrane Handbook (eds. W. S. Winston Ho and K. K. Sirkar). Kluwer Academic Publishers, Massachusetts, 2001: pp. 393–397.

[43] Lange, M. Process for making a lactose–free milk and milk so processed. US Patent 6, 2005: 881, 428 B2.

[44] Limsawat, P. and Pruksasri, S. Separation of lactose from milk by ultrafiltration. Asian Journal of Food and Agro–Industry, 2010, 3: 236–243.

[45] Lipnizki, F. Cross–flow membrane applications in the food industry, in Membrane Technology, Vol. 3, Membranes for Food Applications (eds. K. V. Peinemann, S. P. Nunes, and L. Giorno). Wiley–VCH, Weinheim, 2010: pp. 1–24.

[46] Makardij, A., Chen, X. D., and Farid, M. M. Microfiltration and ultrafiltration of milk: some aspects of fouling and cleaning. Transactions of the Institute of Chemical Engineers, 1999, 77: 107–113.

[47] Mendoza, M. R., Olano, A., and Villamiel, M. Chemical indicators of heat treatment in fortified and special milks. Journal of Agricultural and Food Chemistry, 2005, 53: 2995, http: // hilanddairy. com/ 9.

[48] Messia, M. C., Candigliota, T., and Marconi, E. Assessment of quality and technological characterization of lactose–hydrolyzed milk. Food Chemistry, 2007, 104: 910–917.

[49] Mlichova, Z. and Rosenberg, M. Current trends of β–galactosidase application in food technology. Journal of Food and Nutrition Research, 2006, 45: 47–54.

[50] Novalin, S., Neuhaus, W., and Kulbe, K. D. A new innovative process to produce lactose–reduced skim milk. Journal of Biotechnology, 2005, 119: 212–218.

[51] Organicmeadow, http: //www. organicmeadow. com (9 May 2014).

[52] Palai, T. and Bhattacharya, P. K. Kinetics of lactose conversion to galactooligosaccharides by β–galactosidase immobilized on PVDF membrane. Journal of Bioscience and Bioengineering, 2013, 115: 668–673.

[53] Park, A. R. and Oh, D. K. Galacto–oligosaccharide production using microbial beta–galactosidase: current state and perspectives. Applied Microbiology and Biotechnology, 2010, 85: 1279–1286.

[54] Parlapanova, M. The effect of different technological treatment upon the quality of milk protein. Nahrung, 1990, 34: 953–958.

[55] Pocedicova, K., Curda, L., Misun, D., et al. Preparation of galacto–oligosaccharides using membrane reactor. Journal of Food Engineering, 2010, 99: 479–484.

[56] Pouliot, Y. Membrane processes in dairy technology – From a simple idea to worldwide panacea. International Dairy Journal, 2008, 18: 735–740.

[57] Prescott, R. Lactose–free dairy market is booming, says new report, 2012. Available from: www. foodbev. com/news/lactose–free–dairy–market–is–booming–say (18 August 2013).

[58] Rosenberg, M. Current and future applications for membrane processes in the dairy industry. Trends in

Food Science and Technology, 1995, 6: 12-19.

[59] Rice, G., Barber, A., Connor, A. O., et al. Fouling of NF membranes by dairy ultrafiltration permeates. Journal of Membrane Science, 2009, 330: 117-126.

[60] Rios, G. M., Belleville, M. P., Paolucci, D., et al. Progress in enzymatic membrane reactors-a review. Journal of Membrane Science, 2004, 242: 189-196.

[61] Ruiz-Matute, A. I., Corzo-Martinez, M., Montilla, A., et al. Presence of mono-, di- and galactooligosaccharides in commercial lactose-free UHT dairy products. Journal of Food Composition and Analysis, 2012, 28: 164-169.

[62] Sako, T., Matsumoto, K., and Tanaka, R. Recent progress on research and applications of non-digestible galacto-oligosaccharides. International Dairy Journal, 1999, 9: 69-80.

[63] Sen, D., Sarkar, A., Gosling, A., et al. Feasibility study of enzyme immobilization on polymeric membrane: a case study with enzymatically galacto-oligosaccharides production from lactose. Journal of Membrane Science, 2011, 378: 471-478.

[64] Shakeel-Ur-Rehman. Reduced lactose and lactose-free dairy products, in Advanced Dairy Chemistry, Vol. 3, Lactose, Water, Salts and Minor Constituents, third edition (eds. P. L. H. McSweeney and P. F. Fox). Springer Science and Business Media, New York, 2009: pp. 98-104.

[65] Smith, K. Development of membrane processes, in Membrane Processing: Dairy and Beverage Applications (ed A. Y. Tamime). Blackwell Publishing, West Sussex, 2013: pp. 1-16.

[66] Souza, R. R., Bergamasco, R., Costa, S. C., et al. Recovery and purification of lactose from whey. Chemical Engineering and Processing: Process Intensification, 2010, 49: 1137-1143.

[67] Tang, X., Flint, S. H., Brooks, J. D., et al. Factors affecting the attachment of micro-organisms isolated from ultrafiltration and reverse osmosis membranes in dairy processing plants. Journal of Applied Microbiology, 2009, 107: 443-451.

[68] Tossavainen, O. and Sahlstein, J. Lactose-free milk product and processes for producing the same, 2013. US patent 8, 449, 938B2.

[69] Tuure, T. and Korpela, R. Lactose intolerance and low-lactose dairy products, in Handbook of Functional Dairy Products (eds. C. Shortt and J. O'Brien). CRC Press LLC, Florida, 2003: pp. 71-90.

[70] Valio. Available from: http: //www. valio. com/solutions/valio-zero-lactose/ (18 August 2013).

[71] Wang, J. Lactose-removed milk product and process for the preparation thereof, 2005. US patent 2005/0196508 A1.

[72] Waninge, R., Walstra, P., Bastiaans, J., et al. Competitive adsorption between β-casein or β-lactoglobulin and model milk membrane lipids a toil-water interfaces. Journal of Agricultural and Food Chemistry, 2005, 53: 716-724.

[73] Zadow, J. G. Lactose hydrolysed dairy products. Food Technology in Australia, 1986, 38: 460-462.

[74] Zodrow, K., Brunet, L., Mahendra, S., et al. Polysulfone ultrafiltration membranes impregnated with silver nanoparticles show improved biofouling resistance and virus removal. Water Research, 2009, 43: 715-723.

3 膜淤堵：乳品超滤过程中的一大挑战

Dharmesh Kanani
Natrix Separations Inc.，Burlington，Ontario，Canada

3.1 乳制品超滤

膜技术在乳品工业中应用广泛。超滤（Ultrafiltration，UF）在乳清加工和干酪制作中非常普遍，也用于脱脂乳的生产。几乎在所有的乳制品加工中，超滤膜的孔径都是根据被分离分子的大小进行选择的，以达到保留蛋白质的同时去除水分、乳糖和矿物质盐的目的。乳中的主要蛋白质是酪蛋白（α，β，γ，κ）、α-乳白蛋白和β-乳球蛋白，因此使用截留分子质量（Molecular Weight Cut-Off，MWCO）大于1×10^4u 的超滤膜时，将增加乳蛋白的透过率或有价值的牛乳蛋白的损失；另外，使用孔径小于5×10^3u 的超滤膜时，将由于乳糖的透过率显著减小，导致超滤过程的效率降低，所以孔径为1×10^4u 的超滤膜在乳品工业中很普遍。通常，乳和乳清超滤工艺在0.2~0.4MPa 压力下以错流方式运行，平均产生100L/(m^2·h)的渗透通量（Zeman 和 Zydney，1996）。在乳制品工业中，超滤系统通常在>50℃或<20℃条件下操作，以避免细菌污染。从经济角度来看，高温操作比低温操作更有优势，因为高温操作渗透通量更高，从而降低了所需的总膜面积。此外，在较高的温度下，较低的黏度可以降低泵送成本，据统计，高温超滤操作每年可节省40%的成本（Rautenbach 和 Albrecht，1989）。与醋酸纤维素膜相比，合成聚合物超滤膜［例如聚砜（Polysulfone，PS）和聚醚砜（Polyethersulfone，PES）膜］更受欢迎。

PS 和 PES 膜具有优异的热稳定性，有利于高温操作，有良好的化学稳定性，能满足乳制品行业较高的清洗要求。它们具有适当的孔径并可以承受操作所需的压力，也能很好的耐受极端的 pH 和氯，并且和用于清洗的酸性和碱性溶液以及用作消毒剂的次氯酸盐溶液互不影响。陶瓷膜由于其非常高的热稳定性和化学稳定性而引起了人们的兴趣，但陶瓷膜的价格是聚合物膜的3~6倍。

3.2 通量-压力关系

超滤是一种基于被分离物尺寸不同而进行的分离过程，其性能通常是通过选择性和通量衡量的。超滤过程的选择性可作为实际分级的评估指标，而通量则给出了有关过程效率的概念。对于任何膜工艺，渗透通量（J_V）通常定义为单位膜表面积透过液的体积流量，它表征了膜分离过程的通量：通量越高，吞吐量越大，因此所需的膜面积越少。超滤过程中的通量取决于膜组件中的膜性质、溶剂性质、跨膜压力、溶质浓度和流体动力学。对于典型的超滤膜，水或纯溶剂通量随着所施加的跨膜压力增大呈线性增加，并且显著高于中压至高压下的实际过程通量。实际上，任何超滤过程的实际过程通量都显示了两个不同的压力区域，如图 3.1 所示。

在相对较低的压力下，过程通量随压力的增加而增加，但在较高压力下，很快变得几乎与压力无关。在这个高压区域，只有通过改变其他工艺参数如错流速度（或系统流体动力学）、进料浓度等，通量才会增加。这种渐近的压力-通量关系是浓差极化的直接结果。浓差极化是溶液中靠近膜表面的滞留溶质分子的累积导致的。膜表面附近滞留溶质的积聚不但对流动产生额外的水力阻力，而且通过提供渗透压降低了有效跨膜压力。在压力控制区域（图 3.1），浓差极化层的影响呈最小至中等，该区域的典型特征是低压、低进料浓度或高错流速度。在较高压力下，由于膜表面附近溶质极化层的严重影响，通量-压力偏离线性关系，通量主要由膜表面附近累积的溶质分子的反向传质速率控制。膜淤堵的存在使压力-通量关系更加复杂，即使所有操作参数（包括压力和系统流体动力学）保持不变的情况下，随着时间的推移，膜淤堵也会降低通量。浓差极化和膜淤堵在以下各节中将被更详细地讨论。

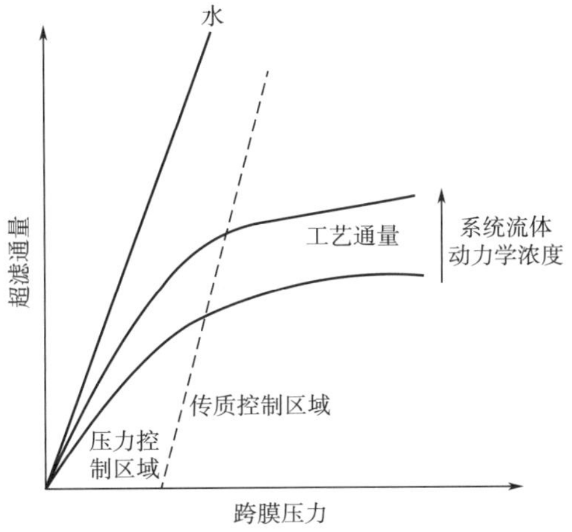

图 3.1 超滤通量和跨膜压力之间的典型相关性，显示了压力控制区域和传质控制区域（Cheryan，1998）

3.3 浓差极化

浓差极化和膜淤堵是任何工业超滤过程中都不可避免的两大现象。如果假设膜附近存在一个平行于膜表面的流体动力学边界层，那么浓差极化层就是该流体动力边界层中滞留的溶质分子的浓度梯度。溶质分子通过对流向膜的边界层传输，又通过扩散从边界层向主进料流反向传输。根据滞留的溶质分子的类型，该层可能相当黏稠且呈凝胶状，这将增大滤液流动的阻力。

许多研究性文献中都使用了如“凝胶层”“滤饼层”“极化层”或“CP 层”之类的术语来描述相同的浓差极化现象。浓差极化不应与膜淤堵相混淆，因为前者是完全可逆的现象，完全是由组件中的传质限制引起的。而膜淤堵是不可逆的，需要某种物理或化学性的清洗。即使所有操作参数保持恒定，膜淤堵也会随着时间的推移而降低通量，而浓差极化发展到一定程度，就不会随时间的推移而进一步降低通量。

浓差极化会对超滤过程的性能产生重大影响，特别是系统流体动力学或传质较差时。例如，一项研究报告表明，在不搅拌的情况下，在死端模式中对脱脂乳进行超滤，仅 25s，通量就下降到其初始值的 5%（Bruin 等，1980）。文献中有两种理论解释了由于浓差极化引起的通量下降。根据其中一种理论，膜表面附近溶质浓度的增加导致渗透压显著增加，从而降低了有效跨膜压力和通量。浓差极化层周围附加流体动力学阻力的影响使有限系统中存在较低通量，受到浓差极化限制的系统中，较低通量的替代理论考虑了边界层的额外流体动力学阻力。假设该极化层本质上是动态的，并且操作条件的任何变化，例如降低压力、增加错流速度或降低进料浓度，都应通过减少浓差极化的影响增加通量。

3.4 膜淤堵

膜淤堵是所有膜过滤的主要挑战点。膜淤堵是指溶质分子在膜表面或膜孔内的吸附和沉积，即使在所有操作参数，如压力、流速、温度和进料浓度都保持恒定的情况下，也会增加膜过滤的阻力。由淤堵引起的膜过滤阻力增加在本质上是不可逆的，需要某种物理或化学性的清洗。如图 3.2 所示，在恒压膜过滤中，由于膜淤堵，通量随时间降低，而在恒定通量的膜过滤中，膜淤堵导致跨膜压力增加，以维持通过膜的特定通量。膜淤堵降低了膜过滤过程的生产效率，缩短了膜的寿命（通常是因为腐蚀性清洗剂），并降低了膜的分离能力。

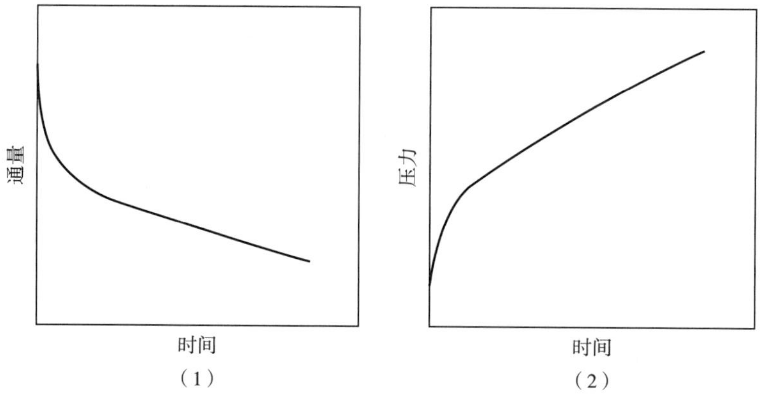

图 3.2 恒压超滤（1）和恒定通量超滤（2）条件下，膜淤堵导致生产效率损失

图 3.3 显示了两类淤堵机制：外部淤堵和内部淤堵。内部淤堵是指溶质分子在膜孔内的吸附或沉积。内部淤堵的三种可能机制是直接拦截、惯性撞击和溶质向孔壁扩散传输（Ghosh，2003）。外部膜淤堵是指溶质在膜外表面的吸附/沉积。外部淤堵通过增加有效膜厚度或完全/部分阻塞膜孔入口阻碍溶质的传输。在外部淤堵中，溶质分子或者通过扩散或者通过错流和筛分被输送到膜表面进行吸附/沉积。

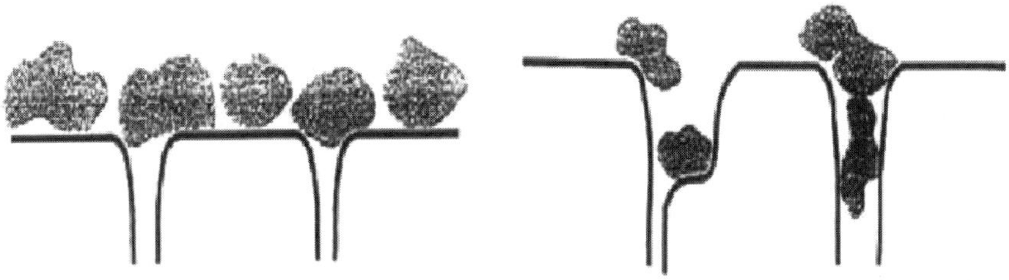

（1） （2）

图 3.3 膜淤堵机理：外部淤堵（1）和内部淤堵（2）

在恒压超滤中，由于浓差极化和膜淤堵的影响，通量随时间的推移而降低。在高跨膜压力下，通量在超滤开始时迅速下降，随后逐渐下降。许多文献研究将通量的初始快速下降归因于浓差极化，而通量的逐渐下降则归因于恒定浓差极化条件下的膜淤堵（Aimar 等，1988；Fane，1983）。这些研究假设浓差极化层在超滤过程开始时迅速形成，并且在过程结束前基本保持不变，那么超滤的纯水通量测试结束时，大部分通量损失应该是可逆的，因为浓差极化是一种可逆现象。然而，实验表明只有经过大量清洗才能恢复通量，这清楚地表明膜淤堵对通量下降的影响更大。

Kanani 和 Ghosh（2007）研究了蛋白质恒压超滤中的通量损失并得出结论，恒压超滤中的通量损失本质上是动态的。由于溶质向膜的对流传输减少，浓差极化和膜淤堵速率都随着通量的下降而降低。因此，恒压超滤中的通量损失本质上几乎是自衰减的，因为通量下降会降低浓差极化和膜淤堵速率。膜淤堵几乎是不可避免的现象，几乎所有的溶质分子都会或多或少地导致膜的淤堵。为保证膜过滤的顺利进行，了解膜淤堵染现象并通过适当的方法加以控制显得非常重要。

3.5 影响膜淤堵的因素

膜淤堵是进料溶液中不同组分与膜之间特定相互作用的直接结果。在不同的操作条件下，进料溶液的不同组分会与膜发生不同的相互作用，因此很难就膜淤堵的性质和程度制定普遍适用的理论或规则。一般来说，影响膜淤堵的因素可分为三类：①物料性质，如物料组分的理化特性、浓度、盐分和 pH。②膜的疏水性、表面电荷、孔径、孔隙率、孔径分布等特性。③操作参数，例如跨膜压力、错流速度和温度（Cheryan，1998；Marshall、Munro 和 Tragardh，1993）。应该注意的是，这三类不同的因素可以相互影响，需要单独或与模型系统一起研究，如果组合起来会产生不同的影响。

3.5.1 物料性质

由于进料溶液中不同组分的理化性质不同，对膜的污染程度也不同，因此充分了解各组分的理化性质有助于优化膜的性能。乳制品是一种相当复杂的物料，含有多种成分，包括蛋白质、矿物质、乳糖和脂肪。其中，蛋白质和矿物质被认为是乳制品超滤过程中的主要淤堵物（Zeman 和 Zydney，1996；Cheryan，1998）。蛋白质在乳制品超滤过程中占淤堵层的很大一部分，这是由于它们复杂的二级和三级结构、官能团的多样性以及不同程度的疏水性和电荷密度。蛋白质可以通过静电、疏水、二硫键等各种类型的作用力与其他物料成分或膜发生相互作用，从而成为膜淤堵的主要来源（Zeman 和 Zydney，1996；Kelly 和 Zydney，1995）。

Tong、Barbano 和 Rudan（1988）发现 α-乳清蛋白和 β-乳球蛋白是牛乳超滤过程中的主要淤堵物。他们还报告了酪蛋白水解产物和 α-乳清蛋白是乳清超滤过程中的主要淤堵物（Tong、Barbano 和 Jordan，1989）。尽管脱脂乳中含有较多的蛋白质和钙等，但其淤堵程度仍低于乳清，这可能是由于脱脂乳中存在较大的酪蛋白胶束，其中含有几乎三分之二的蛋白质和大量的游离钙（Cheryan，1998）。胶束由于其较大的尺寸而具有相对较小的膜淤堵倾向，在商业组件中，通常存在高剪切应力作用使胶束从膜表面滑落。

3.5.1.1 浓度

通常，在超滤过程中，渗透通量随着进料浓度的增大而减小。许多研究报告了浓差极化理论（Marshall、Munro 和 Tragardh，1993），其预测通量随浓度呈对数减少。Daufin 等（1991）报告了浓度对通量下降的可逆（指仅用水冲洗即可去除的淤堵）和不可逆淤堵的影响，浓度对不可逆淤堵几乎没有影响，而可逆淤堵随着浓度的增加而增加。这表明浓度对膜淤堵几乎没有影响，通量下降完全是由于浓差极化。此外，尽管通量降低，但膜的截留特性不受浓度影响。

3.5.1.2 盐分和 pH

盐分和 pH 对蛋白质-蛋白质和蛋白质-膜相互作用以及膜淤堵有显著影响。蛋白质结构稳定性取决于溶液的 pH 和盐或离子强度，pH 或盐浓度的任何变化都会改变蛋白质在膜上的沉积趋势。盐和 pH 还可以改变蛋白质沉积物的孔隙率，从而改变淤堵速率，因为蛋白质的大小也取决于溶液的 pH 和电导率。钙和磷酸盐被认为是乳制品中的主要淤堵物，因为它们倾向于形成不溶性盐，它们的离子形式还可以作为膜上蛋白质沉积的催化剂或桥接剂（Zeman 和 Zydney，1996；Cheryan，1998）。

Muller、Hayes 和 Griffin（1973）与 Hayes 等（1974）指出，在盐酸酪蛋白乳清的超滤过程中，pH 在 4.5~5 通量最小。Daufin 等（1989）报道了在浓缩脱脂乳清蛋白的超滤过程中，pH 6.9 比 pH 5.6 条件下的初始通量更高，然而，在 pH 6.9 时，通量下降较快，最终通量低于在 pH 5.6 时的通量。不同 pH 下，污染率的差异是因为表面上的蛋白质污染增加以及表面和孔内磷酸钙淤堵的增加。此外，pH 为 6.9 时，磷酸盐的形式从磷酸氢钠变为不溶性沉淀物——羟基磷灰石。Renner 和 Abd El-Slam（1991）发现在全脂乳超滤过程中，添加氯化钠可增加 α-乳清蛋白和 β-乳球蛋白的透过率，乳清中的钙含量对膜淤堵和相关的通量下降有显著影响。Hayes 等（1974）发现，在 pH 6.2 时，向干酪乳清中添加钙会降低通量，而 Patocka 和 Jelen（1987）在预处理过程中将游离钙去除，可使干酪乳清在超滤过程中有较高的通量。

3.5.2 膜特性

显然，膜的性质对超滤过程的效率有显著影响。膜的疏水性、表面电荷、孔径、孔隙率和孔径分布等关键性质对超滤的影响总结如下。

3.5.2.1 疏水性

膜材料的疏水性是重要参数之一，在含水进料液中，亲水膜性能更佳。可以通过测量接触角比较不同膜材料的疏水性，这提供了有关表面润湿性的概念。然而，接触角数据的可靠性是主观的，因为它依赖于膜表面粗糙度、水纯度和测量技术。

Marshall、Munro 和 Tragardh（1993）引用了几项研究，报告了亲水膜具有较高的渗透通量和较轻的淤堵情况。Rolchigo、Raymond 和 Hildebrandt（1989）使用两种分子质量为 1×10^5u，除了疏水性不同，其他性质基本相似的膜研究了蛋白质超滤。在浓差极化占主导地位的膜系统中，两种膜的通量相似，但在浓差极化较低的膜系统中，由于传质性能的改善，亲水膜的通量明显高于疏水膜的通量。此外，蛋白质在具有更好传质的亲水膜系统中，传输效率更高。Sheldon、Reed 和 Hawes（1991）报道了膜的疏水性对牛血清清蛋白（Bovine serum albumin，BSA）超滤过程中蛋白质沉积性质的影响，研究表明，与具有相似截留分子质量的再生纤维素膜相比，1×10^4u 聚砜膜不但蛋白质沉积率超过其 3 倍，而且电阻率也明显增加。对蛋白质沉积物的进一步分析表明，蛋白质在聚砜膜上发生了变性。总体而言，亲水膜比疏水膜淤堵更少，并具有更好的超滤性能，然而，当浓差极化和蛋白质沉积物较多时，疏水性对膜淤堵的影响并不明显。

3.5.2.2 膜上的表面电荷

在蛋白质等带电分子的超滤过程中，膜上的表面电荷很重要。膜上的表面电荷不仅取决于膜材料，还取决于进料溶液的 pH 和离子强度。在正常工艺条件下，大多数膜带负电，通常在过滤与膜具有相似电荷的物料时具有更大的通量。通过选择合适的操作 pH，膜上的电荷有助于提高超滤膜在蛋白质分级过程中的选择性。

3.5.2.3 孔径

进料时，孔和溶质的相对大小对超滤膜的性能有很大影响。较大孔径的膜比较小孔径的膜在超滤开始时具有更高的通量，但其通量下降迅速，最终会以较低通量稳定运行。Marshall、Munro 和 Tragardh（1993）综述了许多研究，这些研究表明渗透通量的最佳孔径是存在的，低于该孔径时，膜和表面淤堵层的阻力会降低通量，高于该孔径时，膜内部淤堵（孔内沉积）会降低长期通量。Fane、Fell 和 Waters（1983）比较了 BSA 和溶菌酶的超滤过程，并指出溶菌酶的初始渗透通量较高，但下降迅速，最终稳态通量低于完全保留的 BSA。总体而言，存在最佳孔径，高于该孔径时，随着孔径的增大膜淤堵更严重；低于该孔径时，膜阻力降低通量。

3.5.2.4 孔隙率和孔径分布

超滤膜通常具有表面孔隙率低和孔径分布广的特点。Suki、Fane 和 Fell（1984）研究了孔隙率对蛋白质沉积的影响，并表明最大沉积或膜淤堵对应最低的孔隙率，这可通过浓差极化理论解释，其中具有最低孔隙率的膜将经历相对高的局部浓差极化（或垂直于膜表面的较高局部速度），从而更快地产生淤堵。

孔径分布对通量的影响可以通过不同孔径的流量平衡证明。根据 Hagen Poiseuille 方程，溶剂流动更偏向较大的孔，Fane、Fell 和 Waters（1981）计算出，近 50% 的通量由超滤膜 20%~25% 的较大的孔产生。因此，因为大进料组分淤堵将导致渗透通量的高损失，大孔的数量对总通量影响很大。膜选择性也受到孔径分布的不良影响。总体而言，通量更偏向于由较大的孔产生，较大孔的淤堵对通量的影响很大，如蛋白质聚集体，膜淤堵会改变孔隙率和孔径分布，从而改变膜的选择性。

3.5.3 运行参数

在超滤过程中，操作参数如跨膜压力、错流速度、温度和进料浓度的选择非常重要，因为它们极大地影响了膜淤堵。

3.5.3.1 跨膜压力

跨膜压力是决定超滤过程中总产量的重要操作参数之一。通常，更高的跨膜压力会产生更高的通量，但代价是增加浓差极化和膜淤堵率（Kanani 和 Ghosh，2007）。Taddei 等（1986，1988）报道了在乳清超滤过程中，随着跨膜压力的增加，膜淤堵增加。Aimer 等（1988）指出，在较高压力下的乳清超滤过程中，初期通量下降更快。Nakanishian 和 Kessler（1985）曾报道，当在较低的跨膜压力下进行超滤时，可以更有效地冲掉淤堵层的沉积，这是高压下具有较高污染的间接证据。

可以用两种方式解释更高压力具有更高的淤堵率。一，在超滤早期会形成淤堵层，并在较高的压力下进一步压缩，导致膜渗透性降低。二，恒定通量的研究中，少量报道指出由于在较高通量下，对流蛋白质沉积形成紧密堆积的动态蛋白质淤堵层而导致压力的急剧增加。总体而言，选择最佳跨膜压力对超滤工艺非常重要，因为低压工艺的生产效率降低，需要更大的膜面积，从而需要更高的费用。然而，高压过程会产生严重的膜淤堵，进而由于必要的严格清洗缩短膜的使用寿命。

3.5.3.2 错流速度

错流速度也是一个重要的操作参数，它可以显著改善任何超滤工艺的性能。较高的错流速度有利于溶质从极化层向主体进料处的传质。改进后的传质降低了浓差极化和膜淤堵速率，从而提高了过程的产出量。Nakanishi 和 Kessler（1985）研究了错流速度对超滤过程中通量和冲洗过程中通量恢复的影响。在超滤过程中，随着错流速度的增加，冲洗过程中的通量和通量恢复率都增加，表明错流速度对浓差极化和膜淤堵有积极影响。

3.5.3.3 温度

温度对膜淤堵的影响尚不明确。通常认为，因为温度升高时，渗透黏度降低，溶质扩散率增加，所以温度对通量有积极影响。Vetier、Bennasar 和 Turodo de la Fuente（1988）报道了温度对全脂生乳超滤的积极影响。由于乳在高温下黏度降低，因此表面饼层的厚度显著减小，使得膜通量和氮传输增加。Piot 等（1984）以及 van Boxtel、Otten 和 van der Linden（1991）都报告了温度对乳清通量有负面影响，并将这归因于磷酸钙的沉淀。同样，Vetier、Bennasar 和 Turodo de la Fuente（1988）也报告了，与 20℃ 相比，50℃ 超滤的脱脂乳的钙和磷的淤堵增加。Hayes 等（1974）报道了超滤过程中，先进行短时间热处理（80～85℃，15s）对乳清的通量具有积极影响。他们指出，由于热处理，酪蛋白成分和β-乳球蛋白之间会形成复合物，其对膜造成的污染程度相对较小。Meireles、Aimar 和 Sanchez（1991）提出乳清蛋白在高温超滤过程中发生变性，这进一步加重了膜淤堵问题。

结果表明，由于黏度和浓差极化的降低，渗透通量随着温度的升高而增加。然而，蛋白质变性或磷酸钙沉淀可能会增加淤堵的速率，从而使最终通量低于较低温度下的通量。

3.6 膜淤堵机理模型

膜淤堵是一个复杂的过程，受多种因素影响，这阻碍了其机理模型的发展。文献中的大多数模型本质上都是经验性或半经验性的。考虑到超滤过程中通量分布的形式，Cheryan（1998）试图以某种指数关系将通量与时间或渗透体积关联起来，如式（3.1）~式（3.4）所示：

$$\boldsymbol{J}_t = \boldsymbol{J}_0 t^{-b} \tag{3.1}$$

$$\boldsymbol{J}_t = \boldsymbol{J}_0 \mathrm{e}^{-bt} \tag{3.2}$$

$$\boldsymbol{J}_t = \boldsymbol{J}_0 V^{-b} \tag{3.3}$$

$$\boldsymbol{J}_t = \boldsymbol{J}_{\mathrm{SS}} + k\mathrm{e}^{-bt} \tag{3.4}$$

式中 $\boldsymbol{J}_0$——初始通量；

$\boldsymbol{J}_t$——时间为 t 时的通量；

$\boldsymbol{J}_{\mathrm{SS}}$——稳态通量；

V——渗透体积；

k 和 b——超滤过程中的通量下降趋势（常数）。

根据其中一些模型，通量在时间为无限大时将为零，但现实中不可能出现。

还有许多研究人员使用三种经典淤堵模型之一或这些模型的组合来模拟通量衰减，包括孔堵塞模型、孔收缩模型和滤饼过滤模型。这些模型最初是为颗粒过滤而开发的（Hermia，1982；Field，1996；Jaffrin 等，1997）。

孔堵塞模型，假设部分孔被颗粒或淤堵物完全堵塞，并与渗透体积成正比，式（3.5）描述了该模型的最终形式：

$$\boldsymbol{J}_t = \boldsymbol{J}_0 \exp(-\boldsymbol{J}_0 bt) \tag{3.5}$$

孔收缩模型，假设孔隙直径可以通过孔隙内淤堵物的吸附或沉积减小，该模型见式（3.6）：

$$\boldsymbol{J}_t = \boldsymbol{J}_0 \left(1 + \frac{\boldsymbol{J}_0 bt}{\varepsilon\lambda}\right)^{-2} \tag{3.6}$$

式中 ε——膜的孔隙率；

λ——膜的厚度。

滤饼过滤模型，假设整个膜表面都被一层淤堵层覆盖，并且该层随着过滤过程不断增厚。因此，滤饼阻力与渗透体积成正比，模型采用式（3.7）的形式：

$$\boldsymbol{J}_t = \boldsymbol{J}_0 \left(1 + \frac{2A\boldsymbol{J}_0 bt}{R_{\mathrm{M}}}\right)^{-1/2} \tag{3.7}$$

式中 A——膜表面积；

R_{M}——固有膜阻力或水力阻力。

复杂的液体乳制品物料中含有大小不等的淤堵物，可以通过多种机制同时使膜淤堵。尽管这些模型本质上是经验性或半经验性的，但它们仍然可以作为有用的工具，通过将模型参数（k、b 或 $\boldsymbol{J}_0$）与操作变量相关联确定最小化污染的方法。

3.7 控制方法

在超滤过程中，膜淤堵不能完全消除，但可以使用以下方法之一进行有效控制。

（1）膜预处理。

（2）进料预处理。

（3）改善系统流体动力学。

3.7.1 膜预处理

应用于乳品的理想超滤膜应具有亲水性和均匀渗透性。通过在膜表面引入大量的亲水性官能团，如羟基（—OH），可以使膜表面更具亲水性，这可以通过吸附、自由基或亲水单体的辐射接枝、微波或等离子体处理、聚合物侧链化学转化为亲水基团或使用 Langmuir-Blodgett 方法进行涂层实现（Hildebrandt，1991）。对于聚砜膜和聚偏二氟乙烯膜，可以在非离子表面活性剂或水溶性聚合物中简单地静态浸泡，然后干燥。尽管涂层的寿命可能仅限于有限的循环次数，但这是一种非常有效的技术（Brink 和 Romjin，1990；Kim、Fane 和 Fell，1988）。此外，与天然膜相比，涂层膜对侵蚀性环境的耐受性可能受到限制。

3.7.2 进料预处理

进料预处理会很大程度地影响超滤工艺的性能。Rosenberg 报告了预先去除乳清中的脂肪对超滤效果的积极影响（Rosenberg，1995）。据报道，通过过滤（Daufin、Michel 和 Merin，1992）或离心（Kuo 和 Cheryan，1983）预先从干酪乳清中去除不溶性钙盐，可以提高超滤通量。在超滤之前调节 pH 的方法，可能会影响超滤通量。酸性乳清的钙含量通常是切达干酪乳清（甜乳清）的两倍，据报道，调节 pH 的方法对磷酸钙导致的淤堵有显著影响（Cheryan，1998），快速调节 pH 比缓慢调节 pH 更易使膜被磷酸钙盐所淤堵，这主要是由于这种淤堵物的物理性质不同。乳清的热处理也是提高超滤膜通量的一种选择，因为它可能导致具有较低污染性的酪蛋白-β-乳球蛋白复合物和（或）钙磷灰石复合物的形成（Cheryan，1998）。所有这些研究表明，对物料进行预处理可以降低进料组分导致的膜的淤堵，从而提高超滤过程中的通量。

3.7.3 系统流体动力学的改进

调整操作条件，尤其是系统流体动力学，是控制膜污染和浓差极化的最有用和最实用的方法。通过增加膜组件中的传质和其他反向传输机制，可以改善系统流体动力学；增大错流速度可降低浓差极化和膜淤堵。类似地，一些研究（Belfort、Davis 和 Zydney，1994；Gupta 等，1995；Winzeler 和 Belfort，1993）报告了由于传质增加，湍流增强剂/镶嵌物/隔板在膜组件的进料通道中对通量的积极影响。一些研究（Bauser 等，1982；Breslau 等，1980）也报告了脉动流和反冲洗对膜淤堵的积极影响。定期反洗，可以通过将透过液泵回进料通道，进而清除膜上的淤堵物，但该方法的有效性取决于淤堵物的性质。

通常，在较高的压力或流量条件下，会增加淤堵。高压过程最初提供较高的通量，但由于会导致严重的膜淤堵，整个过程中的平均通量可能会更低。此外，高压导致的严重淤堵通常需要更严格的清洗，从而缩短了膜的寿命。因此，在中低压力下运行超滤工艺有利于降低膜淤堵的速率。通过在低于某个临界通量或高于临界剪切应力通量比的情况下操作该过程，可以使淤堵程度降到最低。Field 等（1995）与 Gesan、Daufin 和 Merin（1995）详细讨论了临界通量或临界剪切应力通量比的概念，这一概念需要通过实验验证。

3.8 膜清洗和消毒

由于膜淤堵，超滤过程的产量随着时间的推移而降低，因此需要定期对膜进行清洗，才能使其工作效率保持在理想的水平。此外，从法律法规的角度来看，膜清洗和消毒是乳品过滤过程的重要组成部分。因此，为特定应用选择合适的膜系统，除了通量和截留性能之外，还应将易于清洗和消毒作为重要标准。膜清洗是从膜系统中去除淤堵物，而膜消毒的目的是将膜系统中的微生物水平降低到可接受的水平。

膜系统可以通过物理或化学清洗剂进行清洗（Zeman 和 Zydney，1996；Cheryan，1998）。系统的物理清洗涉及某种机械方式，例如，以高剪切速率和最小或零跨膜压力通过膜系统循环进料液或水。反冲洗也是一种重要的清洗方法，可将淤堵物从膜表面清除，尤其是中空纤维或平板膜结构。反冲洗可以通过在实际过程中施加负跨膜压力或使用水或适当的化学清洗剂进行清洗。如果根据污染物和膜的类型选择清洗方式，化学清洗剂清洗通常比物理清洗更有效。它们的作用方式可能涉及许多不同的机制，例如通过表面活性剂的竞争吸附置换污染物、提高污染物的溶解度和（或）化学改性污染物。市场上的清洗剂种类繁多，根据清洗机理可分为酸、碱、表面活性剂、螯合剂、酶。酸对钙盐和金属氧化物的去除非常有效，而碱对二氧化硅、无机胶体和许多生物（有机）污染物的去除更有效。表面活性剂本质上是亲水亲油的，因此可以非常有效地从膜表面去除油、脂肪和其他有机污染物。螯合剂因为能够形成螯合物，所以可有效去除金属阳离子。酶虽然价格昂贵，但在去除蛋白质（蛋白酶）、淀粉（淀粉酶）、脂肪和油（脂肪酶）、纤维素（纤维素酶）方面非常有效。

充分了解淤堵、膜和运行条件之间的相互作用，有助于提高膜清洗过程的有效性和安全性。通常，乳品超滤过程中的膜淤堵主要是由蛋白质沉积造成的，其次是钙沉淀物。因此，乳品超滤后的清洗顺序为先用碱性清洗剂去除蛋白质，再用酸性清洗剂去除钙盐（McCray 和 Glater，1985）。然而，在乳清超滤过程中，钙沉淀物对膜淤堵很关键，因此使用酸性清洗剂和碱性清洗剂进行循环清洗更合适（McCray 和 Glater，1985）。Daufin 等（1991b）指出，乳清超滤后，硝酸是有效的清洗剂；乳超滤后，pH 11 的次氯酸钠清洗效果更好。同样，清洗效率的差异归因于这些系统中蛋白质和无机污染物的相对质量的差异。Kulozik 和 Kessler（1989）研究了操作参数对清洗乳导致的超滤膜淤堵的影响。当在较高的跨膜压力或较低的错流速度下进行过滤时，由于形成较厚或较致密的蛋白质沉积物，清洗效果较差。

典型的清洗（消毒）程序包括三个步骤：①去离子水冲洗。②化学试剂清洗。③用合适的消毒剂消毒。在乳品工业中，通常每天使用氯、过氧化氢和过氧乙酸这些最常见的消毒剂对膜系统进行消毒，氯即为氯气或含钠的次氯酸盐。因为次氯酸盐在低 pH 下具有很强的腐蚀性，所以次氯酸钠消毒通常在 pH 为 10 时进行。

膜的寿命很大程度上取决于膜的清洗和消毒程序，因此，清洗和消毒需谨慎。通常，超滤系统每天都要清洗，因为长时间的运行会使膜淤堵更严重，导致膜清洗更加困难。通常通过水通量测试衡量清洗过程的有效性，应采用不含难溶盐的软水配制清洗溶液。在较高的温度下清洗更有效，因此清洗的温度应根据膜材料或模组件的限制而定。清洗剂的化学相容性不仅应适合膜材料，还应考虑组件的不同部分（如垫圈、环氧树脂材料、外壳等）的性质。必须定期验证和进行计量泵、温度和 pH 计的校准。

参考文献

[1] Aimar, P., Taddei, C., Lafaille, J. P., and Sanchez, V. Mass transfer limitations during ultrafiltration of cheese whey with inorganic membranes. Journal of Membrane Science, 1988, 38: 203-221.

[2] Bauser, H., Chmiel, H., Stroh N., and Walitxa, E. Interfacial effects with microfiltration membranes. Journal of Membrane Science, 1982, 11: 321-332.

[3] Belfort, G., Davis, R. H., and Zydney, A. L. The behavior of suspensions and macromolecular solutions in cross flow microfiltration. Journal of Membrane Science, 1994, 96: 1-58.

[4] Breslau, B. R., Testa, A. J., Milnes, B. A., and Medjanis, G. Advances in hollow fiber ultrafiltration technology, in Ultrafiltration Membranes and Applications (ed. A. R. Cooper). Plenum Press, New York, 1980: pp. 109-128.

[5] Brink, L. E. S. and Romjin, D. J. Reducing the protein fouling of polysulfone surfaces and polysulfone ultrafiltration membranes optimization of the type of presorbed layer. Desalination, 1990, 78: 209-233.

[6] Bruin, S., Kikkert, A., Weldring, J. A. G., and Hiddink, J. Overview of concentration polarization in ultrafiltration. Desalination, 1980, 35: 223-242.

[7] Cheryan, M. Ultrafiltration and Microfiltration Handbook, 1998. Technomic, Lancaster.

[8] Daufin, G., Michel, F., and Merin, U. Ultrafiltration of defatted whey influence of some physicochemical characteristics. Australian Journal of Dairy Technology, 1992, 47: 7-13.

[9] Daufin, G., Labbe, J. P., Quemerais, A., Michel, F., Robert, F., and Fiaud, C. Spectroscopic analysis of fouling layers of inorganic ultrafiltration membranes, in Fouling and Cleaning in Food Processing (eds. H. G. Kessler and D. B. Lund), Technische Universitat, Munich, 1989: pp. 207-215.

[10] Daufin, G., Labbe, J. P., Quemerais, A., and Michel, F. Fouling of an inorganic membrane during ultrafiltration of defatted whey-protein concentrates. Netherlands Milk and Dairy Journal, 1991, 45: 259-272.

[11] Daufin, G., Merin, U., Labbe, J. P., Quemarais, A., and Kerherve, F. L. Cleaning of inorganic membranes after whey and milk ultrafiltration. Biotechnology and Bioengineering, 1991, 38: 82-89.

[12] Fane, A. G. Factors affecting flux and rejection in ultrafiltration. Journal of Separation Process Technology, 1983, 4: 15-23.

[13] Fane, A. G., Fell, C. J. D., and Waters, A. G. The relationship between membrane surface pore characteristics and flux for ultrafiltration membranes. Journal of Membrane Science, 1981, 9: 245-262.

[14] Fane, A. G., Fell, C. J. D., and Waters, A. G. Ultrafiltration of protein solutions through partially permeable membranes-the effect of adsorption and solution environment. Journal of Membrane Science,

1983, 16: 211-224.

[15] Field, R. W. Mass transport and the design of membrane systems, in Industrial Membrane Separation Technology (eds. K. Scott and R. Hughes). Blackie Academic, London, UK, 1996: 67.

[16] Field, R. W., Wu, D., Howell, J. A., and Gupta, B. B. Critical flux concept for microfiltration fouling. Journal of Membrane Science, 1995, 100: 259-272.

[17] Gesan, G., Daufin, G., and Merin, U. Performance of whey crossflow microfiltration during transient and stationary operating conditions. Journal of Membrane Science, 1995, 104: 271-281.

[18] Ghosh, R. Protein Bioseparation Using Ultrafiltration: Theory, Applications and New Developments. Imperial College Press, London, 2003.

[19] Gupta, B. B., Howell, J. A., Wu, D., and Field, R. W. A helical baffle for cross-flow microfiltration. Journal of Membrane Science, 1995, 102: 31-42.

[20] Hayes, J. F., Dunkerley, J. A., Muller, L. L., and Griffin, A. T. Studies on whey processing by ultrafiltration, II. Improving permeation rates by preventing fouling. Australian Journal of Dairy Technology, 1974, 29: 132-140.

[21] Hermia, J. Constant pressure blocking filtration laws-application to power-law-non-Newtonian fluids. Transactions of the Institute of Chemical Engineering, 1982, 60: 83-187.

[22] Hildebrandt, J. R. Membranes for bioprocessing: design considerations, in Chromatographic and Membrane Processes in Biotechnology (eds. C. A. Costa and J. S. Cabral). Kluwer Academic Publishers, The Netherlands, 1991: pp. 363-378.

[23] Jaffrin, M. Y., Ding, L. H., Couvreur, C., and Khari, P. Effect of ethanol on ultrafiltration of bovine albumin solutions with organic membranes. Journal of Membrane Science, 1997, 124: 233-241.

[24] Kanani, D. M. and Ghosh, R. A constant flux based mathematical model for predicting permeate flux decline in constant pressure protein ultrafiltration. Journal of Membrane Science, 2007, 290: 207-215.

[25] Kelly, S. T. and Zydney, A. L. Mechanisms for BSA fouling during microfiltration. Journal of Membrane Science, 1995, 107: 115.

[26] Kim, K. J., Fane, A. G., and Fell, C. J. D. The performance of ultrafiltration membranes pretreated by polymers. Desalination, 1988, 70: 229-249.

[27] Kulozik, U. M. and Kessler, H. G. Rinsing behavior of deposited layers in reverse osmosis and ultrafiltration, inAdvances inReverse Osmosis and Ultrafiltration (eds. T. Matsuura and S. Sourirajan). National Research Council of Canada, Ottawa, Canada, 1989: pp. 517-549.

[28] Kuo, K. P. and Cheryan, M. Ultrafiltration of acid whey in a spiral-wound unit. Effect of operating parameters on membrane fouling. Journal of Food Science, 1983, 48: 1113-1117.

[29] Marshall, A. D., Munro, P. A., and Tragardh, G. The effect of protein fouling in microfiltration and ultrafiltration on permeate flux, protein retention and selectivity: a literature review. Desalination, 1993, 91: 65-108.

[30] McCray, S. B. and Glater, J. Effects of hydrolysis on cellulose acetate reverse osmosis transport coefficients, in Reverse Osmosis and Ultrafiltration (eds S. Sourirajan and S. Mastsuura). ACS Symposium Series, Washington, DC, 1985: pp. 141-151.

[31] Meireles, M., Aimar, P., and Sanchez, V. Albumin denaturation during ultrafiltration: effects of operating conditions and consequences on membrane fouling. Biotechnology and Bioengineering, 1991, 38: 528-534.

[32] Muller, L. L., Hayes, J. F., and Griffin, A. T. Studies on whey processing by ultrafiltration, I.

Comparative performance of various ultrafiltration modules on whey from hydrochloric acid casein and cheddar cheese. Australian Journal of Dairy Technology, 1973, 28: 70–77.

[33] Nakanishi, K. and Kessler, H. G. Stability and rinsing behaviour of deposited layers. Journal of Food Science, 1985, 50: 1726–1731.

[34] Patocka, J. and Jelen, P. Calcium chelation and other pretreatments for flux improvement in ultrafiltration of cottage cheese whey. Journal of Food Science, 1987, 52: 1241–1244.

[35] Piot, M., Maubois, J. L., Schaegis, P., Veyre, R., and Luccioni, M. Several types of microfiltration membranes have been tested with cheese whey. Le Lait, 1984, 64: 102–120.

[36] Rautenbach, R. and Albrecht, R. Membrane Processes. John Wiley & Sons, Inc., New York, 1989.

[37] Renner, E. and Abd El–Slam, M. H. Application of Ultrafiltration in the Dairy Industry. Elsevier Applied Science, London, 1991.

[38] Rolchigo, P. M., Raymond, W. A., and Hildebrandt, J. R. Improved control of ultrafiltration using vorticular hydrodynamics and hydrophilic membranes. Process Biochemistry, 1989, 24: R3–R7.

[39] Rosenberg, M. Current and future applications for membrane processes in the dairy industry. Trends in Food Science and Technology, 1995, 6: 12–19.

[40] Sheldon, J. M., Reed, I. M., and Hawes, C. R. The fine–structure of ultrafiltration membranes, II. Protein fouled membranes. Journal of Membrane Science, 1991, 62: 87–102.

[41] Suki, A., Fane, A. G., and Fell, C. J. D. Flux decline in protein ultrafiltration. Journal of Membrane Science, 1984, 21: 269–283.

[42] Taddei, C., Aimar, P., Daufin, G., and Sanchez, V. Mass transfer during sweet whey ultrafiltration on mineral membrane. Le Lait, 1986, 66: 371–390.

[43] Taddei, C., Aimar, P., Daufin, G., and Sanchez, V. Factors affecting fouling of an inorganic membrane during sweet whey ultrafiltration. Le Lait, 1988, 68: 157–176.

[44] Tong, P. S., Barbano, D. M., and Jordan, W. K. Characterization of proteinaceous membrane foulants from whey ultrafiltration. Journal of Dairy Science, 1989, 72: 1435–1442.

[45] Tong, P. S., Barbano, D. M., and Rudan, M. A. Characterization of proteinaceous membrane foulants and flux decline during the early stages of whole milk ultrafiltration. Journal of Dairy Science, 1988, 71: 604–612.

[46] van Boxtel, A. J. B, Otten, Z. E. H., and van der Linden, H. J. L. J. Evaluation of process models for fouling control reverse osmosis of cheese whey. Journal of Membrane Science, 1991, 58: 89–111.

[47] Vetier, C., Bennasar, M., and Tarodo de la Fuente, B. Study of the fouling of a mineral microfiltration membrane using scanning electron microscopy and physico–chemical analyses in the processing of milk. Journal of Dairy Research, 1988, 55: 381–400.

[48] Winzeler, H. B., and Belfort, G. Enhanced performance for pressure–driven membrane processes: the argument for fluid instabilities. Journal of Membrane Science, 1993, 80: 35–47.

[49] Zeman, L. J. and Zydney, A. L. Microfiltration and Ultrafiltration Principles and Applications. Marcel Dekker, New York, 1996.

4 荷电超滤膜在乳蛋白分离和浓缩中的应用

Mark R. Etzel 和 Abhiram Arunkumar

Department of Chemical and Biological Engineering, Madison Wisconsin, USA

4.1 引言

超滤是乳制品工业中常用的一种浓缩蛋白质的单元操作，主要用来生产浓缩乳蛋白、浓缩乳清蛋白和分离乳清蛋白等产品。乳蛋白的浓缩主要是去除小分子物质，如水、乳糖、矿物质和非蛋白氮等成分，而膜分离技术可以截留所有蛋白质，透过小分子物质，从而实现蛋白质的浓缩。但对于普通膜来说，要想将乳蛋白中各种蛋白组分分离开，其难度系数很大，因为它要求膜既要选择性透过一种蛋白质，还要保留另一种蛋白质。已有大量文献报道了传统非荷电超滤膜在乳蛋白分离中的应用研究，但其中大多数研究将超滤用于精制步骤，即乳原料中各蛋白组分经热凝聚或层析等技术分离后，再经超滤进行浓缩（Tolkach 和 Kulozik，2005；Muller 等，2003；Gesan-Guiziou 等，1999；Toro-Sierra、Tolkach 和 Kulozik，2013；Xu 等，2000；Bhattacharjee、Bhattacharjee 和 Datta，2006）。本章叙述了荷正电超滤膜在乳蛋白分离和浓缩中的应用。

4.1.1 超滤膜在乳蛋白组分分离中的应用

根据蛋白质分子的大小不同，超滤膜可应用于乳蛋白各组分的分离。乳中的蛋白质主要是 α-乳清蛋白（α-Lactalbumin，ALA）和 β-乳球蛋白（β-Lactoglobulin，BLG），它们的分子质量分别为 1.44×10^4u 和 1.84×10^4u。在乳制品的加工过程中，乳中 BLG 主要以单体和二聚体的混合物形式存在（Mercadente 等，2012）。如果用截留分子质量（Molecular weight cut-off，MWCO）为 $3\times10^4\sim5\times10^4$u 的超滤膜处理牛乳，大多数 BLG 就会被截留下来，因此，透过膜的 ALA 比 BLG 多（Mercadente 等，2012）。实际上，已有科研人员用 3×10^4u 超滤膜实现了 ALA 和 BLG 的分离，如 Cheang 和 Zydney（2003，2004）利用 3×10^4u 超滤膜对乳液进行恒容洗滤，成功将 ALA 和 BLG 分离开，分别获得了富含 ALA 的透过液和富含 BLG 的截留液，并使用 1×10^5u 超滤膜纯化出了牛血清清蛋白（Bovine serum albumin，BSA）；Metsämuuron nen 和 Nyström（2006，2009）使用 3×10^4u 和 1×10^5u 超滤膜从稀释的乳清中分离 ALA，3×10^4u 超滤膜处理后可获得纯度高达 88% 的 ALA，但 1×10^5u 超滤膜获得的 ALA 纯度仅能达到 35%，而且截留液中几乎没有 BLG，因为 3×10^4u 超滤膜几乎截留了全部的 BLG，仅渗透了很少的 ALA。Lucas 等（1998）研究了聚乙烯亚胺功能化的大孔膜，但他们提出必须对大孔膜进行相应改性以防止阻塞膜孔。Marella、Muthuku marappan 和 Metzger（2011）研究了 5×10^4u，1×10^5u，3×10^5u 超滤膜分离切达干酪乳清中 ALA 的效果，发现 5×10^4u 超滤膜获得的 ALA 纯度最高能达到 63%，使用孔径更大的膜所获得的 ALA 纯度则更低。Konrad 和 Kleinschmidt（2008）使用 1×10^5u 和 1.5×10^5u 超滤膜分离乳清中的天然 ALA，并用胰蛋白酶酶解透过液中的 BLG，可将透过液中 ALA 的纯度从 40% 提高到 90% 以上。但这些研究忽略了最小的乳清蛋白，如糖巨肽（Glycomacropeptide，GMP）的存在。其他研究报道了使用更紧密的超滤膜从酸乳清中纯化 ALA（Muller 等，2003；Gesan-Guiziou 等，1999；Cheang 和 Zydney，2003，2004；Metsämuuronnen 和 Nyström，2006，2009；Lucas 等，1998；Muller、Daufin 和 Chaufer，1999；Bottomley，1991）。Holland、Kackmar 和 Corredig（2012）使用 1×10^5u 超滤膜分离脱脂乳中的 ALA，能获得纯度高于 80% 的 ALA，但这只有当进料液中没有 BLG 或其他成分时才能达到。ALA 自身的透过率很低，透过液中 ALA 仅为进料液的 10%，这说明 1×10^5u 超滤膜主要截留 ALA。

Xu 等（2000）使用阴离子交换色谱法分离乳清中的 ALA、BLG 和 BSA，并使用超滤法浓缩免疫球蛋白（Immunoglobulins，IgG）。错流阳离子交换色谱等方法已用于乳清中乳铁蛋白的回收（Saufi 和 Fee，2013）。离子交换色谱法是分离乳清中 GMP 的经典方法（Doultani，Turhan 和 Etzel，2003，2004）。研究发现使用 $2\times10^4\sim5\times10^4$u 超滤膜或联合色谱和超滤法能从乳清中分离 GMP（Tanimoto 等，1991；Kawasaki 和 Dosako，1994）。2006 年有一篇关于乳清中 GMP 分离方法的综述（Abd El-Salam，2006）。

除了上述研究，使用超滤法分离蛋白质时还要保持跨膜压力恒定不变（Cheang 和 Zydney，2003，2004）。在超滤过程中，很少控制渗透通量。但是，当用超滤法来纯化蛋白质时，渗透通量的控制是至关重要的（详细讨论见第 4.2 节）。因为随着渗透通量的增加，浓差极化程度呈指数增加；而浓差极化的增加反过来又控制了蛋白质传质的选择性（Lebreton、Brown 和 van Reis，2008；Arunkumar 和 Etzel，2014）。本章将详细说明使用大孔荷电超滤膜进行乳蛋白组分分离时，对渗透通量控制的必要性。

4.1.2 超滤膜在蛋白质浓缩中的应用

乳蛋白浓缩是指将乳中的蛋白质与乳糖、矿物质、乳酸及非蛋白质氮分离，以增加终产品固形物中蛋白质的比例。典型的蛋白质浓缩产品有不同蛋白质含量的浓缩乳清蛋白（Whey protein concentrates，WPCs，如 WPC 80 的蛋白质含量>80%，WPC 34 的蛋白质含量>34%）、分离乳清蛋白（Whey protein isolate，WPI，蛋白质含量>90%）和浓缩乳蛋白（Milk protein concentrate，MPC）。浓缩酪蛋白胶束（Micellar casein concentrate，MCC）可通过微滤膜去除酪蛋白胶束中的乳清蛋白而制成（Beckman 等，2010；Hurt 等，2010；Nelson 和 Barbano，2005），而 WPC、WPI 和 MPC 是通过超滤膜制成的（Mistry，2002）。Delaney（1976）研究了乳清蛋白浓缩物的组成和特性；Rinn 等（1990）提出了一种使用 1×10^4u 超滤膜生产浓缩乳清蛋白的方法，该方法需要对浓缩液进行洗滤，乳清蛋白经超滤处理后浓缩了 24 倍，再用 3 倍乳清蛋白浓缩液体积的去离子水对浓缩液进行洗滤；Barba 等（2001）提出了一种生产浓缩乳清蛋白的两级洗滤法；Yee、Wiley 和 Bao（2007）描述了乳清连续超滤过程中操作条件对超滤效果的影响；Rektor 和 Vatai（2004）使用 100ku 的大孔径超滤膜对马苏里拉干酪乳清进行超滤，但蛋白质的截留率仅为 75%。如本节所述，用于蛋白质浓缩的超滤技术几乎全部使用恒压控制。虽然上述文献中未提到超滤时要使用恒定流量，但已有研究表明：在乳和乳清的超滤过程中，控制蛋白质在膜上的层积有利于去除小分子物质，提高浓缩效果（Kulozik 和 Kessler，1990；Obermeyer、Kulozik 和 Kessler，1993）。

在乳清蛋白的超滤浓缩过程中，人们对超滤膜的膜阻力和膜淤堵等性能进行了大量研究，但所有这些研究都集中在使用 5~30ku 的致密膜来浓缩乳清蛋白（Cheryan 和 Kuo，1984；Raubiller-Baudry 等，2005；Da Costa、Fane 和 Wiley，1993；Yee、Wiley 和 Bao，2009；Davey 等，2004）。实际在蛋白质的超滤浓缩过程中，渗透性（流量）和选择性（蛋白质截留）之间存在固有的联系（Mehta 和 Zydney，2005）。根据这个经验法则，膜的孔径越大，则流量越大，导致蛋白质截留率越低，反之亦然。

4.1.3 荷电超滤膜在乳蛋白分离和浓缩中的应用

从第 4.1 节中可以明显看出，利用致密膜分离乳清蛋白时，还需要使用洗滤等其他方法来提高产品中各蛋白组分的纯度，如利用胰蛋白酶酶解其他蛋白质或利用层析法去除其他蛋白质。这是因为膜所固有的蛋白质传质效率很低，必须使用大量的水来冲洗蛋白质，使其通过膜。然而，如果膜可以选择性地使一种蛋白质完全透过，而又保留另一种蛋白质，那么就不需要额外添加水进行洗滤，只用膜处理就能实现分离，例如当膜分离因子高，而蛋白质传质低时（Cheang 和 Zydney，2003，2004；Cowan 和 Ritchie，2007），如果不用水洗滤，会导致应该被保留的蛋白质没有得到有效富集，最终使得纯化蛋白质的产率较低。荷电超滤膜已被认为可以作为一种高选择性的蛋白质分离技术，取代传统的膜分离技术（van Reis 等，1999）。荷电超滤膜根据静电排斥原理来分离蛋白质，即与膜电荷相同的蛋白质被静电排斥在膜孔之外，而不带电荷或带相反电荷的蛋白质则透过膜（Arunkumar 和 Etzel，2013，2014；van Reis 等，1999，Rohani 和 Zydney，2009）。后文将详细介绍荷电超滤膜的工作原理。

与未改性的膜相比，虽然致密超滤膜（如 30ku 超滤膜）可提高乳蛋白组分分离的选择性，但仍然存在蛋白传质率低的问题（Arunkumar 和 Etzel，2013；Bhushan 和 Etzel，2009）。在之前的工作中，我们研究了一种 3×10^4u 荷正电膜，用于分离 ALA 和 BLG 混合物中的 ALA，3×10^4u 的荷正电超滤膜使得从 BLG 和 ALA 混合物中分离 ALA 的选择性提高了 125%，但 ALA 的透过率低于 20%，BLG 的透过率低于 5%（Arunkumar 和 Etzel，2013）。

有研究发现，给 3×10^5u 超滤膜施加正电荷，并调整溶液 pH 和电导率，可以使 ALA 的选择性透过率>50%，且 BLG 透过率<20%，从而实现 ALA 与 BLG 的分离（Arunkumar 和 Etzel，2014）。仅使用大孔径膜，而不进行超滤时，所得产品富含 ALA 和 BLG。

用 1×10^5~3×10^5u 的荷负电超滤膜浓缩乳蛋白质时，蛋白质的截留效果与不带电的 1×10^4u 标准超滤膜相同，但荷负电超滤膜的渗透通量至少比标准膜高 2 倍，且荷负电超滤膜还能有效防止淤堵。

4.2 超滤理论

4.2.1 工作原理

研究过程中，常用带电球形溶质在充液圆柱孔中的传输模拟蛋白质在超滤膜中的传质

(Smith 和 Deen，1980，1983；Pujar 和 Zydney，1997，1998；Burns 和 Zydney，2001；Rohani 和 Zydney，2010)。蛋白质的传质可用实际筛分系数（$S_a = C_{permeate}/C_{wall}$）来表征，$S_a$理论上由式（4.1）计算：

$$S_a = K_c\left(1 - \frac{r_s}{r_p}\right)^2 \exp\left(\frac{-\varphi_E}{kT}\right) \tag{4.1}$$

式中 r_s——溶质半径；

r_p——孔半径；

K_c——溶质对流传质的阻碍因子；

k——边界层传质系数；

T——绝对温度；

φ_E——球形溶质和圆柱孔隙之间的相互作用能，其中相互作用的能量可由溶质的无量纲表面电荷密度σ_s和孔隙的无量纲表面电荷密度σ_p计算而得，见式（4.2）：

$$\frac{\varphi_E}{kT} = \frac{A_s\sigma_s^2 + A_p\sigma_p^2 + A_{sp}\sigma_s\sigma_p}{A_{den}} \tag{4.2}$$

式（4.2）右侧分子中的第一项表示膜孔存在下，破坏球形溶质周围双层结构所需要的能量，即使膜不带电荷，这一项也存在；分子中的第二项表示带电溶质通过膜时破坏膜孔周围双层结构的能量；最后一项表示带电溶质和带电孔隙直接作用引起的能量损失；系数A_s、A_p、A_{sp}和A_{den}起正向影响作用，与溶液 pH、离子强度、溶质半径和孔半径具有复杂的相关性，k为系数，T为温度。Smit 和 Deen（1980），Pujar 和 Zydney（1997）对这些系数的作用进行了详细研究。

在蛋白质等电点（Isoelectric point，pI）处，$\sigma_s = 0$，导致式（4.2）右侧分子中的第一项和第三项消失，如果膜不带电荷，则包含σ_p的第二项也消失了，使得蛋白质的传质原理只基于尺寸排斥机制。因此，当溶液 pH 等于蛋白质的 pI 时，蛋白质的传质达到最大值。

当蛋白质和膜带相反电荷时，蛋白质的传质由式（4.2）中的所有参数决定：第一项和第二项控制静电排斥，而第三项控制筛分。Burn 和 Zydney（2001）详细解释了卵转铁蛋白在荷正电和荷负电聚醚砜膜中进行传质时的能量平衡。

溶质筛分对静电相互作用能的指数依赖性为使用荷电超滤膜分离蛋白质提供了两个优势。其一，即使在使用大孔径超滤膜时，与膜带相同电荷的蛋白质也可以通过静电排斥截留下来，从而使得超滤可以在更高的通量下进行，但截留效果与更致密的膜相同；其二，如果蛋白质的等电点有所不同，荷电超滤膜可以分离大小相似的蛋白质混合物，将溶液 pH 调节到其中一种蛋白质的等电点，使该蛋白质透过膜，而另一种蛋白质则被静电截留。

在分离蛋白质方面，荷电超滤膜比色谱法具有优势，因为荷电超滤膜不使用色谱法所需的缓冲液、盐和水。另外，Rohani 和 Zydney（2009）研究发现，蛋白质在荷电超滤膜中的传质仅取决于蛋白质表面的净电荷密度，而不像色谱法那样取决于蛋白质表面的单个带电基团。因此，与荷电超滤膜分离相比，电荷对色谱分离的影响更难预测。本章第 4.3 节和第 4.4 节将举例说明荷电超滤膜在蛋白质分离和蛋白质浓缩中的应用。

4.2.2 浓差极化和渗透通量

由于浓差极化效应，进料液中的蛋白质使得料液渗透通量（J_V）降低，低于纯水的渗透通量。当压力驱使料液通过膜时，对流流动将蛋白质输送到膜表面，导致不能通过膜的蛋白质在膜上层积（图 4.1）。Michaels（1968）首次提出了使用停滞膜模型（Stagnant film model，SFM）来解释浓差极化，可用质量平衡方程来描述它，如式（4.3）所示：

$$J_V c - J_V c_p = - D \frac{dc}{dx} \tag{4.3}$$

式中 c——距离膜上游 x 处的蛋白质浓度；

c_p——透过液中的蛋白质浓度；

D——蛋白质扩散系数。

公式左侧的第一项表示通过对流向膜移动的蛋白质，第二项表示通过对流穿过膜的蛋白质，公式右侧表示根据菲克定律通过扩散离开膜的蛋白质。在稳定状态下，反向扩散的蛋白质传输速率与对流通过膜的蛋白质的正向传输净速率完全平衡。

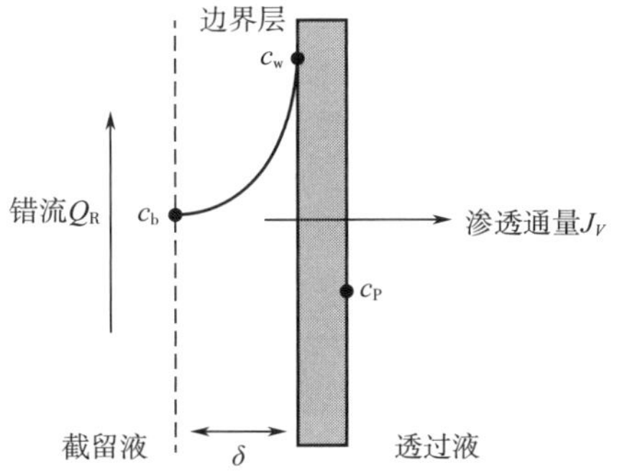

图 4.1 停滞膜模型中浓差极化的示意图

当式（4.1）在边界层厚度上积分时（即从 $x = 0$ 处的 $c=c_w$ 到 $x=\delta$ 处的 $c=c_b$），则有式（4.4）：

$$J_V = k\ln \frac{(c_w - c_p)}{(c_b - c_p)} \tag{4.4}$$

式中，蛋白质传质系数（k）等于蛋白质扩散系数与边界层厚度之比（$k = D/\delta$）。膜上的蛋白质浓度（c_w）最高，跨过浓差极化边界层厚度（δ）后，蛋白质浓度下降为主体溶液中蛋白质浓度值（c_b）。

表观筛分系数（$S_o = c_p/c_b$）是衡量超滤膜性能的基本指标。根据式（4.4），膜上的蛋白质浓度 c_w 由表观筛分系数 S_o 和主体溶液中的蛋白质浓度 c_b 确定，如式（4.5）所示（Arunkumar 和 Etzel，2014）：

$$c_w = c_b[S_o + (1 - S_o)\exp(J_V/k)] \tag{4.5}$$

式中 J_V——渗透通量；

k——边界层传质系数。

式（4.5）右侧的 J_V/k 称为极化指数 β（Arunkumar 和 Etzel，2014；Bakhshayeshi 等，2012），对于切向流超滤膜，β 通过式（4.6）计算：

$$\beta = J_V/k = 1.225J_V/\left(\frac{6Q_R}{hV_{HR}}D^2\right)^{1/3} \tag{4.6}$$

式中 V_{HR}——膜滞留量；

Q_R——平均再循环流量；

h——进料间隔材料的厚度。

膜制造商有时不报告 V_{HR}，但可以使用关系式 $V_{HR}=hA_m$计算，其中 A_m为膜面积。

对于给定的膜组件，式（4.6）中的关键可调参数为 J_V和 Q_R。换句话说，保持渗透通量（J_V）和再循环流量（Q_R）恒定，β 也保持恒定。工业化超滤时通常不会以恒定的 β 进行操作。这是因为在超滤过程中保持恒定的是跨膜压力，而不是 J_V，并且 J_V由于浓差极化的存在而下降。

4.2.3 恒定渗透通量（J_V）还是恒定跨膜压力（ΔP）

现有工业膜在恒定的跨膜压力（ΔP）下进行超滤，且渗透通量逐渐下降，β 也会下降，这说明根本没有实现对通量的控制。如果没有泵或限制装置来控制料液的透过流量，则膜分离设备就无法对通量进行控制。不能控制通量的主要原因是不能控制膜上溶质的浓差极化程度。在通量不受控制的情况下，c_w会飙升，甚至导致蛋白质出现不溶、聚集和沉淀。此外，在制造过程中，膜的透水率不可避免地会发生变化，导致每个膜即使在给定的 ΔP 下，其通量值也会不同，例如单一类型的膜在不同批次之间的水力渗透性往往有两倍差异（Lebreton、Brown 和 van Reis，2008；van Reis 等，1997）。因此，在给定的 ΔP 下，每个膜组件将产生不同的 c_w。

van Reis 等（1997）提出从理论上来说，在超滤过程中恒定 c_w比恒定压力更可靠、更严格。恒定 c_w操作意味着式（4.3）的右侧必须随着主体溶液蛋白质浓度（c_b）的升高而保持恒定。因为在运行期间，式（4.5）右侧的筛分系数 S_o变化不大（Arunkumar 和 Etzel，2013），所以 β 必须减小以保持方程右侧恒定。使用完全截留膜（$S_o \approx 0$）来浓缩蛋白质时，料液灌中蛋白质浓度从初始值 c_0增加到 c_R，$c_R = c_0V_0/V$，其中 c_0为蛋白质的初始浓度，V_0为料液初体积，c_R为浓缩结束时蛋白质浓度，V 浓缩结束时料液体积。将体积浓缩因子定义为 V_0与 V 之比（$\mathrm{VCR}=V_0/V$），则式（4.3）的右侧可简化为 c_0（VCR）e^{β}；如果料液浓度恒定，则 ln（VCR）$+\beta$ 必须保持恒定。在零时刻，$\mathrm{VCR}_0 = 1$，因此在所有其他时刻，都必须保持 ln（VCR）$+\beta=\beta_0$，例如，如果 $\beta_0 = 5$，VCR = 40，则 $\beta = 5-\ln(40) = 1.3$。换句话说，乳清浓缩倍数达到 40 倍时，通量必须降低 75% 以保持 c_w恒定，并且通量必须与 VCR 的对数成比例下降，而不是线性下降。

在恒定 ΔP 的条件下，使用不带电的 1×10^4u 超滤膜浓缩乳清蛋白时，通量会不受控制地自然下降。通量的下降导致 β 随着 VCR 的增加而逐渐降低，并且使得 c_w比在恒定通量下运行时更稳定。然而，这都是偶然发生的，而不是人为设计的。当使用大孔径的荷电超滤膜（$1\times10^5 \sim 1\times10^6$u）时，渗透通量会增大几倍，$\beta$ 值也会增大几倍。这会迫使 c_w增大到非常大的值，导致蛋白质在膜表面沉积，形成比超滤膜更薄的覆盖层。分离蛋白质组分时，要求一种蛋白质在膜上的透过率要高于其他蛋白质。由于蛋白质沉积与超滤膜一起参与了渗透机制，因此在使用荷电超滤膜分离乳蛋白时，必须控制蛋白质在膜上的层积，以便能精准控制筛分系数，这说明控制通量是大孔荷电超滤膜运行的关键因素。

目前在乳蛋白浓缩和分离方面的工作与以往工作的关键区别：流量控制是通过在渗透流上放置一个泵实现的，这既测量了渗透流速，又保持了 J_V和 β 恒定。第 4.3 节和第 4.4 节对现有研究进行了描述，该方法的特点是 β 可以控制，从而可以获得一定的 S_o 值。式（4.4）中的 β 不会受到膜电荷的影响，但 β 和膜上的电荷会影响 S_o。如果给超滤膜施加电荷并控制 β，则 S_o 也将固定在一个目标值。这就可以调控一种蛋白质的透过，而同时截留另一种蛋白质。通过这种方式，超滤膜的应用可以从简单的蛋白质浓缩扩展到蛋白质的分离。

通量控制（恒定 β）解释了如何在密理博公司生产的 Pellicon™ 平板切向流超滤膜组件中使用式（4.4）。对于带有悬浮筛网的 Pellicon™ Mini 超滤膜，Q_R = 1350cm^3/min，V_{HR} = 17cm^3，A_m = 1000cm^2，因此 $h = V_{HR}/A_m = 0.017$cm。22℃时，蛋白质扩散系数 $D = 2\times10^{-7}$cm^2/s，40℃时，蛋白质扩散系数 $D = 3.2\times10^{-7}$cm^2/s。因此，当 J_V = 36L/(m^2·h)，结果显示：22℃时，β = 4.6；40℃时，β = 3.4（40℃）。如果渗透通量降低到 12L/(m^2·h)，则 β 会按比例降到 1.1。

一般来说，当 J_V 降低，且 Q_R 和 D 增加时，则 β 会相应地降低。对于所有膜组件，随着隔网厚度（h）的减小及再循环流速 Q_R 和温度的升高，β 也会降低。换句话来说，如果在更高的温度和再循环流速下进行超滤，且隔网厚度较小，膜滞留体积与膜面积的比值（V_{HR}/A_m）较低，则通量可以更高，且 β 不会显著增加。Miller 等（2014）对恒定通量超滤与恒定 ΔP 超滤之间的差异进行了详细研究。

如第 4.4 节所述，使用荷电超滤膜进行蛋白质浓缩时，要将渗透通量控制在膜的最大通量值以下，但可以是 1×10^4u 标准膜的 2 倍。这使得在整个浓缩过程中，渗透通量保持恒定，总体平均值高于未控制渗透通量时的平均值。实际上，与不控制通量相比，对初始通量进行控制将使超滤结束时通量更高，且通量平均值也更高；而不控制通量时，通量一开始很高，但超滤结束时会下降。这种策略类似于在马拉松比赛中，以较慢但稳定的速度跑步更有可能赢得比赛，而起步太快是新手常犯的错误。我们发现，超滤开始时将通量控制在最大值以内，并在全过程中保持恒定通量，可缩短处理固定体积蛋白质溶液的总时间。

4.3 荷电超滤膜在蛋白质分离中的应用

α-乳清蛋白（ALA）和 β-乳球蛋白（BLG）是乳清中的主要蛋白质。虽然这些蛋白质的等电点有所不同（ALA 为 4.4，BLG 为 5.2），但它们的分子质量差异不大（ALA 为 1.44×10^4u，BLG 为 1.84×10^4u）。因此，如果仅利用粒径大小进行分离，则在透过液中获得的高纯度 ALA 就会很少。如本章 4.1 节所述，透过液中的 ALA 产量很少，但纯度很高，反之亦然。然而，给大孔径超滤膜施加正电荷，并将溶液 pH 调节至 4.3（接近 ALA 的等电点），则可以静电排斥 BLG，同时透过 ALA。例如，将季胺共价连接到 3×10^5u 超滤膜上，使得超滤膜带正电荷，并利用该膜分离乳清透过液中的 ALA 和 BLG。

4.3.1 材料与方法

参照 van Reis（2006）及 Bhushan 和 Etzel（2009）的方法，对 3×10^5u Ultracel™ PLC 再生纤维素膜和 Pellicon™ XL 切向流超滤膜（面积为 50 cm^2，密理博公司）进行荷电改性，其

中 Pellicon XL 膜组件有中等粗筛网（“C”筛网）。

乳清透过液（Milk serum permeate，MSP）由威斯康星大学麦迪逊分校的 Babcock Hall 乳制品厂提供，由脱脂乳通过 8×10^5u 微滤膜制得。使用 1mol/L H_3PO_4将 MSP 的 pH 调节至 4.3，此时 MSP 电导率约为 8.8mS/cm。MSP 含有 1.2g/L 的 ALA、2.2g/L 的 BLG 和微量的其他蛋白质。超滤条件：入口压力 2×10^5Pa，切向流流速 50mL/min [600L/(m² · h)]，温度保持在 40℃，渗透流速由蠕动泵控制。MSP 和截留液再循环至进料罐中，分别收集透过液和截留液进行分析。参照 Arunkumar 和 Etzel（2013）的方法，使用 SDS-PAGE 和荧光激光密度测定法分析蛋白质。

4.3.2 结果与讨论

4.3.2.1 表观筛分系数（S_o）是极化指数（β）的函数

3×10^5u 荷正电超滤膜及 3×10^5u 不带电荷超滤膜中 ALA 的筛分系数、BLG 的筛分系数、BLG 与 ALA 分离的选择率如表 4.1 所示。使用不带电荷的 3×10^5u 膜时，ALA 和 BLG 都能自由透过膜，ALA（S_o= 0.77）和 BLG（S_o=0.52）的筛分系数都很高，选择率 Ψ= 1.5，这意味着不能实现 ALA 和 BLG 的分离。与不带电荷的超滤膜相比，如果在 3×10^5u 的超滤膜上施加一个正电荷，则 ALA 的筛分系数略有下降（S_o= 0.52），而 BLG 被大量排斥（S_o= 0.13），同时选择率提高了 180%，即 Ψ= 4.2。表 4.1 还显示了使用 3×10^4u 和 1×10^4u 不带电荷超滤膜对乳清透过液（MSP）进行组分分离时的筛分系数，3×10^4u 膜的选择率 Ψ = 3，90%以上的 ALA 和 BLG 被截留下来。虽然使用更致密的膜（1×10^4u）进一步提高了选择率（Ψ = 21），但 ALA 的产率更低，有 97%被截留。这些数据说明了上述不带电超滤膜在渗透选择率上的权衡。相比之下，3×10^5u 的荷电膜具有高选择性和高渗透性（表 4.1）。

表 4.1 pH 4.3 条件下，使用荷电超滤膜和不带电荷超滤膜对 MSP 进行超滤时，ALA 和 BLG 的筛分系数和选择率

膜	渗透通量/[L/(m² · h)]	$\beta(=J_V/k_m)$	S_o		Ψ
			ALA	BLG	
3×10^5u 不带电荷超滤膜	36	6.4	0.77	0.52	1.5
3×10^5u 荷正电超滤膜	1.2	0.21	0.72	0.32	2.3
	36	6.4	0.52	0.13	4.2
	72	12.8	0.58	0.17	3.5
3×10^4u 不带电荷超滤膜（T=22℃）	18	4.4	0.09	0.03	3.0
1×10^4u 不带电荷超滤膜（T=22℃）	7.2	1.8	0.033	0.0016	21

（数据来源：Arunkumar 和 Etzel，2013）

用 3×10^5u 荷电超滤膜研究浓差极化和极化指数 β 对蛋白质传质和选择性的影响时，发现通量会偏移。当渗透通量降低到 1.2L/(m² · h)（β= 0.21）时，ALA 和 BLG 的筛分系数都有所增加，选择率从 36L/(m² · h) 时的 4.2（β= 6.4）降低到 2.3（β= 0.21）。比较渗透通量在 36L/(m² · h)（β= 6.4）和 72L/(m² · h)（β= 12.8）下的筛分系数和选择率，发现无显著性差异（$p>0.05$），这一现象可以用停滞膜模型来解释。随着渗透通量的增加，

膜上带正电荷 BLG 的浓度增加，导致 BLG 自我排斥。ALA 处于等电点时，受 BLG 带电层的影响较小。当极化指数从β= 6.4 降低到β= 0.21 时，膜上 BLG 的浓度呈指数下降，这就使得 BLG 的自我排斥减少，导致 BLG 的筛分系数增了 146%（表 4.1）。因此，用荷电超滤膜进行蛋白质分离时，膜电荷和极化指数β是影响分离性能的关键因素。膜电荷不影响β，但电荷和β会影响筛分系数和选择率。

4.3.2.2 分级超滤提高乳蛋白组分的纯度

如第 4.2 节所述，洗滤是浓缩透过液和截留液最常用的方法。但是，使用致密膜分离乳清透过液 MSP 中的 ALA 和 BLG 时，为获得高纯度的蛋白质而需要添加大量水进行洗滤是有问题的，即便如此，蛋白质组分的纯度也不超过 80%。为提高蛋白质组分纯度，可将多级连续操作超滤与洗滤联合使用（Lightfoot、Root 和O'Dell，2008；Mayani、Mohanty 和 Ghosh，2009）。虽然使用大孔径荷电超滤膜进行多级操作时，可以完全不添加洗滤水，但透过液和截留液中仍然会有纯蛋白质组分。类似于蒸馏，优先透过的蛋白质是“轻”组分并进入精馏（顶部）部分，优先保留的蛋白质是“重”组分进入分离（底部）部分。因此，当表观筛分系数 $S_o>0.5$ 时，可以将其视为“轻”组分，而当 $S_o<0.2$ 时，可以将其视为“重”组分。当一种轻组分和一种重组分混合时，就需要设计一个多级系统来分离浓缩这两种组分。

图 4.2 显示了两种三级超滤系统示意图。其中图 4.2（1）显示了具有两个精馏阶段和一个分离阶段的三级系统。简而言之，第 1 级分离超滤的透过液 P_1进入到第 2 级进行精馏超滤，所得的透过液 P_2就是轻组分的浓缩物；第 1 级分离超滤的截留液 R_1进入到第 3 级进行精馏超滤，在该阶段轻组分被去除，就可以得到重组分的浓缩物 R_3；具有与进料流相似组分的 R_2和 P_3则再循环回到进料流，继续进行三级超滤。如表 4.1 所示，3×10^5u 荷电膜β= 6.4 时，ALA 的表观筛分系数 S_o（ALA）= 0.52，BLG 的筛分系数 S_o（BLG）= 0.13，如果 ALA 的进料浓度为 1.2g/L，BLG 的进料浓度为 2.2g/L（即料液中含有 35% ALA 和 65% BLG），且每个阶段的体积浓缩因子（VCR）为 5，通过质量守恒原理可计算出，透过液 P_2中 ALA 的纯度为 87%，截留液 R_3中 BLG 的纯度为 83%（表 4.2）（Arunkumar 和 Etzel，2013）。

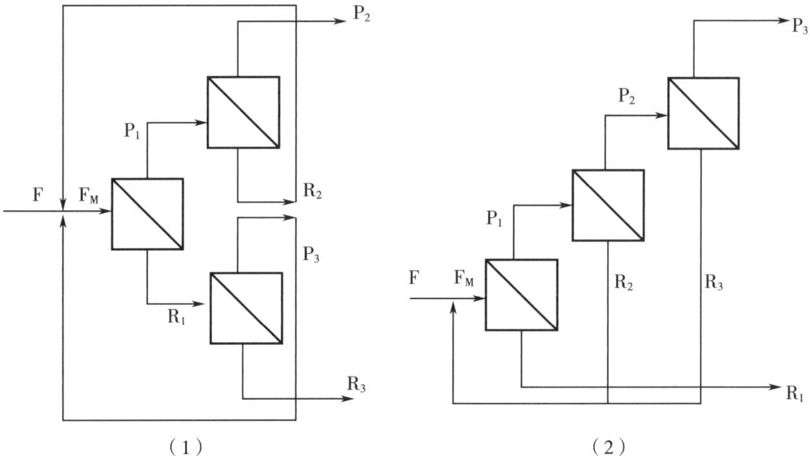

图 4.2 两种不同的三级超滤系统：(1)具有两个精馏阶段和一个分离阶段的三级系统；(2)具有三个精馏阶段的三级系统

图 4.2（2）显示了一个三级精馏的超滤系统。在该系统中，第一级精馏超滤的透过液 P_1进入到第二级进行精馏超滤，然后第二级的透过液 P_2进入第三级进行精馏超滤，最终得到含有轻组分的透过液 P_3；第一级超滤的截留液 R_1就是富含重组分的浓缩液；第二级超滤的截留液 R_2和第三级超滤的 R_3再循环回到进料流，继续进行三级超滤。进料流中 ALA 的纯度为 35%，BLG 的纯度为 65%，经过三级超滤后，透过液 P_3中 ALA 的纯度达到了 95%，截留液 R_1中 BLG 的纯度达到了 73%（表 4.2）。在图 4.2（1）所示的三级超滤系统处理下，料液中有 65% 的 ALA 进入透过液 P_2中，95% 的 BLG 进入截留液 R_3中；在图 4.2（2）所示的三级超滤系统处理下，料液中仅有 31% 的 ALA 进入透过液 P_3中，而有 99% 的 BLG 进入截留液 R_1。因此，可根据终产品的要求来选择是使用精馏超滤还是使用分离超滤，如果要平衡考虑 ALA 和 BLG 的纯度，则使用图 4.2（1）中的超滤系统；如果主要目标是制备高纯度的 ALA，则使用图 4.2（2）中的超滤系统。

表 4.2 比较了不同分级超滤系统下透过液和截留液中 ALA 和 BLG 的纯度。MSP 料液中含有 1.2g/L ALA 和 2.2g/L BLG（35% ALA 和 65% BLG）。S_o(ALA) = 0.52，S_o(BLG) = 0.13，每阶段料液体积浓缩 5 倍。

表 4.2 不同分级超滤系统下透过液和截留液中 ALA 和 BLG 的纯度

阶段配置	透过液中 ALA 纯度/%	透过液中 BLG 的纯度/%
一级系统	63	78
二级循环系统	86	75
三级系统（两个精馏阶段和一个分离阶段）	87	83
三级精馏系统	95	73

4.3.3 结论

3×10^5u 荷电超滤膜的截留分子质量（MWCO）比目标蛋白质（ALA 和 BLG）大 15~20 倍，可有效分离这类蛋白质。与不带电荷的 3×10^5u 超滤膜相比，3×10^5u 荷电超滤膜的分离率增加了 180%。采用大孔荷电超滤膜对蛋白质进行分级超滤，可在不添加洗滤水的情况下分离高纯度的乳蛋白。

4.4 荷负电超滤膜在蛋白质浓缩中的应用

目前，工业上主要使用致密的超滤膜（1×10^4~3×10^4u）来浓缩蛋白质。虽然这些膜能使蛋白质具有较高的截留率，但存在渗透流速低、膜孔易堵塞、膜易淤堵等问题。虽然较大孔径的超滤膜可提供更高的流速，但蛋白质截留率低，而荷电超滤膜可以有效改善这个问题。

当料液接近中性 pH 时（pH 6~7），因乳中蛋白质的平均 pI 约为 4.6，使得主要的乳蛋白带净负电荷。因此，大孔荷负电超滤膜能够截留这些蛋白质。本章研究了 1×10^5u 荷负电超滤膜和 3×10^5u 荷负电超滤膜浓缩乳蛋白的效果。

4.4.1 材料和方法

4.4.1.1 膜改性

利用3-溴丙烷磺酸（Bromo-S）和2-氨基乙磺酸（牛磺酸）两种带负电荷的磺酸配体对商品化的Millipore超滤膜进行改性。用Bromo-S对超滤膜进行改性时，Bromo-S中的溴直接与纤维素上的羟基反应，形成牢固的共价键（van Reis，2006）。用牛磺酸对超滤膜进行改性时，膜首先与烯丙基缩水甘油醚和*N*-溴代琥珀酰亚胺反应，将溴直接连接在纤维素上（Riordan等，2009；Rohani和Zydney，2012）；然后牛磺酸中游离的伯胺通过低碱度和高碱度配体连接到膜上。

用过量0.1mol/L HCl处理荷负电超滤膜，然后计算与超滤膜结合的质子数，以此测定超滤膜所带的负电荷数量。强酸处理后，用1mol/L KNO_3洗脱超滤膜，使结合于膜上的氢离子解吸，然后洗脱液用0.02mol/L NaOH滴定。根据公式计算膜的离子容量（I_c），离子容量为每平方米膜面积所含有的H^+（mmol），$I_c = c_{NaOH} x V_{OH}/A_m$，式中$c_{NaOH}$为NaOH的浓度（mol/L），$V_{OH}$为滴定终点时NaOH的体积（mL），$A_m$为膜面积（$m^2$）。1mol/L KNO_3需要0.15~0.2mL的0.02mol/L NaOH滴定至终点，相当于I_c=0.60~0.80mmol/m^2。

4.4.1.2 乳清透过液（MSP）的超滤浓缩

使用不带电荷及带负电荷的切向流超滤膜（Pellicon XL，Ultracel PLC，EMD Millipore，Bedford，MA）对MSP进行浓缩，研究其蛋白质截留效果。并以1×10^4u不带电荷的标准超滤膜为对照，获得与标准膜相同蛋白质表观筛分系数（S_o）时，荷电超滤膜具有更高的乳清渗透通量（J_V）和透水率（L_p）。

4.4.1.3 瑞士干酪乳清的超滤浓缩

使用1×10^4u未改性超滤膜、1×10^5u未改性超滤膜、1×10^5u荷电超滤膜和3×10^5u荷电超滤膜模拟WPC 80（乳清蛋白浓缩物）的生产工艺（图4.3）。超滤膜选用面积为1000cm^2，并装有“V”形悬浮筛网的Pellicon-2™ Mini膜组件。将5L瑞士干酪乳清料液的pH调至6.8，然后料液浓缩10倍，即从5L浓缩至0.5L，产生了4.5L的透过液；最后用2.4倍的洗滤水或1.2L去离子水对截留物进行洗滤。在洗滤过程中，为保持进料罐液体体积恒定，要求去离子水进入罐的流速与透过液的流速相同。洗滤之后，截留液体积从0.5L浓缩至0.125L，浓缩了4倍。最后，用70mL去离子水冲洗膜上的残留物。收集透过液和截留液，便于后续分析。在超滤和洗滤过程中要定期监测渗透通量。

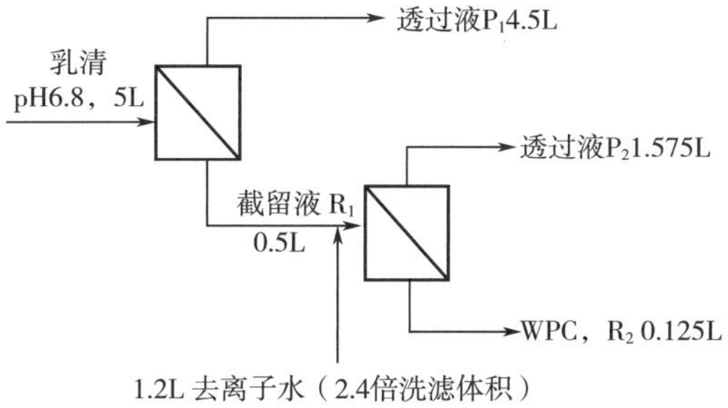

图4.3 瑞士干酪乳清浓缩40倍生产WPC 80的流程图

通过 HPLC 对透过液和截留液进行分析，参考 Bhushan 和 Etzel 的方法分析样品中的 GMP 和其他乳清蛋白（Other whey proteins，OWP）。OWP 的分析：调节待测液 pH=4，将待测液加入阳离子交换树脂（1mL HiTrap SPFF®），使得 OWP（主要成分为 ALA 和 BLG）结合在阳离子交换树脂上，然后用 1mol/L NaCl 洗脱柱子，收集洗脱液，于 280 nm 处测定吸光度，通过标准曲线定量分析 OWP。GMP 分析：用 7.2% 的三氯乙酸沉淀 OWP，4000g 离心 1h，然后将脱盐的上清液加入尺寸排阻色谱柱 BioSil SEC®（Bio-Rad，Hercules，CA），收集洗脱液，于 214 nm 处测定吸收峰面积，通过标准曲线定量分析 GMP。总乳清蛋白（Total whey protein，TWP）是 OWP 和 GMP 的总和。

4.4.2 结果和讨论

4.4.2.1 膜性能的表征

膜渗透性的表征指标有两个，第一个是纯水的渗透率，称为透水率（L_p），以 22℃ 时去离子水的通量对压力降作图，得到线性回归方程，其斜率为 L_p。第二个是蛋白质混合物（例如乳清或乳清蛋白）的渗透性，即渗透通量（J_V）。L_p 通常大于 J_V，因为对蛋白质混合物进行超滤时，截留蛋白质形成的边界层会在膜表面积聚，从而影响了料液的流动。L_p 的大小主要与膜有关，而 J_V 的大小不仅取决于膜，还与溶液特性有关，例如溶液黏度、蛋白质浓度、蛋白质扩散系数、边界层厚度、流体剪切速率、流路长度和进料通道隔网厚度（见 4.2.2 节）。在蛋白质浓缩的过程中，J_V 决定了产量。荷负电超滤膜的目标是达到与 1×10^4u 标准膜相同的表观筛分系数（S_o），但 MSP 通量或乳清通量（J_V）、透水率（L_p）等指标比标准膜更高。

4.4.2.2 荷负电膜超滤 MSP 的筛分系数

MSP 经第 4.4.1 节中所描述的方法超滤后，使用 SDS-PAGE 和荧光激光密度测定法对样品中的 ALA 和 BLG 进行分析。结果显示，3×10^5u 荷负电超滤膜能获得与 1×10^4u 标准膜相同的蛋白质截留率，但其渗透通量更高，其中总蛋白质（ALA 和 BLG 的总和）的 S_o = 0.01，当压力为 2×10^5Pa 时，J_V = 6L/(m² · h)，$L_p = 5\times10^{-4}$（[L/(m² · h)]/Pa）（表 4.3）。

表 4.3 未改性和荷负电超滤膜在 MSP 超滤过程中的性能特征（实验在 2×10^5Pa 下进行）

超滤膜	1×10^4u 未改性超滤膜	3×10^5u 未改性超滤膜	Bromo S 改性的 3×10^5u 荷负电超滤膜	低碱度牛磺酸改性的 3×10^5u 荷负电超滤膜	高碱度牛磺酸改性的 3×10^5u 荷负电超滤膜
离子容量/（mmol/m²）	1.5	1.1	3.3	4.7	15.7
透水率 L_p/（$\times10^{-5}$ [L/(m² · h)]/Pa）	50	250	200	190	180
筛分系数	0.01	0.56	0.39	0.12	0.04
牛乳清透过液通量 J_V/（$\times10^{-5}$ [L/(m² · h)]/Pa）	3	18	18	18	18

如表 4.3 所示，三种荷负电超滤膜中 MSP 通量 J_V是 1×10^{4}u 标准超滤膜的 6 倍。3×10^{5}u 未改性超滤膜的蛋白质截留率为 44%，S_o = 0.56，Bromo S 改性的 3×10^{5}u 荷负电超滤膜的蛋白质截留率为 61%，S_o = 0.39。虽然经 Bromo S 改性超滤膜的蛋白质截留率显著高于 3×10^{5}u 未改性的超滤膜，但 Bromo S 配体提供的负电荷量较小（3.3mmol/m^2），不能截留更多的蛋白质。LC 牛磺酸对膜的改性效果优于 Bromo S，因为它能提供更多的电荷（4.7mmol/m^2），使更多的蛋白质发生静电排斥反应（蛋白质截留率为 88%，S_o = 0.12）；与 LC 牛磺酸相比，HC 牛磺酸的化学性能更好，因为它具有最多的电荷（15.7mmol/m^2）和最强的蛋白质静电排斥反应（蛋白质截留率达 96%，S_o = 0.04）。研究发现，1×10^{4}u 标准超滤膜的蛋白质截留率为 99%，HC 牛磺酸改性的 3×10^{5}u 荷负电超滤膜蛋白质截留率为 96%。虽然 3×10^{5}u 荷负电超滤膜的蛋白质截留率略低于标准膜的，但二者之间的差距可以接受，因为 3×10^{5}u 荷负电超滤膜的 L_p和 MSP 通量 J_V分别是标准膜的 3.6 倍和 6 倍。

对于 3×10^{5}u 的超滤膜来说，随着膜的离子容量 I_c的增加，L_p和 S_o之间存在一定的平衡（表 4.3）。当 I_c增加，S_o和 L_p均会下降。最终结果是，随着 I_c的增加，要想获得较高的回收率（即更小的 S_o），就要接受较低的 L_p。如何平衡蛋白质的高回收率和 L_p的损失主要取决于实际情况。然而，用超滤法浓缩乳蛋白时，3×10^{5}u 荷负电超滤膜的 L_p会比现在常用的标准超滤膜 [L_p = 5×10^{-4}/([L/(m^2·h)]/Pa)] 高出 3~4 倍。

4.4.2.3　Pellicon-2^{TM} Mini 超滤膜工业化生产 WPC 80

使用 1×10^{4}u 未改性超滤膜、1×10^{5}u 未改性超滤膜、1×10^{5}u 荷电超滤膜和 3×10^{5}u 荷电超滤膜模拟 WPC 80 的生产工艺（图 4.3）。实验所用超滤膜为装有悬浮筛网的 Pellicon-2^{TM} Mini，其膜面积为 1000 cm^2，比与前文提到的 Pellicon XL 超滤膜大 20 倍。整个超滤过程中都要对渗透通量进行控制，保持渗透通量恒定。如第 4.4.1 节所述，通过 HPLC 分析样品中 OWP、GMP 和 TWP 的浓度。

对 WPC 80（图 4.3 截留物 R_2）中 OWP、GMP 和 TWP 的回收率进行分析，并与进料流比较，结果如图 4.4 所示。料液经 1×10^{4}u 未改性超滤膜和 1×10^{5}u S 荷负电膜超滤之后，所得 OWP 的回收率没有差异（P>0.05）。但 1×10^{5}u S 荷负电超滤膜的 GMP 回收率比 1×10^{4}u 未改性膜的高，达到 28%，且是 1×10^{5}u 未改性膜的 21 倍。与 1×10^{4}u 未改性超滤膜相比，1×10^{5}u S 荷负电超滤膜的通量提高了 2.8 倍（表 4.4）。与 1×10^{4}u 未改性超滤膜相比，3×10^{5}u S 荷负电超滤膜的 OWP 和 TWP 回收率较低，仅有 17%（P<0.05），而 GMP 的回收率没有显著差异（P>0.05）。但是，在整个浓缩过程中，3×10^{5}u S 荷负电超滤膜的通量是 1×10^{4}u未改性膜的 5.8 倍（表 4.4）。

表 4.4　瑞士干酪乳清超滤过程中不同膜的渗透通量（未改性膜超滤压力为 2×10^{5}Pa，荷电膜超滤压力为 1.4×10^{5}Pa）

膜	1×10^{4}u 未改性膜	1×10^{5}u 未改性膜	1×10^{5}u S 荷负电膜	3×10^{5}u S 荷负电膜
乳清渗透通量 J_V/（×10^{-5} [L/(m^2·h)]/Pa）	6.0	12.0	17.4	34.8
通量增强因素（与 1×10^{4}u 膜相比）	1.0	2.0	2.8	5.8

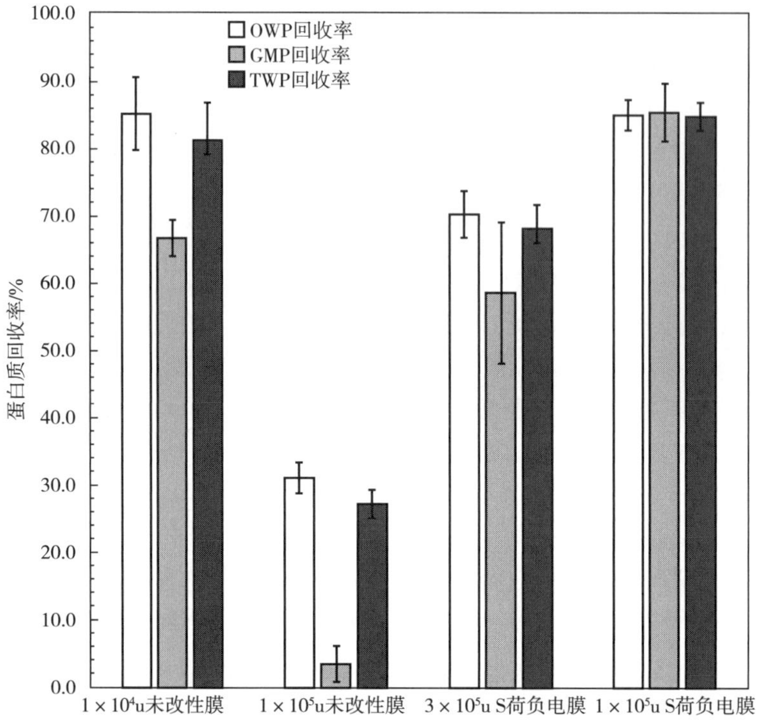

图 4.4 WPC 80 中 OWP、GMP 和 TWP 的蛋白质回收率

如图 4.5 所示，与 1×10^4u 未改性膜相比，1×10^5u S 荷负电超滤膜的非蛋白质（主要是乳糖、矿物质和非蛋白质氮）传质率提高了 27%，3×10^5u S 荷负电超滤膜的非蛋白质传质率提高了 29%。非蛋白质渗透固形物是通过从渗透中的总干固成分减去蛋白质干固成分计算的。这个结果很重要，因为当所得截留物蛋白质含量相同时，荷负电超滤膜通过洗滤去除非蛋白质透过固体所需要的水比 1×10^4u 未改性膜少。添加的水越少，产生的透过液也越少，超滤的可持续性越强。

4.4.2.4 膜淤堵

通过测量标准水通量分析膜淤堵程度。乳制品原料超滤之后，用 100L/m^2的去离子水冲洗超滤膜，并在未对膜进行化学清洗的情况下，重新测量透水率。标准水通量（Normalized water permeability，NWP）是超滤前的渗透率与超滤后但清洗前的渗透率之比，NWP 越高，膜淤堵程度越低。研究发现，即使干酪乳清浓缩 40 倍之后，荷负电膜的标准水通量仍为 100%，而未改性的膜为 60%（数据未显示），这说明荷负电膜可以抗淤堵。因此，与目前使用的未改性膜相比，荷负电膜的清洗速度更快，且使用的化学清洁剂更少。

4.4.3 结论

1×10^5u 荷负电超滤膜可应用于乳清的浓缩，其通量是 1×10^4u 工业标准膜的 2.8 倍，并且当蛋白质回收率与工业标准膜相同时，1×10^5u 荷负电超滤膜中乳糖和非蛋白氮等小分子物质的传质率更高。尤其在使用大孔径膜浓缩蛋白质时，为稳定膜性能，需要控制渗透通量

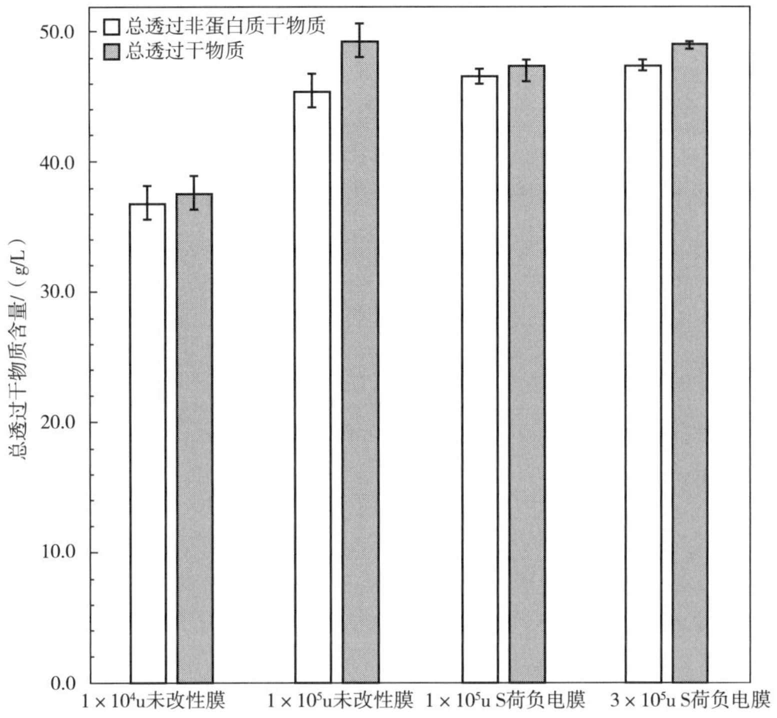

图 4.5 透过液和洗滤液中的总透过干物质和总透过非蛋白质干物质的含量

而不是控制跨膜压力。另外，荷负电超滤膜能防淤堵，有利于超滤浓缩蛋白质的可持续性发展。

本章名词和术语

A_m	膜表面积
c	浓度
c_b	主体溶液中的蛋白质浓度
c_p	透过液中的蛋白质浓度
c_r	截留液中的蛋白质浓度
c_w	膜上的蛋白质浓度
D	蛋白质扩散系数
h	进料间隔材料的厚度
J_V	渗透通量
k	边界层传质系数

K_c	溶质对流传质的阻碍因子
L_p	膜的透水率
Q_P	渗透流量
Q_R	截留物再循环速率
r_s	溶质半径
r_p	孔半径
S_a	实际筛分系数
S_o	表观筛分系数
T	绝对温度
V_{HR}	滞留体积
VCR	体积浓缩因子
ΔP	跨膜压力
β	极化指数
δ	浓差极化边界层厚度
σ_p	孔隙的无量纲表面电荷密度
σ_s	溶质（蛋白质）的无量纲表面电荷密度
Ψ	蛋白质分离的选择率
ALA	α-乳清蛋白
BLG	β-乳球蛋白
GMP	糖巨肽
MSP	乳清透过液
MWCO	截留分子质量
NWP	标准水通量
OWP	其他乳清蛋白（除 GMP 之外的所有乳清蛋白）
pI	等电点
TWP	总乳清蛋白

参考文献

[1] Abd El-Salam, M. H. Separation of casein glycomacropeptide from whey: methods of potential industrial application. International Journal of Dairy Science, 2006, 1: 93-99.

[2] Arunkumar, A. and Etzel, M. R. Fractionation of α-lactalbumin from β-lactoglobulin using positively charged tangential flow ultrafiltration membranes. Separation and Purification Technology, 2013, 105:

121-128.

[3] Arunkumar, A. and Etzel, M. R. Fractionation of α-lactalbumin and β-lactoglobulin from bovine milk serum using staged, positively charged, tangential flow ultrafiltration membranes. Journal of Membrane Science, 2014, 454: 488-495.

[4] Bakhshayeshi, M., Teella, A., Zhou, H., Olsen, C., et al. Development of an optimized dextran retention test for large pore size hollow fiber ultrafiltration membranes. Journal of Membrane Science, 2012, 421: 32-38.

[5] Barba, D., Beolchini, F., Cifoni, D., and Veglio, F. Whey protein concentrate production in a pilot scale two-stage diafiltration process. Separation Science and Technology, 2001, 36 (4), 587-603.

[6] Beckman, S. L., Zulewska, J., Newbold, M., and Barbano, D. M. Production efficiency of micellar casein concentrates using polymeric spiral-wound microfiltration membranes. Journal of Dairy Science, 2010, 93: 4506-4517.

[7] Bhattacharjee, S., Bhattacharjee, C., and Datta, S. Studies on the fractionation of β-lactoglobulin from casein whey using ultrafiltration and ion-exchange membrane chromatography. Journal of Membrane Science, 2006, 275: 141-150.

[8] Bhushan, S. and Etzel, M. R. Charged ultrafiltration membranes increase the selectivity of whey protein separations. Journal of Food Science, 2009, 74: E131-E139.

[9] Bottomley, R. C. Process for obtaining concentrates having a high α-lactalbumin content from whey, US Patent 5. 1991: 008, 376.

[10] Burns, D. B. and Zydney, A. L. Contributions to electrostatic interactions on protein transport in membrane, American Institute of Chemical Engineers Journal, 2001, 47: 1101-1114.

[11] Cheang, B. and Zydney, A. L. Separation of α-lactalbumin and β-lactoglobulin using membrane ultrafiltration. Biotechnology and Bioengineering, 2003, 83: 201-209.

[12] Cheang, B. and Zydney, A. L. A two-stage ultrafiltration process for the fractionation of whey protein isolate. Journal of Membrane Science, 2004, 231: 159-167.

[13] Cheryan, M. and Kuo, K. P. Hollow fibers and spiral wound modules for the ultrafiltration of whey: energy consumption and performance. Journal of Dairy Science, 1984, 67: 1406-1413.

[14] Cowan, S. and Ritchie, S. Modified polyethersulfone (PES) ultrafiltration membranes for enhanced filtration of whey proteins. Separation Science and Technology, 2007, 42: 2405-2418.

[15] Da Costa, A. R., Fane, A. G., and Wiley, D. E. Ultrafiltration of whey protein solutions in spacerfilled flat channels. Journal of Membrane Science, 1993, 76: 245-254.

[16] Davey, M., Lindman, K., Perera, J. M., Stevens, G. W., et al. Measurement and prediction of ultrafiltration of whey protein. American Institute of Chemical Engineers Journal, 2004, 50 (7), 1431-1437.

[17] Delaney, R. A. Composition, properties and uses of whey protein concentrates, Journal of Society of Dairy Technology, 1976, 29: 91-101.

[18] Doultani, S., Turhan, K. N., and Etzel, M. R. Whey protein isolate and glycomacropeptide recovery from whey using ion-exchange chromatography. Journal of Food Science, 2003, 68: 1389-1395.

[19] Doultani, S., Turhan, K. N., and Etzel, M. R. Fractionation of proteins from whey using cation exchange chromatography. Process Biochemistry, 2004, 39: 1737-1743.

[20] Gesan-Guiziou, G., Daufin, G., Timmer, M., Allersma, D., and Van der Horst, C. Process steps for the preparation of purified fractions of α-lactalbumin and β-lactoglobulin from whey protein concentrates.

Journal of Dairy Research, 1999, 66: 225-236.

[21] Holland, B., Kackmar, J., and Corredig, M. Isolation of a whey fraction rich in α-lactalbumin from skim milk using tangential flow filtration. Journal of Dairy Science, 2012, 95: 5604-5607.

[22] Hurt, E., Zulewska, J., Newbold, M. and Barbano, D. M. Micellar casein concentrate production with a 3×, 3-stage, uniform transmembrane pressure ceramic membrane process at 50℃. Journal of Dairy Science, 2010, 93: 5588-5600.

[23] Kawasaki, Y. and Dosako, S. Process for producing κ-casein glycomacropeptide, 1994. US Patent 5, 278, 288.

[24] Konrad, G. and Kleinschmidt, T. A new method for isolation of native α-lactalbumin from sweet whey. International Dairy Journal, 2008, 18: 47-54.

[25] Kulozik, U. and Kessler, H. G. Effects of salt ions and deposit formation on the permeation of organic molecules in complex media in reverse osmosis. Journal of Membrane Science, 1990, 54: 339-354.

[26] Lebreton, B., Brown, A., and van Reis, R. Application of high-performance tangential flow filtration (HPTFF) to the purification of a human pharmaceutical antibody fragment expressed in Escherichia coli. Biotechnology and Bioengineering, 2008, 100: 964-974.

[27] Lightfoot, E. N., Root, T. W., and O'Dell, J. L. Emergence of ideal membrane cascades for downstream processing. Biotechnology Progress, 2008, 24: 599-605.

[28] Lucas, D., Rabiller-Baudry, M., Millesime, L., Chaufer, B., and Daufin, G. Extraction of α-lactalbumin from whey protein concentrate with modified inorganic membranes. Journal of Membrane Science, 1998, 148: 1-12.

[29] Marella, C., Muthukumarappan, K., and Metzger, L. E. Evaluation of commercially available wide-pore size ultrafiltration membranes for production of alpha-lactalbumin enriched whey protein concentrate. Journal of Dairy Science, 2011, 94: 1165-1175.

[30] Mayani, M., Mohanty, K., and Ghosh, R. Continuous fractionation of plasma proteins HSA and HIgG using cascade ultrafiltration systems. Separation and Purification Technology, 2009, 70: 231-241.

[31] Mehta, A. and Zydney, A. L. Permeability-selectivity analysis for ultrafiltration membranes. Journal of Membrane Science, 2005, 249: 245-249.

[32] Mercadante, D., Melton, L. D., Norris, G. E., Loo, T. S., Williams, M. A., Dobson, R. C., et al. Bovine β-lactoglobulin is dimeric under imitative hysiological conditions: dissociation equilibrium and rate constants over the pH range of 2. 5-7. 5. Biophysical Journal, 2012, 103: 303-312.

[33] Metsämuuronnen, S. and Nyström, M. Evaluation of six flat-sheet ultrafiltration membranes for fractionation of whey proteins. Desalination, 2006, 200: 290-291.

[34] Metsämuuronnen, S. and Nyström, M. Enrichment of α-lactalbumin from diluted whey with polymeric ultrafiltration membranes. Journal of Membrane Science, 2009, 337: 248-256.

[35] Michaels, A. S. New separation technique for the CPI. Chemical Engineering Progress, 1968, 64: 31-43.

[36] Miller, D. J., Kasemset, S., Paul, D. R., and Freeman, B. D. Comparison of membrane fouling at constant flux and constant transmembrane pressure conditions. Journal of Membrane Science, 2014, 454: 505-515.

[37] Mistry, V. V. Manufacture and application of high milk protein powder. Lait, 2002, 82: 515-522.

[38] Muller, A., Chaufer, B., Merin, U., and Daufin, G. Purification of α-lactalbumin from pre-purified whey acid whey: ultrafiltration or precipitation. Lait, 2003, 83: 439-451.

[39] Muller, A., Daufin, G., and Chaufer, B. Ultrafiltration modes for the operation for the separation of α-lactalbumin from acid casein whey. Journal of Membrane Science, 1999, 153: 9-21.

[40] Nelson, B. K. and Barbano, D. M. A microfiltration process to maximize removal of serum proteins from skim milk before cheese making. Journal of Dairy Science, 2005, 88: 1891-1900.

[41] Obermeyer, J. H., Kulozik, U., and Kessler, H. G. Controlled deposit formation to influence the retention of solutes in reverse osmosis and ultrafiltration. Desalination, 1993, 90: 161-172.

[42] Pujar, N. S. and Zydney, A. L. Charge regulation and electrostatic interactions for a spherical particle in a cylindrical pore. Journal of Colloid Interface Science, 1997, 192: 338-349.

[43] Pujar, N. S. and Zydney, A. L. Electrostatic effects on protein partitioning in sizeexclusion chromatography and membrane ultrafiltration. Journal of Chromatography A, 1998, 796: 229-238.

[44] Raubiller-Baudry, M., Gesan-Guiziou, G., Roldan-Calbo, D., Beaulieu, S. and Michel, F. Limiting flux in skimmed milk ultrafiltration: impact of electrostatic repulsion due to casein micelles. Desalination, 2005, 175: 49-59.

[45] Rektor, A. and Vatai, G. Membrane filtration of Mozarella whey. Desalination, 2004, 162: 279-286.

[46] Rinn, J. C., Morr, C. V., Seo, A., and Surak, J. G. Evaluation of nine semi-pilot scale whey pretreatment modifications for producing whey protein concentrate. Journal of Food Science, 1990, 55: 510-515.

[47] Riordan, W. T., Heilmann, S., Brorson, K., Seshadri, K., He, Y., et al. Design of salttolerant membrane adsorbers for viral clearance. Biotechnology and Bioengineering, 2009, 103: 920-929.

[48] Rohani, M. M. and Zydney, A. L. Effect of surface charge distribution on protein transport through semipermeable ultrafiltration membranes. Journal of Membrane Science, 2009, 337: 324-331.

[49] Rohani, M. M. and Zydney, A. L. Role of electrostatic interactions during protein ultrafiltration. Journal of Colloid Interface Science, 2010, 160: 40-48.

[50] Rohani, M. M. and Zydney, A. L. Protein transport through zwitterionic ultrafiltration membranes. Journal of Membrane Science, 2012, 397: 1-8.

[51] Saufi, S. M. and Fee, C. J. Recovery of lactoferrin from whey using cross-flow cation-exchange mixed matrix membrane chromatography. Separation and Purification Technology, 2013, 77: 68-75.

[52] Smith, F. G. and Deen, W. M. Electrostatic double-layer interactions for spherical colloids in cylindrical pores. Journal of Colloid and Interface Science, 1980, 78: 444-465.

[53] Smith, F. G. and Deen, W. M. Electrostatic effects on the partitioning of spherical colloids between dilute bulk solution and cylindrical pores. Journal of Colloid and Interface Science, 1983, 91: 571-590.

[54] Tanimoto, Y., Kawasaki, Y., Shinmoto, H., Dosako, S., and Tomizawa, A. Process for producing kappa-casein glycomacropeptide, US Patent 5. 1991: 075, 424.

[55] Tolkach, A. and Kulozik, U. Fractionation of whey proteins and caseinomacropeptide by enzymatic crosslinking and membrane separation techniques. Journal of Food Engineering, 2005, 67: 13-20.

[56] Tolkach, A., Steinle, S., and Kulozik, U. Optimization of thermal pretreatment conditions, for the separation of native α-lactalbumin from whey protein concentrates by means of selective denaturation of β-lactoglobulin. Journal of Food Science, 2005, 70: E557-E566.

[57] Toro-Sierra, J., Tolkach, A., and Kulozik, U. Fractionation of α-lactalbumin and β-lactoglobulin from whey protein isolate using selective thermal aggregation, an optimized membrane separation procedure and resolubilization techniques and pilot plant scale. Food Bioprocess Technology, 2013, 6: 1032-1043.

[58] van Reis, R. Charged filtration membranes and uses therefore, US Patent 7. 2006: 001, 550B2.

[59] van Reis, R., Goodrich, E. M., Yson, C. L., Frautschy, L. N., Whiteley, R., et al. Constant C_{wall} ultrafiltration process control. Journal of Membrane Science, 1997, 130: 123-140.

[60] van Reis, R., Brake, J. M., Charkoudian, J., Burns, D. B., and Zydney, A. L. High performance tangential flow filtration using charged membranes. Journal of Membrane Science, 1999, 159: 133-142.

[61] Xu, Y., Sleigh, R., Hourigan, J., and Johnson, R. Separation of bovine immunoglobulin G and glycomacropeptide from dairy whey. Process Biochemistry, 2000, 36: 393-399.

[62] Yee, K. W. K., Wiley, D. E., and Bao, J. Whey protein concentrate production by continuous ultrafiltration: operability under constant operating conditions. Journal of Membrane Science, 2007, 290: 125-137.

[63] Yee, K. W. K., Wiley, D. E., and Bao, J. A unified model of the time dependence of flux decline for the long-term ultrafiltration of whey. Journal of Membrane Science, 2009, 332: 69-80.

5　纳滤在乳制品矿物盐脱除及回收的应用

Sandra E. Kentish[1]和 G. Rice[2]
1 *ARC Dairy Innovation Hub, Department of Chemical and Biomolecular Engineering, The University of Melbourne, Victoria, Australia*
2 *Beca Pty Ltd, Melbourne, Victoria, Australia*

5.1　引言

纳滤（Nanofiltration，NF）是一种介于超滤和反渗透之间的膜分离技术。它能够截留乳糖和其他分子质量大于 200u 的有机分子，同时自由透过小分子和离子，特别是钠和氯。然而，钙、镁和磷酸等多价离子盐可被部分截留。截留作用主要取决于这类盐的化学性质、电荷、水和粒径之间的微妙平衡。这些平衡将在 5.3 节中进一步讨论。

纳滤在乳品中的主要应用是脱除液态乳中的水和盐。这些液态乳可以是全脂乳（Matsui 等，2006）、乳清（Gernigon 等，2011）或乳清超滤透过液（Cuartas－Uribe 等，2009；Leruyet 和 Maugas，2001）。对蒸发器上游的乳和乳清浓缩液进行纳滤，可以保护这些设备以免产生不必要的淤堵，还可以降低最终喷雾干燥产品中的盐含量。尤为重要的是，对乳清超滤透过液进行纳滤，可以获得具有可观经济价值的浓缩乳糖溶液。世界乳制品乳糖市场在 1991—2011 年迅速增长，到 2011 年约有 90 万 t 的市场份额（Paterson，2011）。因为牛乳中乳糖的含量远低于母乳中的乳糖含量，所以乳糖通常被添加到婴儿配方乳粉中。乳糖也广泛应用于成人食品，如巧克力、糖果、烘焙产品和肉制品中（Paterson，2011）。此外，乳糖还可以作为发酵培养基和制药工业中药物的基质或载体。乳糖衍生物，如乳果糖、乳糖醇和乳糖酸，也在制药、甜味剂和动物饲料等领域具有潜在应用价值（Horton，1995）。

在脱盐应用中，纳滤与反渗透、电透析和离子交换间存在相互竞争（Gernigon 等，2011）。电透析已在第 4 章中进行了详细介绍。纳滤的显著特点在于其能够以高选择性除去一价钠离子，同时截留与营养相关的钙、锌、镁等二价离子（Rice 等，2005；van der Bruggen、Koninckx 和 Vandecasteele，2004）。这意味着利用该方法可以制备钙镁“强化”的乳制品。此外，还可以从纳滤截留液中直接回收这些重要的乳源矿物质，将其作为膳食补充剂出售。在如图 5.1 所示的回收过程中，首先将 pH 调节至 7.2，添加焦磷酸或焦磷酸钠（Tetra-Sodium Pyrophosphate，TSPP）后在 62～80℃下孵育（Vembu 和 Rathinam，1997），可使乳源矿物质从纳滤截留液中析出。通常，这些矿物质来自采矿、骨粉或者牡蛎壳，但这些来源的矿物质可能含有重金属杂质，如铅和砷（Vembu 和 Rathinam，1997）。从乳制品中提取这些矿物质，则可消除人们对毒性重金属杂质的担忧。此外，由于这些纯化的矿物质与它们在牛乳中的存在形式（磷酸盐和柠檬酸盐）相同，因此这些矿物质比传统碳酸钙补充剂（Vembu 和 Rathinam，1997）更易被人体吸收。

但是，纳滤的脱盐率与其他技术相比要低。纳滤只能实现 30% 的脱盐，减少 70% 左右

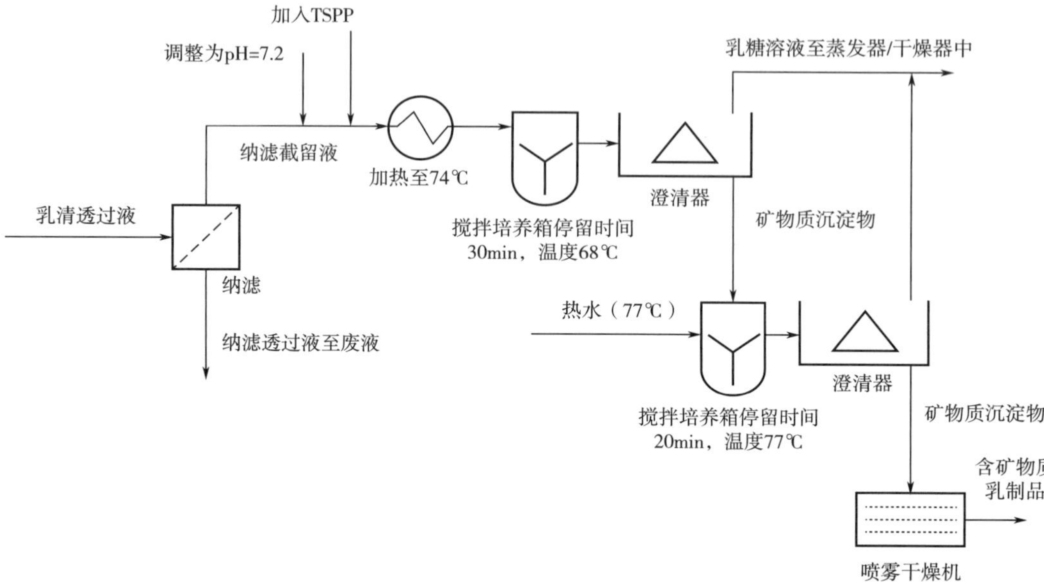

图 5.1 采用纳滤从乳清超滤透过液中回收乳源矿物质的工艺流程图（Vembu 和 Rathinam，1997）

的单价离子（Greiter 等，2002），而电透析的脱盐率高达 90%（Hoppe 和 Higgins，1992；Kelly、Horton 和 Burling，1991）。然而，离子交换成为脱盐 50% 以上的最经济方法（Hoppe 和 Higgins，1992）。纳滤与其他技术的一个显著区别在于，纳滤可将截留的乳清或乳清透过液浓缩 3～4 倍，经济上可实现高达 25% 的总固体含量提升（Kelly、Horton 和 Burling，1991），但是电渗析或离子交换达不到这种效果。一般来说，纳滤的操作和膜成本都远低于电渗析（Rice 等，2005），并且其工艺用水量也明显低于电透析（0.05～0.1L/L 进料液）（Hoppe 和 Higgins，1992）。

离子排斥色谱也可以用于乳糖的纯化和脱盐。这种方法成本较高，但获得的乳糖纯度较高，可以直接适用于各种制药应用中（Durham、Sleigh 和 Hourigan，2004）。基于离子交换法的工艺也更具选择性，例如能够选择性回收 3’-唾液酸乳糖（Scott 和 Krishnapillai，2010）。

纳滤也常被用作乳制品废水净化和回收处理步骤（Balannec 等，2002；Frappart 等，2006；Luo 和 Ding，2011；Turan，2004；Zhang 等，2012），纳滤膜能够浓缩待处理的有机污染物。但是，由于纳滤透过水中的盐浓度仍然过高，需要在下游继续进行反渗透，才能够回收利用（Balannec 等，2002；Vourch 等，2003，2005）。纳滤也经常与超滤（Gong、Zhang 和 Cheng，2012；Luo，等，2011，2012）和（或）微滤结合使用（Zhang 等，2008）。

纳滤还可以从 CIP 清洗液中回收氢氧化钠和清洗剂（Fernandez 等，2010；Gesan-Guiziou、Boyaval 和 Daufin，2002；Gesan-Guiziou 等，2007）。在这种情况下，纳滤膜需要能够耐受极端的 pH。同样的，可以考虑纳滤与微滤或反渗透结合使用（Merin 等，2002；Rasanen 等，2002）。

纳滤在乳制品行业更为小众的应用还包括纯化乳制品超滤透过液的乳酸（Patel、Sandry 和 Seguin，2008）或乙酸（Nayak 和 Pal，2013）、回收唾液酸寡糖（Roth、Weil 和 Spade，

2001；Spade、Weil 和 McHale，2003）以及纯化乳糖水解制备的低聚半乳糖（Samhaber，2005）。

5.2 纳滤膜操作

商业上纳滤膜通常是螺旋缠绕式聚酰胺膜（表 5.1）。聚酰胺膜是在以多孔的聚砜内层和聚酯无纺布底材作为支撑层，以界面聚合法制成的，厚度仅为 200nm 左右。聚酰胺层可由均苯三甲酰氯和 1,3-苯二胺通过经典的化学反应产生，也可用哌嗪作为胺试剂，生成聚哌嗪酰胺（Tang、Kwon 和 Leckie，2009a）。聚哌嗪酰胺膜比标准纳滤膜更加亲水（Tang、Kwon 和 Leckie，2009b）且不易被污染（Tang 和 Leckie，2007；Vrijenhoek、Hong 和 Elimelech，2001），因此经常被选用于乳制品行业中。通过高温、高浓度的有机酸或醇处理，可进一步提高该膜的性能（Mattila 和 Koivikko，2011）。

表 5.1 用于乳清脱盐和乳糖浓缩的市售纳滤膜（数据源自制造商规格表）

供应商	型号	截留分子质量/u	$MgSO_4$ 截留率/%	NaCl 截留率/%	pH 范围
Koch	SR3D	200	>99		1.8~11.0
Dow Filmtec	NF245	300			
Synder	NF				
	NFX	150~300	99	60	2.0~11.0
	NFW	300~500	98	40	3.0~10.5
Sepro	NF2A		98.5	35	
	NF3A		99.5	40	
	NF6		80	10	
GE	Dairy DK	150~300	98		3.0~9.0
	Dairy DL	150~300	96		3.0~9.0

由于存在羧基（—COOH）和氨基（—NH_2）基团（Elimelech、Chen 和 Waypa，1994），聚酰胺层通常会带电荷。在低溶质浓度下，这种电荷可以通过流动电位（或 Zeta 电位）来测量，测量时可以沿着平板聚合膜表面进行（Burns 和 Zydney，2000；Childress 和 Elimelech，1996；Kim 等，1996；Peeters、Mulder 和 Strathmann，1999；Tay、Liu 和 Delai Sun，2002），也可以通过孔进行（Teixeira、Rosa 和 Nyström，2005）。

当 pH 在 3~4 时，膜携带正电荷，但在通常的 pH>5 操作范围内，膜带负电荷。净电荷的数量也取决于与膜接触的溶液，因为带电荷的溶质会与膜上的电荷相互作用（Afonso、Hagmeyer 和 Gimbel，2001；Childress 和 Elimelech，1996；Shim 等，2002；Tay、Liu 和 Delai Sun，2002），例如钙离子更易吸附在膜表面从而使 Zeta 电位降低（图 5.2）。吸附在膜上的钙离子在清洗过程中很难被去除（Rice 等，2011a）。相反，像磷酸盐和柠檬酸这种阴离子对膜电荷的影响较小（Rice 等，2011a）。

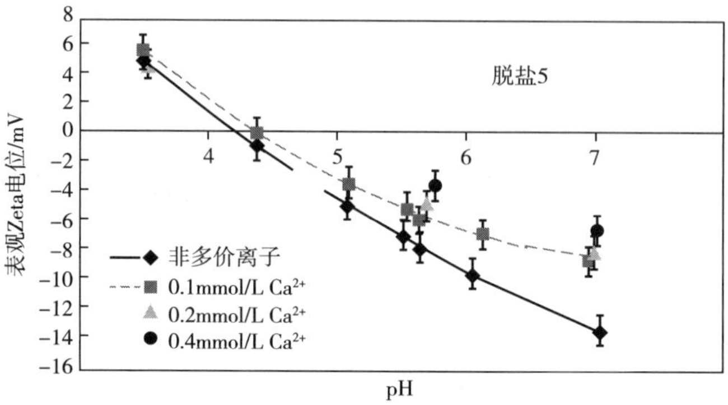

图 5.2 钙离子对 GE Osmonics Desal 5 膜 Zeta 电位的影响。所有实验均在 1mmol/L KCl 的电解质中进行，误差线表示 ±1mV（经 Elsevier 许可转载）

纳滤的操作压力在 5×10^5~20×10^5Pa，可以在间歇模式下进行，即在膜上对原料液进行连续循环除盐，直到盐被去除或乳糖被浓缩至预期目标［图 5.3（1）］。但是部分循环式除盐模式更为常见［图 5.3（2）］，在这种模式下进料是连续的，出料和透过液也都会被连续移除。使用洗滤可以达到这个效果，但此方法需要在过滤过程中连续不断加入清水。在这种模式下，氯化钠会不断地通过滤膜，使透过液中的盐分被有效地逐步去除。

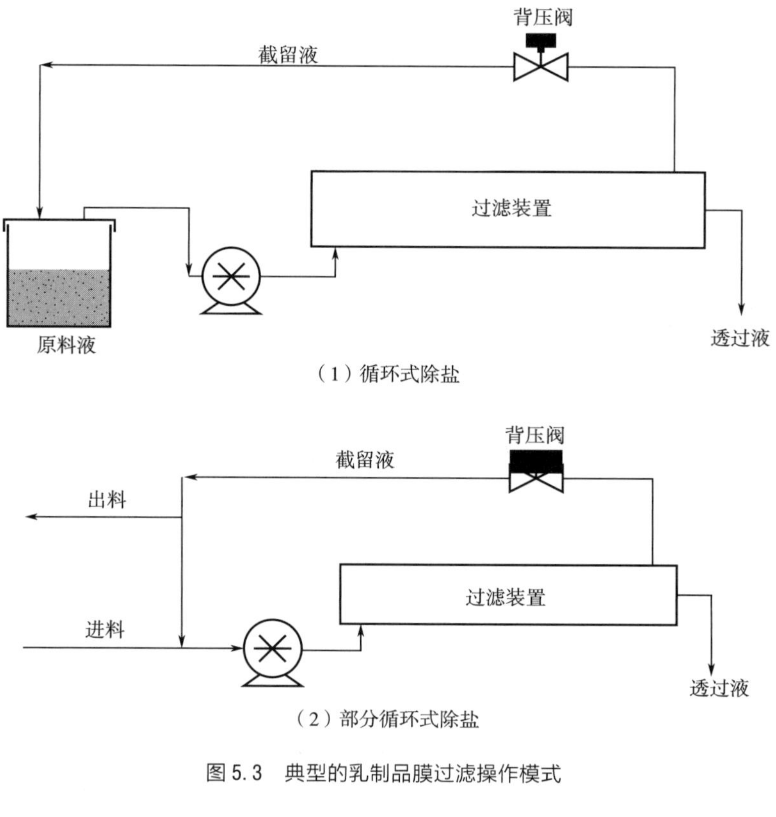

图 5.3 典型的乳制品膜过滤操作模式

5.3　分离理论

原料液通过纳滤膜是由进料液和透过液两侧的压力差（ΔP）驱动的。该驱动力遵循热力学第二定律，即倾向于将液体两侧的浓度差降至最小，而不是产生浓度差，通常用渗透压（P_π）来表示。

例如在纳滤膜的两侧分别放置乳糖溶液和纯水，在没有施加外力的情况下［图5.4（1）］，由于乳糖溶液不能主动向纯水侧移动来平衡浓度的差异，水会自发地透过纳滤膜稀释乳糖的浓度。这种流动将持续到乳糖溶液界面达到一定的高度，此时重力与渗透压平衡了(需要水的流动降低浓度差异)。在纳滤（以及反渗透）中，如果在两种溶液之间施加超过这个渗透压的压力，将会使水向与平衡浓度相反的方向流动［图5.4（2）］。

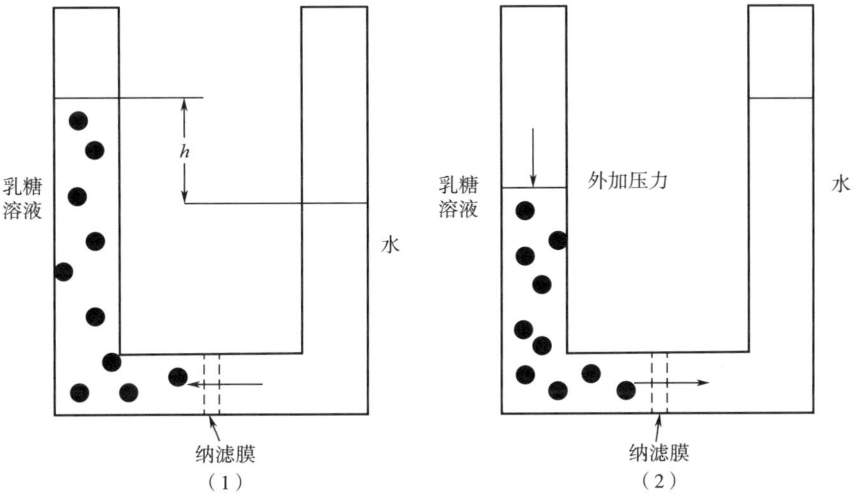

图5.4　渗透压的概念：（1）使水流入盐溶液，直到达到一定的高度以平衡浓度差，这就是渗透作用；（2）对膜一侧的料液施加压力，当压力超过本身的渗透压时，溶剂会逆着自然渗透的方向进行反向渗透，这就是反渗透。

渗透压（P_π）通常可以用Hoff关系来表示，见式（5.1），它的形式与理想气体定律相似，尽管这两个概念完全不相关：

$$P_\pi = cRT \tag{5.1}$$

式中　c——总溶质浓度，mol/m^3；

R——理想气体常数，8.314J/(mol·K)；

T——热力学温度。

值得注意的是，这个方程描述的是解离溶质。因此，对于1mol/L的乳糖，c=1mol/L；而对于1mol/L NaCl，c=2mol/L；对于1mol/L $MgCl_2$，c=3mol/L。由于盐的分子质量比乳糖低，因此渗透压通常由盐决定。

式（5.1）是最常使用的方法，Seki等（2012）发现对乳清体系来说，Morse（Morse、

Frazer 和 Rogers，1907）提出的方程比 Hoff 方程更适于实验数据分析，即式（5.2）：

$$P_\pi = m\rho^\circ RT \tag{5.2}$$

式中 m——总溶质质量摩尔浓度，mol/kg；

ρ°——相同温度下纯溶剂（水）的密度。

对于高离子强度的溶液，这两种方法都不奏效，因为它没有考虑离子间的相互作用。在这种情况下，需要更复杂的方程式，如 Pitzer 模型（Pitzer，1991）或电解质 NRTL 法（Chen 和 Song，2004）。

通过纳滤膜的总渗透通量［单位膜面积流速，$m^3/(m^2 \cdot s)$ 或 $L/(m^2 \cdot h)$］可以表示为 J_V，即式（5.3）：

$$J_V = \frac{\Delta P - \Delta P_\pi}{R_t} \tag{5.3}$$

式中 R_t——膜的总阻力；

ΔP——跨膜压差；

ΔP_π——膜两侧的渗透压差。

在理想体系中，膜的总阻力（R_t）仅由膜自身的阻力决定。该阻力与溶液的黏度成正比，也与聚酰胺活性层的厚度和孔隙度相关。

盐通过膜的渗透过程通常可以用溶解扩散模型来描述，即式（5.4）：

$$J_s = -B\frac{dc}{dx} \tag{5.4}$$

式中 J_s——溶质通量；

B——盐渗透率；

c——主体溶液中盐的浓度；

x——膜的厚度。

但是对于小的和（或）不带电的溶质，对流压力就变得很重要。许多研究者用 Spielger-Kedem 模型来描述这种情况（Hoon 和 Jae-Hong，2006；Hyung 和 Kim，2006；Kedem 和 Katchalsky，1961；Mariñas 和 Selleck，1992；Spiegler 和 Kedem，1966；Taniguchi、Kurihara 和 Kimura，2001），该模型描述了溶剂通量［式（5.5）］和溶质通量［式（5.6）］：

$$J_V = -A\left(\frac{dP}{dx} - \sigma\frac{dP_\pi}{dx}\right) \tag{5.5}$$

$$J_s = -B\frac{dc}{dx} + (1-\sigma)J_V\bar{c} \tag{5.6}$$

在这种情况下，渗透压差产生的影响可通过反射系数（Staverman 反射系数，σ）$\left[\sigma \equiv \left(\frac{\Delta P}{\Delta P_\pi}\right)_{J_V=0}\right]$ 进行校正，该系数代表半渗透膜中非理想性的校正。理想的半透膜，允许水通过，但会 100% 阻止溶质通过，在这种情况下 $\sigma=1$；而对非选择性的多孔膜，$\sigma=0$（Spiegler 和 Kedem，1966）。式（5.6）显示的溶质通量（J_s）组合了扩散项（B 为溶质渗透率）和溶液对流两方面的贡献。

如果对此过程的性能进行更精确的描述，需要用到扩展的 Nernst-Planck 方程，该模型考虑了每个溶质或离子的渗透通量（J_i），是由对流、扩散和电势所决定的（Bowen、

Mohammad 和 Hilal，1997；Bowen 和 Cao，1998；Bowen 和 Welfoot，2002；Bowen 等，2004）：

$$\frac{J_i}{A_k} = -D_{ip}\frac{dc_i}{dx} - \frac{K_{ic}c_iJ_V}{A_k} - D_{ip}\frac{z_ic_iF}{RT}\frac{d\psi}{dx} \tag{5.7}$$

式中 A_k——膜的孔隙率；

c_i——在膜内任何位置 x 的溶质的浓度；

K_{ic}——对流阻力系数；

D_{ip}——膜孔内溶质的扩散系数；

z_i——溶质的电荷；

F——法拉第常数（96487C/mol）；

$d\psi/dx$——电位梯度。

在实际系统中，溶剂通量和溶质通量都能够通过浓差极化（第 5.3.2 节）和膜淤堵（第 5.5 节）进一步进行校正。

5.3.1 盐截留与 Donnan 排斥机制

膜对盐的实际截留率 $\mathfrak{R}_i$ 可由式（5.8）表示：

$$\mathfrak{R}_i = 1 - \frac{c_p}{c_m} \tag{5.8}$$

式中 c_m——截留液的盐浓度；

c_p——透过液的盐浓度。

特定离子的截留率与其大小和电荷相关。这种相关性可以概括为膜-溶液界面的分配系数（或平衡关系），即离子（i）在溶液中的浓度（c_i）与其在膜内的浓度（c_{im}）之间的关系，见式（5.9）：

$$\frac{c_{im}}{c_i} = \Phi_i \exp\left(-\frac{z_iF}{RT}\Delta\psi_D\right) \tag{5.9}$$

空间分配系数 Φ_i 是水合离子的离子半径（r_i，表 5.2）和膜内孔隙半径（r_p）的函数，见式（5.10）：

$$\Phi_i = (1 - r_i/r_p)^2 \tag{5.10}$$

Donnan 电位差（$\Delta\psi_D$）为膜电荷容量的函数，反映了溶质与膜本身之间的电荷差（Bowen 和 Mukhtar，1996）。由于纳滤膜在大多数情况下都携带负电荷，因此它会吸引阳离子排斥阴离子。式（5.9）表明，在分子质量相同的情况下，价态高的阴离子比价态低的阴离子更容易被排斥；同理，价态高的阳离子也更容易通过滤膜。

表 5.2 乳制品中常见离子的水合离子半径

离子	水合离子半径/×10^{-10}m		
	Marcus（1994）	Kiriukhin 和 Collins（2002）	Conway（1981）
H^+	—	1.96	—
H_3O^+	1.90	—	—
OH^-	2.12	2.41	—

续表

离子	水合离子半径/ $\times 10^{-10}$m		
	Marcus (1994)	Kiriukhin 和 Collins (2002)	Conway (1981)
Na^+	2.18	1.78	3.58
K^+	2.12	2.01	3.31
Cl^-	2.24	1.95	3.32
Ca^{2+}	2.71	2.60	4.12
Mg^{2+}	2.99	3.00	4.28
$H_2PO_4^-$	2.59	3.02	—
HPO_4^{2-}	2.78	3.27	—
PO_4^{3-}	—	3.39	—

Donnan 排斥机理可以解释当加入多价阳离子，如钙后，纳滤膜对钠离子截留减少的现象（Balannec 等，2002）。然而，离子的大小和电荷之间的平衡十分微妙，在一些情况下，体积较大的钙离子会导致较强的排斥（Garcia-Aleman 和 Dickson，2004；Labbez 等，2003；Rice 等，2011b；Schaep 等，1999）（图 5.5）。单价负离子截留率降低，通常是因为负二价离子吸附在膜上产生膜电荷反转（见第 5.2 节）（Garcia-Aleman 和 Dickson，2004；Rice 等，2009，2011b）。

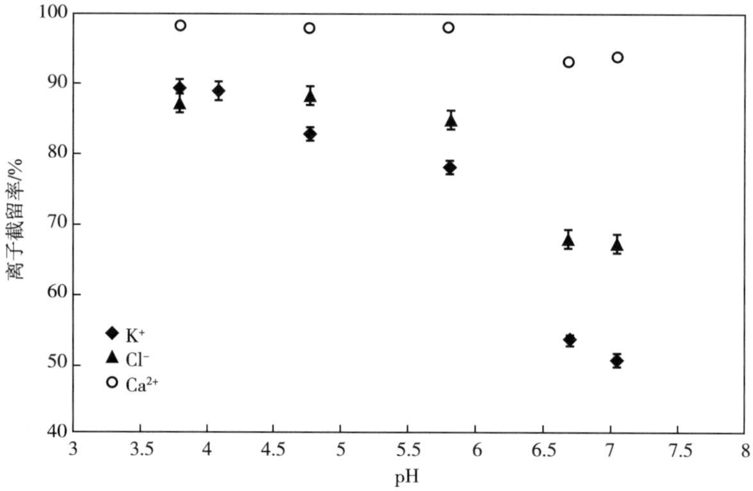

图 5.5 在 25℃、1.5 ×10^6Pa TMP、0.45m/s 的错流速度条件下，测量获得的 10mmol/L KCl 和 2mmol/L $CaCl_2$ 溶液离子截留率（Rice 等，2011b），误差线表示 ±2 个标准差（经 Elsevier 许可转载）

5.3.2 浓差极化

浓差极化是指被膜所截留的溶质在膜表面的积累。当膜上方流体边界层内的传质阻力变得明显时，就会出现这种现象。总的来说，浓差极化会导致膜渗透通量和截留率降低，应尽可能将其消除。

根据菲克定律，膜表面溶质浓度的增加会导致反向扩散。在稳定状态下，溶质的反向扩散速率需与膜的摩尔通量和溶质过滤速率的差相等，见式（5.11）：

$$J_V c - J_V c_p = - D \frac{dc}{dy} \tag{5.11}$$

在没有淤堵的情况下，对这个表达式进行积分会得到式（5.12）：

$$J_V = k_{cp} \ln\left(\frac{c_m - c_p}{c_B - c_p}\right) \approx k_{cp} \ln\left(\frac{c_m}{c_B}\right) \tag{5.12}$$

式中 c_m——膜表面的溶质浓度；

k_{cp}——膜边界的传质系数（D/δ）。

然而，当该浓度达到发生溶质沉淀的点（c_G）时（图5.6）有式（5.13）：

$$J_V = k_{cp} \ln\left(\frac{c_G - c_p}{c_B - c_p}\right) \approx k_{cp} \ln\left(\frac{c_G}{c_B}\right) \tag{5.13}$$

其中 c_G 被称为凝胶浓度，膜表面的浓度不能超过 c_G，因此渗透通量就不能超过这个极限值。

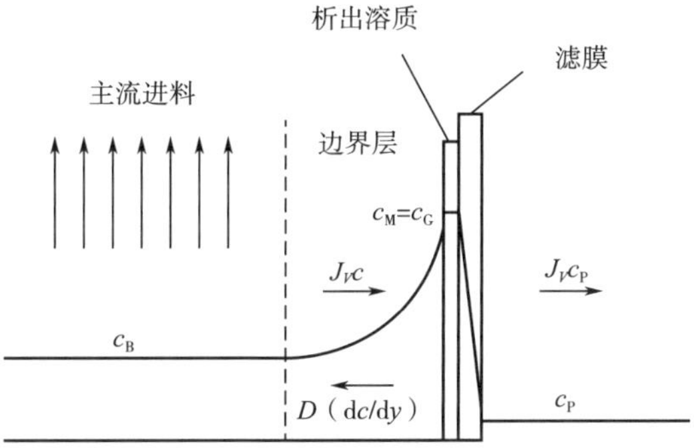

图5.6 当产生溶质沉淀时，浓差极化对膜性能的影响：膜表面的浓度受制于溶质在 c_G 时的固液平衡，因此渗透通量（J_V）则受限于反向扩散率［D(dc/dy)］

当浓差极化发生时，表观截留率方程由主体溶质浓度 c_b（5.14）表示，相比之下低于其实际截留率数值（5.8），因为 c_b 总是低于 c_m，见式（5.14）：

$$表观截留率：\mathfrak{R}_o = 1 - \frac{c_p}{c_b} \tag{5.14}$$

通过浓差极化比值（c_m/c_b）能够将表观截留率与表观渗透通量关联起来，见式（5.15）：

$$\frac{c_m}{c_b} = (1 - \mathfrak{R}_o) + \mathfrak{R}_o \exp\left(\frac{J_V}{k_{cp}}\right) \tag{5.15}$$

实验中，通过改变 c_B 测得的 J_V 确定传质系数 k_{cp}；以 J_V 和 $\ln c_B$ 作图，斜率即为 $-k_{cp}$。此外，k_{cp} 也可以通过传质关系式得到。传质关系式的一般形式是式（5.16）：

$$Sh = aRe^b Sc^c \left(\frac{d_H}{L}\right)^f \tag{5.16}$$

其中

$$Sh = \frac{k_{cp} d_H}{D},\ Re = \frac{\rho v d_H}{\mu_F},\ Sc = \frac{\mu_F}{\rho d_H} \tag{5.17}$$

式中 Sh——舍伍德数；
Re——雷诺数；
Sc——施密特数；
d_H——水力直径，m；
L——膜组件长度，m；
ρ——进料液密度，kg/m^3；
μ_F——进料液的动态黏度，Pa/s；
v——错流速度，m/s；
a，b，c，f——经验常数。

水力直径被定义为式（5.18），式中湿周为截面上流体与固体壁面接触的周界线：

$$d_H = 4\times 截面面积/湿周长度 \tag{5.18}$$

层式通道的水力直径为板间距的两倍（$2H$）。对于通道中带有进料侧隔板的膜组件，水力直径（d_H）是隔板孔隙率（ε）和比表面积（s）的函数（Zeman 和 Zydney，1996），即式（5.19）：

$$d_H = \frac{4\varepsilon}{\frac{2}{H} + (1-\varepsilon)s} \tag{5.19}$$

式（5.16）中经验常数 a、b、c、f 的值由 Prudich 等（2008）给出，层式通道和带有进料侧隔板通道膜组件的数值如表 5.3 所示。对于隔板填充型膜组件，式（5.16）中的常数 a 依赖于隔板的几何形状，L 则为隔板网格的尺寸（Da Costa、Fane 和 Wiley，1994；Zeman 和 Zydney，1996）。

表 5.3 式（5.16）中有关膜组件参数 a，b，c，f 的值（Prudich 等，2008）

几何形状	流动方式	a	b	c	f	数据来源
层式	层流	1.86	0.33	0.33	0.33	Lévêque，1928
	湍流	0.023	0.80	0.33	—	Gekas 和 Hallström，1987
隔板	—	0.664	0.50	0.33	0.50	Da Costa、Fane 和 Wiley，1994

通过增加传质系数 k_{cp} 可以降低浓差极化，而增加传质系数需要增加错流速度，精心选择合适的膜隔板来增加湍流，或者增强剪切应力。在第二种情况下，使用旋转或振动圆盘式膜来引发边界层的湍流（Luo 等，2012），也可用超声达到这个效果（Muthukumaran 等，2005）。

5.4 矿物盐及其盐平衡

了解乳制品加工中的纳滤操作需要了解乳制品中存在的各种盐以及它们之间的相互

作用。

牛乳中无机盐的总含量可以通过测定灰分含量确定，牛乳中灰分含量一般恒定在0.7%~0.8%（Fox 和 McSweeney，1998）。这些盐以可溶性游离离子、可溶性中性盐或不溶性胶体的形式存在（表 5.4）。不溶性胶体盐通常与酪蛋白胶束有关，因此在乳酪制作或超滤/微滤操作中很容易被移除。

表 5.4 牛乳中可溶性和不溶性胶体组分乳盐的分布（Fox 和 McSweeney，1998）

组分	平均浓度/（mg/L）	可溶性组分/%（质量分数）	胶状组分/%（质量分数）
钙	1000~1400	33.5	66.5
镁	100~150	67	33
钠	350~600	92	8
钾	1350~1550	92	8
磷（总含量）	750~1100	43	57
氯化物	800~1400	100	0
柠檬酸盐（柠檬酸）	1750	94	6

Holt、Dalgleish 和 Jenness（1981）对在室温和中性 pH 下脱脂乳的水相中存在的特定盐类进行了详细的研究（表 5.5）。在我们自己的工作中（Rice 等，2010），我们测定了典型的乳清超滤透过液中的钙、磷酸盐、柠檬酸的形态，并就这些组成如何随 pH 和温度的改变进行了预测。这些结果与 Holt 的研究结果相一致，即在 pH 在 3~7，$H_2PO_4^-$是最丰富的磷酸盐种类，但在 pH>7 时，HPO_4^{2-}则更为普遍（图 5.7）。在 pH<4.5 时，H_2Cit^-是含量最高的柠檬酸种类，$HCit^{2-}$在 pH 在 4.5~5 最为丰富，pH>5 时 $CaCit^-$在系统中占比最多（图 5.8）。随着 pH 升高，离子钙水平显著下降，这是因为首先形成 CaHCit，然后形成 $CaCit^-$。只能观察到少量的磷酸钙，只有不到 10%的钙与磷酸盐有关（图 5.9）。在 10~50℃，离子钙浓度受温度的影响很小（Rice 等，2010）。

表 5.5 牛乳水相中离子和络合物的计算浓度（Holt、Dalgleish 和 Jenness，1981）

单位：mmol/L

阴离子	自由离子	阳离子络合物			
		Ca^{2+}	Mg^{2+}	Na^+	K^+
H_2Cit^-	+	+	+	+	+
$HCit^{2-}$	0.04	0.01	+	+	+
Cit^{3-}	0.26	6.96	2.02	0.03	0.04
$H_2PO_4^-$	7.50	0.07	0.04	0.10	0.18
HPO_4^{2-}	2.65	0.59	0.34	0.39	0.52

续表

阴离子	自由离子	阳离子络合物			
		Ca^{2+}	Mg^{2+}	Na^{+}	K^{+}
PO_4^{3-}	+	0.01	+	+	+
GLC-1-HPO_4^{-}	0.50	+	+	0.01	0.01
GLC-1-PO_4^{2-}	1.59	0.17	0.07	0.10	0.14
H_2CO_3	0.11	-	-	-	-
HCO_3^{-}	0.32	0.01	+	+	+
CO_3^{2-}	+	+	+	+	+
Cl^{-}	30.90	0.26	0.07	0.39	0.68
HSO_4^{-}	+	+	+	+	+
SO_4^{2-}	0.96	0.07	0.03	0.04	0.10
RCOOH	0.02	-	-	-	-
$RCOO^{-}$	2.98	0.03	0.02	0.02	0.04
自由离子	-	2.00	0.81	20.92	36.29

注：+—<0.005μmol/L；-—没有估算；GLC—葡萄糖。

钙平衡也会受到如硫酸盐和碳酸盐等其他矿物质的影响，而 Holt、Dalgleish 和 Jenness（1981）指出存在结合少量矿物质的磷酸酯。

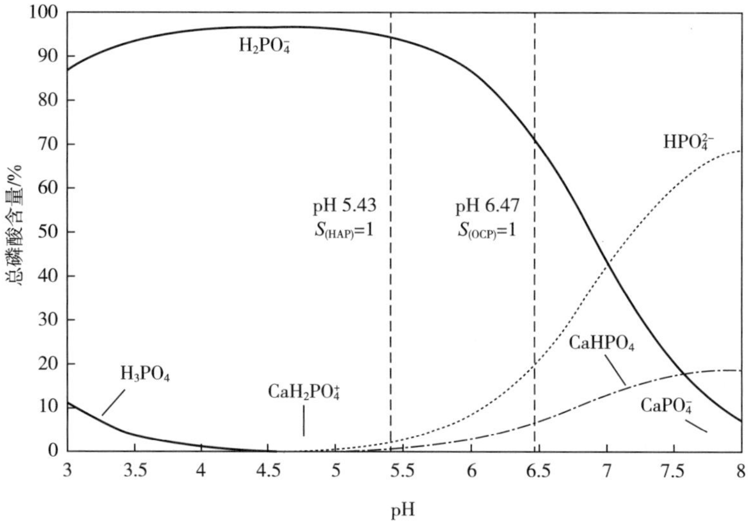

图 5.7 10mmol/L KCl+2mmol/L $CaCl_2$+2mmol/L KH_2PO_4体系水相中，磷酸盐种类随 pH 变化的预测分布图（离子强度为 0.020mol/L ±0.003mol/L）（经 Elsevier 许可转载）

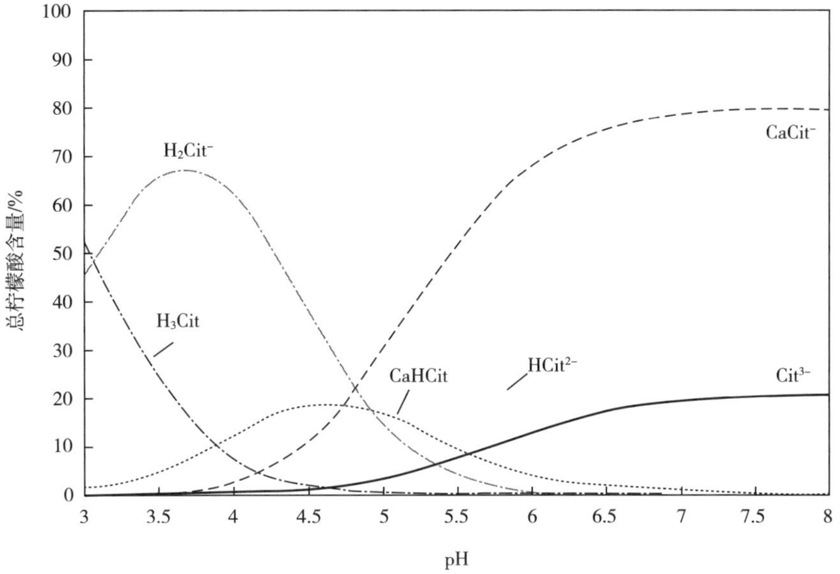

图 5.8 10mmol/L KCl+2mmol/L $CaCl_2$+2mmol/L KH_2Cit 体系中，柠檬酸盐种类随 pH 变化的预测分布图，离子强度为 0.018mol/L ± 0.0004mol/L（Rice 等，2010）

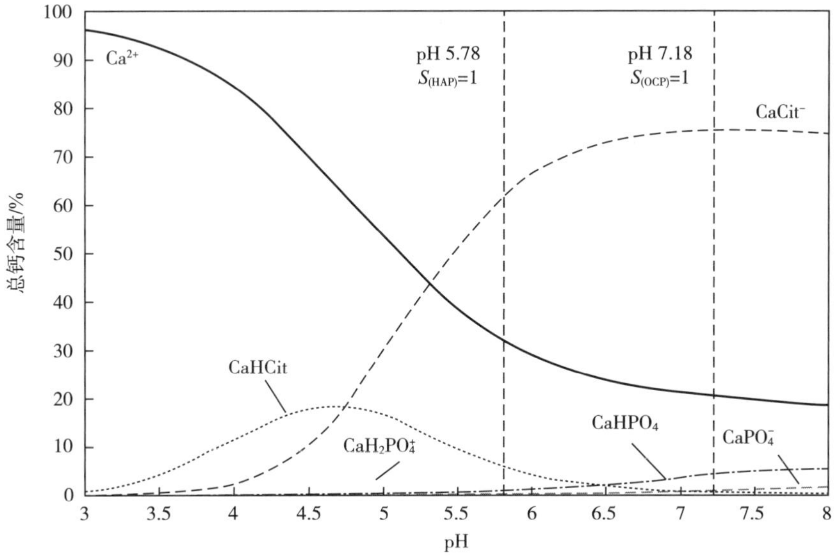

图 5.9 10mmol/L KCl+2mmol/L $CaCl_2$+ 2mmol/L KH_2Cit+2mmol/L KH_2PO_4体系中，钙在水相中随 pH 变化的预测分布，离子强度为 0.021mol/L ± 0.003mol/L（Rice 等，2010）

在纳滤过程中随着盐浓度的增加，盐能否继续保持可溶（或沉淀）也至关重要。这取决于盐的固有溶度积（表 5.6）、离子强度和 pH。还有一个重要影响因素则是可能存在的微量蛋白质，已经证明即使在超滤透过液中也存在微量蛋白质（Rice 等，2010）。蛋白质分子（特别是酪蛋白）对钙和磷的螯合作用将降低沉淀的可能性。

表 5.6 一些乳盐固有的溶度积（Marshall 和 Daufin，1995；Walstra 和 Jenness，1984）

盐名称	分子式	溶度积（K_{sp}°，20℃）
柠檬酸钙	Ca_3Cit_2	2.34×10^{-18}
磷酸氢钙（三斜磷钙石）	$CaHPO_4$	1.26×10^{-7}（25℃） （Martell、Smoth 和 Motekaitis，2002）
二水合磷酸氢钙（DCPD）（钙磷石）	$CaHPO_4\cdot2H_2O$	2.6×10^{-7}
磷酸八钙（OCP）	$Ca_4H(PO_4)_3$	1.2×10^{-47}
磷酸三钙	$Ca_3(PO_4)_2$	1.15×10^{-29}
羟基磷灰石（HAP）	$Ca_5OH(PO_4)_3$	1.8×10^{-58}（25℃）
磷酸镁	$MgHPO_4\cdot3H_2O$	$\approx1.0\times10^{-4}$

从表 5.6 中还可以明显地看出，各种不溶性盐可以沉淀，每种盐都有不同的溶度积。特别是，尽管磷酸钙能以五种不同的晶体形态沉淀，但是只有三种形态更为常见：二水合磷酸氢钙（Dicalcium phosphate dehydrate，DCPD，或钙磷石）、磷酸八钙（Octacalcium phosphate，OCP）和羟基磷灰石（Hydroxyapatite，HAP）。

此外，在发生自然析出之前，必须达到高于饱和度（过饱和）的一定浓度水平。在这个亚稳态区域，缓慢的成核和沉淀动力学阻止晶体稳定和生长（Boerlage 等，1999）（图 5.10）。这个亚稳态区的大小取决于很多因素，包括溶液的温度和混合程度。

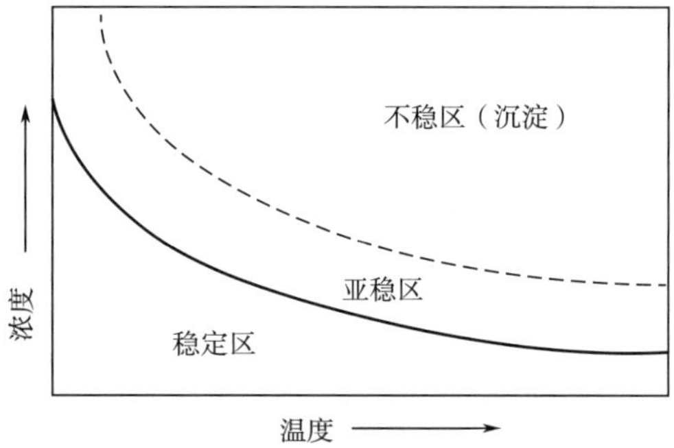

图 5.10 显示亚稳态区域的盐（如磷酸钙）溶解度

沉淀的过饱和比（S）通常被用来表示溶液的淤堵倾向。一般来说，为了避免淤堵，膜制造商建议保持盐过饱和度低于 1。然而，一些作者已经表明，由于饱和的亚稳态区域和沉淀诱导时间较长，在观察到沉淀之前，通常需要更高的临界过饱和比（Boerlage 等，1999；van de Lisdonk 等，2001）。过饱和比可以用式（5.20）和式（5.21）计算，其中 K_{sp} 为表观溶度积：

$$A_xB_{y(s)} \longleftrightarrow xA^+_{(aq)} + yB^-_{aq} \tag{5.20}$$

$$S = \left(\frac{[A^+]^x[B^-]^y}{K_{sp}}\right)^{\frac{1}{x+y}} \tag{5.21}$$

尽管反应物的浓度很低，但磷酸钙盐仍然很容易达到过饱和，例如在我们对包含 2mmol/L $CaCl_2$、2mmol/L KH_2PO_4 和 10mmol/L KCl（添加或未添加 2mmol/L 柠檬酸钾）溶液的分析中，羟基磷灰石（HAP）pH 在 5.43~5.78 达到饱和，在 pH=8 时其过饱和比达到 35 以上。磷酸八钙（OCP）pH 在 6.47~7.18 时达到饱和，而二水含磷酸氢钙（DCPD）在任何 pH 都未发现饱和。我们发现很有可能是 HAP 首先从超滤透过液中以膜表面淤堵的形式沉淀（Rice 等，2009，#521）。然而，其他研究者则认为 OCP 或 DCPD 的形成通常早于 HAP（Rosmaninho 和 Melo，2006；Schmidt 和 Both，1987；Spanos 等，2007）。事实上，van Kemenade 和 de Bruyn（1987）已经观察到，尽管 HAP 过饱和比非常高，但在 pH 6~8 的磷酸钙溶液中，HAP 沉淀之前总是会形成另一种盐。研究发现在这些浓度下，尽管从 pH=3 到 pH=6.5 时由于体系中 Cit^{3-} 浓度的增加，导致柠檬酸三钙（Tricalcium citrate，TCC）的饱和比略微有些增加，但始终保持在 1 以下。但是，饱和比在 pH=6 左右达到最大值，然后由于 Ca^{2+} 形成了 $CaCit^{-}$ 开始缓慢下降。

5.5 膜淤堵

蛋白质和矿物质是造成乳品膜淤堵的两大主要因素的观点已被广泛接受（Marshall 和 Daufin，1995），如果乳脂也存在，也可起到作用（Luo 等，2012）。然而，Nyström、Kaipia 和 Luque（1995）与 van der Horst（1995）都表明，不带电荷的高截留率的成分（如乳糖）不会对纳滤膜造成实质性的淤堵。

牛乳蛋白通过吸附并沉积在膜表面形成凝胶层从而导致膜淤堵。这种蛋白质吸附被证明是受带电蛋白质和带电膜之间的静电效应以及膜疏水性的影响（Marshall 和 Daufin，1995）。钙可以通过形成蛋白质-蛋白质和蛋白质-膜桥梁促成这种蛋白质凝胶层。在蛋白质凝胶淤堵层生成期间，初始渗透通量迅速下降，并逐渐趋于极限通量。

蛋白质污垢通常可用碱液从膜上清除。氢氧化钠或苛性钠因为成本低碱度高，是最常用的碱。虽然氢氧化钠是一种有效的皂化剂，但缓冲性能较差（Zeman 和 Zydney，1996）。它的清洗能力也很差：需要在清洗剂中加入适当的表面活性剂，以便能够方便快速地去除表面的氢氧化钠（Watkinson，2008）。碳酸钠或纯碱是最便宜的碱性清洗剂，它有很高的碱储量：皂化和中和需要低浓度的碳酸钠。碳酸钠与钙形成不溶盐，改善了皂溶性，但增加了在膜表面形成碳酸钙沉积的可能性（Zeman 和 Zydney，1996）。此外，硅酸盐和磷酸盐也可用来去除蛋白质沉积。

同时，盐浓度一旦超过溶解度就会发生沉淀，在孔隙内或膜表面形成水垢，从而导致膜淤堵（见第 5.4 节）。在淤堵发生之前，可能有一段相当长的无垢诱导期，然后通量突然急剧下降（Bhattacharjee 和 Johnston，2002；Lee 和 Lee，2000）。我们发现在相同的条件下，不同批次的超滤透过液的淤堵表现会有很大的差异（图 5.11）（Rice 等，2009）。尤其是钙盐结垢前的诱导期非常不一致。这种变化可能反映了蛋白质凝胶层淤堵和磷酸钙结垢之间的平衡不同，也反映了成分组成和错流速度的细微差异（Rice 等，2009）。

磷酸钙结垢是乳品行业中特别关注的问题，因为这些盐在大多数乳液的水相中过饱和（详见第 5.4 节）。磷酸钙溶解度反常，其随温度升高而降低。这意味着高温下的结垢是一个更大的问题（Rice 等，2009）。pH 的增加也会引起磷酸钙沉淀，因此工业中使用低 pH 和低温来降低磷酸钙结垢的可能性（Marshall 和 Daufin，1995；Pouliot 和 Jelen，1995）。我们

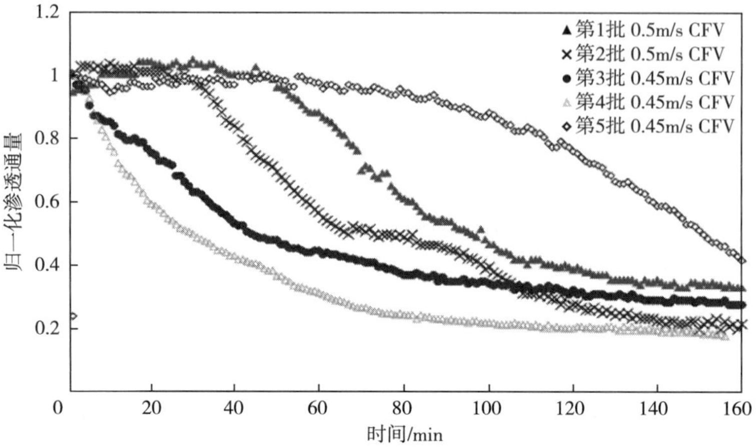

图 5.11 在 30℃和 1.5×10^6Pa 跨膜压力下，不同批次超滤透过液在纳滤过程中渗透通量的下降，CFV 为横流速度（Rice 等，2009）（经 Elsevier 许可转载）

的研究表明，最好的方法可能是使用低 pH 和高温的组合。在这种情况下，通过使用较低的 pH 可以消除钙结垢，但由于较高工作温度下具有较高的膜渗透性，可以提供更大的净渗透通量（Rice 等，2009）（图 5.12）。在低 pH 条件下，即使进料液中的蛋白质含量小于 0.2%（质量分数），蛋白质和盐都会导致结垢，这表明纳滤膜需要同时进行碱洗和酸洗以恢复性能。

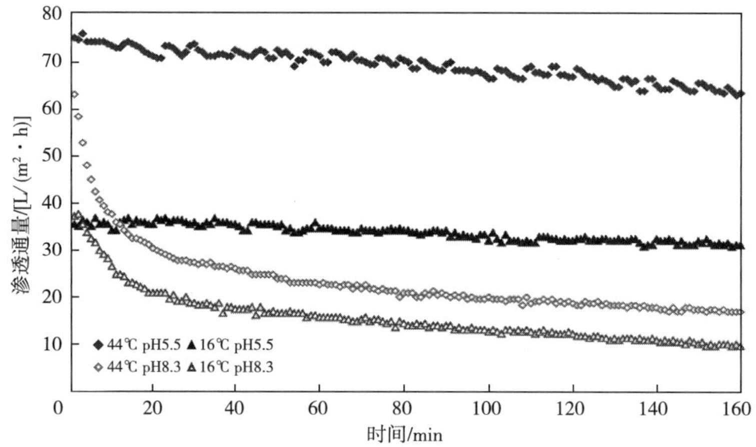

图 5.12 在不同操作温度和改良的进料 pH，1.5×10^6Pa 跨膜压力，0.45m/s 错流速度下，超滤透过液的纳滤渗透通量下降（Rice 等，2009）（经 Elsevier 许可转载）

酸通常用来去除矿物垢和无机酸（如盐酸和硫酸），是最便宜和最容易使用的。然而，盐酸和硫酸会对膜组件和不锈钢造成腐蚀，所以不能成为清洗的优先选择。最常用的无机酸是磷酸，它腐蚀性小，是一种强螯合剂，便于去除金属阳离子。磷酸也是一种很好的缓冲液，在清洗过程中可以很好地控制 pH（Zeman 和 Zydney，1996）。这些特性使磷酸成为一种很好的酸性清洗剂，但与其他无机酸相比，它的价格昂贵。硝酸因其强氧化性，会引起有机化合物的硝化作用，因此可有效清洁有机和生物淤堵物（Zeman 和 Zydney，1996）。它通常用于乳品清洗，但必须注意，因为硝酸对组件材料也有腐蚀性。柠檬酸是最常用的有机酸清洗剂。柠檬酸是一种良好的螯合剂，它能有效去除钙沉淀（Zeman 和 Zydney，1996）。此外，这种有机酸比无机酸酸性更弱，因此对膜组件和辅助设备的损害较小。

螯合剂通常被添加到酸或碱清洗剂中，因为它们能有效地去除脂肪和蛋白质中的不溶性金属阳离子。最有效的有机螯合剂是乙二胺四乙酸（Ethylenediaminetetraacetic acid，EDTA），而最常见的无机螯合剂是三聚磷酸钠（Zeman 和 Zydney，1996；Watkinson，2008）。

5.6 结论

纳滤是一种有效的浓缩乳糖和降低乳液中盐含量的技术。此外在保留钙、镁和锌等重要的营养矿物质方面具有优势。纳滤膜分离的有效开展需要仔细考虑进料液中存在的溶质的浓度、大小和电荷以及膜的电荷和孔径。然而，由于膜淤堵和浓差极化始终存在，纳滤分离性能总是低于理论限值。

本章名词和术语

A	膜表面积
A_k	膜的孔隙率
B	盐渗透率，溶质渗透率
c	浓度
d_H	水力直径
D	扩散系数
F	法拉第常数
J_V	体积渗透通量
k	传质系数
K_c	对流阻力系数
K_{sp}	表观溶度积
L	膜组件长度
m	总溶质质量摩尔浓度
P	压强
r	半径

R	理想气体常数
Re	雷诺数
R_t	总阻力
$\mathfrak{R}$	截留率
s	间隔物的比表面积
S	过饱和比
Sc	施密特数
Sh	舍伍德数
T	热力学温度
v	错流速度
x	膜厚度
y	边界层内距离
z	离子电荷
P_π	渗透压
ρ	密度
σ	Staverman 反射系数
Φ	空间分配系数
δ	膜厚度
ε	隔板孔隙率
μ	黏度

参考文献

[1] Afonso, M. D., Hagmeyer, G. and Gimbel, R. Streaming potential measurements to assess the variation of nanofiltration membranes surface charge with the concentration of salt solutions. Separation and Purification Technology, 2001, 22-23: 529-541.

[2] Balannec, B., Gesan-Guiziou, G., Chaufer, B., et al. Treatment of dairy process waters by membrane operations for water reuse and milk constituents concentration. Desalination, 2002, 147: 89-94.

[3] Bhattacharjee, S. and Johnston, G. M. A model of membrane fouling by salt precipitation from multicomponent ionic mixtures in crossflow nanofiltration. Environmental Engineering Science, 2002, 19: 399-412.

[4] Boerlage, S. F. E., Kennedy, M. D., Witkamp, G. J., et al. $BaSO_4$ solubility prediction in reverse osmosis membrane systems. Journal of Membrane Science, 1999, 159: 47-59.

[5] Bowen, W. R. and Mukhtar, H. Characterisation and prediction of separation performance of nanofiltration membranes. Journal of Membrane Science, 1996, 112: 263-274.

[6] Bowen, W. R., Mohammad, A. W. and Hilal, N. Characterisation of nanofiltration membranes for predictive purposes-use of salts, uncharged solutes and atomic force microscopy. Journal of Membrane Science, 1997, 126: 91-105.

[7] Bowen, W. R. and Cao, X. Electrokinetic effects in membrane pores and the determination of zeta-potential. Journal of Membrane Science, 1998, 140: 267-273.

[8] Bowen, W. R. and Welfoot, J. S. Modelling the performance of membrane nanofiltration - critical assessment and model development. Chemical Engineering Science, 2002, 57: 1121-1137.

[9] Bowen, W. R., Cassey, B., Jones, P . and Oatley, D. L. Modelling the performance of membrane nanofiltration-application to an industrially relevant separation. Journal of Membrane Science, 2004, 242: 211-220.

[10] Burns, D. B. and Zydney, A. L. Buffer effects on the zeta potential of ultrafiltration membranes. Journal of Membrane Science, 2000, 172: 39-48.

[11] Chen, C. -C. and Song, Y. Generalized electrolyte-NRTL model for mixed-solvent electrolyte systems. American Institute of Chemical Engineers Journal, 2004, 50: 1928-1941.

[12] Childress, A. E. and Elimelech, M. Effect of solution chemistry on the surface charge of polymeric reverse osmosis and nanofiltration membranes. Journal of Membrane Science, 1996, 119: 253-268.

[13] Conway, B. E. Ionic Hydration in Chemistry and Biophysics. Elsevier Scientific Publishing Company, Amsterdam, The Netherlands, 1981.

[14] Cuartas-Uribe, B., Alcaina-Miranda, M. I., Soriano-Costa, E., et al. A study of the separation of lactose from whey ultrafiltration permeate using nanofiltration Desalination, 2009, 241: 244-255.

[15] Da Costa, A. R., Fane, A. G. and Wiley, D. E. Spacer characterization and pressure drop modelling in spacer-filled channels for ultrafiltration. Journal of Membrane Science, 1994, 87: 79-98.

[16] Durham, R. J., Sleigh, R. W. and Hourigan, J. A. Pharmaceutical lactose: a new whey with no waste. Australia Journal of Dairy Technology, 2004, 59: 138-141.

[17] Elimelech, M., Chen, W. H. and Waypa, J. J. Measuring the zeta (electrokinetic) potential of reverse osmosis membranes by a streaming potential analyzer. Desalination, 1994, 95: 269-286.

[18] Fernandez, P ., Riera, F. A., Alvarez, R. and Alvarez, S. Nanofiltration regeneration of contaminated single-phase detergents used in the dairy industry. Journal of F ood Engineering, 2010, 97: 319-328.

[19] Fox, P . F. and McSweeney, P . L. H. Dairy Chemistry and Biochemistry. Blackie Academic & Professional, London, 1998.

[20] Frappart, M., Akoum, O., Ding, L. H. and Jaffrin, M. Y. Treatment of dairy process waters modelled by diluted milk using dynamic nanofiltration with a rotating disk module. Journal of Membrane Science, 2006, 282: 465-472.

[21] Garcia-Aleman, J. and Dickson, J. M. Permeation of mixed-salt solutions with commercial and pore-filled nanofiltration membranes: membrane charge inversion phenomena. Journal of Membrane Science, 2004, 239: 163-172.

[22] Gekas, V . and Hallström, B. Mass transfer in the membrane concentration polarization layer under turbulent cross flow: I. Critical literature review and adaptation of existing Sherwood correlations to membrane operations. Journal of Membrane Science, 1987, 30: 153-170.

[23] Gernigon, G., Schuck, P ., Jeantet, R. and Burling, H. Whey processing/demineralization, in Encyclopedia of Dairy Sciences, second edition (Editor-in-Chief: W. F. John). Academic Press, San Diego, CA, 2011: pp. 738-743.

[24] Gesan-Guiziou, G., Boyaval, E. and Daufin, G. Nanofiltration for the recovery of caustic cleaning-in-place solutions: robustness towards large variations of composition. Journal of Dairy Research, 2002, 69: 633-643.

[25] Gesan-Guiziou, G., Alvarez, N., Jacob, D. and Daufin, G. Cleaning-in-place coupled with membrane regeneration for re-using caustic soda solutions. Separation and Purification Technology, 2007, 54: 329-339.

[26] Gong, Y. -W., Zhang, H. -X. and Cheng, X. -N. Treatment of dairy wastewater by two-stage membrane operation with ultrafiltration and nanofiltration. Water Science and Technology, 2012, 65: 915-919.

[27] Greiter, M., Novalin, S., Wendland, M., et al. Desalination of whey by electrodialysis and ion exchange resins: analysis of both processes with regard to sustainability by calculating their cumulative energy demand. Journal of Membrane Science, 2002, 210: 91-102.

[28] Holt, C., Dalgleish, D. G. and Jenness, R. Calculation of the ion equilibria in milk diffusate and comparison with experiment. Analytical Biochemistry, 1981, 113: 154-163.

[29] Hoon, H. and Jae-Hong, K. A mechanistic study on boron rejection by sea water reverse osmosis membranes. Journal of Membrane Science, 2006, 286: 269-278.

[30] Hoppe, G. K. and Higgins, J. J. Demineralization, in Whey and Lactose Processing (ed. J. G. Zadow). Elsevier Science Publishers Ltd, Essex, 1992: pp. 91-133.

[31] Horton, B. S. Commercial utilisation of minor milk components in the health and food industries. Journal of Dairy Science, 1995, 78: 2584-2589.

[32] Hyung, H. and Kim, J. -H. A mechanistic study on boron rejection by sea water reverse osmosis membranes. Journal of Membrane Science, 2006, 286: 269-278.

[33] Kedem, O. and Katchalsky, A. A physical interpretation of the phenomenological coefficients of membrane permeability. The Journal of General Physiology, 1961, 45: 143-179.

[34] Kelly, P. M., Horton, B. S. and Burling, H. Partial demineralisation of whey by nanofiltration. International Dairy Federation [Special Issue] S. I., 1991, 9201: 130-140.

[35] Kim, K. J., Fane, A. G., Nyström, M., et al. Evaluation of electroosmosis and streaming potential for measurement of electric charges of polymeric membranes. Journal of Membrane Science, 1996, 116: 149-159.

[36] Kiriukhin, M. Y. and Collins, K. D. Dynamic hydration numbers for biologically important ions. Biophysical Chemistry, 2002, 99: 155-68.

[37] Labbez, C., Fievet, P., Szymczyk, A., et al. Retention of mineral salts by a polyamide nanofiltration membrane. Separation and Purification Technology, 2003, 30: 47-55.

[38] Lee, S. and Lee, C. -H. Effect of operating conditions on $CaSO_4$ scale formation mechanism in nanofiltration for water softening. Water Research, 2000, 34: 3854-3866.

[39] Leruyet, P. and Maugas, J. -J. Patent WO2001093689A1, 2001.

[40] Lévêque, M. D. Les lois de la transmission de chaleur par convection. Ann. Mines, 1928, 13: 201.

[41] Luo, J. and Ding, L. Influence of pH on treatment of dairy wastewater by nanofiltration using shear-enhanced filtration system. Desalination, 2011, 278: 150-156.

[42] Luo, J., Ding, L., Qi, B., et al. A two-stage ultrafiltration and nanofiltration process for recycling dairy wastewater. Bioresource Technology, 2011, 102: 7437-7442.

[43] Luo, J., Cao, W., Ding, L. H., et al. Treatment of dairy effluent by shear-enhanced membrane

filtration: the role of foulants. Separation and Purification Technology, 2012, 96: 194-203.

[44] Marcus, Y. A simple empirical model describing the thermodynamics of hydration of ions of widely varying charges, sizes and shapes. Biophysical Chemistry, 1994, 51: 111-127.

[45] Mariñas, B. J. and Selleck, R. E. Reverse osmosis treatment of multicomponent electrolyte solutions. Journal of Membrane Science, 1992, 72: 211-229.

[46] Marshall, A. and Daufin, G. Physico-chemical aspects of membrane fouling by dairy fluids. International Dairy Federation [Special Issue] S . I ., 1995, 9504: 8-35.

[47] Martell, A. E., Smith, R. M. and Motekaitis, R. J. NIST critically selected stability constants of metal complexes. in NIST Standard Reference Database 46, NIST, College Station, TX, USA. 2002.

[48] Matsui, H., Mizota, Y., Sumi, M., et al. Studies on the sensory characteristics and physicochemical properties of UHT processed milk, part VI. Sensory characteristics of membrane treated-milk. Nippon Shokuhin Kagaku Kogaku Kaishi, 2006, 53: 644-650.

[49] Mattila, J. and Koivikko, H. Patent WO2011154604A1, 2011.

[50] Merin, U., Gesan-Guiziou, G., Boyaval, E. and Daufin, G. Cleaning-in-place in the dairy industry: criteria for reuse of caustic (NaOH) solutions. Lait, 2002, 82: 357-366.

[51] Morse, H. N., Frazer, J. C. W. and Rogers, F. M. The osmotic pressure of glucose solutions in the vicinity of the freezing point of water. American Chemical Journal, 1907, 37: 558.

[52] Muthukumaran, S., Kentish, S. E., Ashokkumar, M. and Stevens, G. W. Mechanisms for the ultrasonic enhancement of dairy whey ultrafiltration. Journal of Membrane Science, 2005, 258: 106-114.

[53] Nayak, J. and Pal, P. Transforming waste cheese-whey into acetic acid through a continuous membrane-integrated hybrid process. Industrial and Engineering Chemistry Research, 2013, 52: 2977-2984.

[54] Nyström, M., Kaipia, L. and Luque, S. Fouling and retention of nanofiltration membranes. Journal of Membrane Science, 1995, 98: 249-262.

[55] Patel, R., Sandry, M. and Seguin, R. Patent US20080254165A1, 2008.

[56] Paterson, A. H. J. Lactose and oligosaccharides/lactose: production, applications, in Encyclopedia of Dairy Sciences, second edition (Editor-in-Chief: W. F. John). Academic Press, San Diego, CA, 2011: pp. 196-201.

[57] Peeters, J. M. M., Mulder, M. H. V. and Strathmann, H. Streaming potential measurements as a characterization method for nanofiltration membranes. Colloids and Surfaces A: Physicochemical and Engineering Aspects, 1999, 150: 247-259.

[58] Pitzer, K. S. Activity Coefficients in Electrolyte Solutions. CRC Press, Boca Raton, FL, 1991.

[59] Pouliot, Y. and Jelen, P. Pretreatments of dairy fluids to minimize long-term membrane fouling. International Dairy Federation [Special Issue] S . I ., 1995, 9504: 80-92.

[60] Prudich, M. E., Chen, H., Gu, T., et al. Alternative separation processes, in Perry's Chemical Engineers' Handbook (ed. R. H. Green). McGraw-Hill, New York, 2008: pp. 36-71.

[61] Rasanen, E., Nystrom, M., Sahlstein, J. and Tossavainen, O. Purification and regeneration of diluted caustic and acidic washing solutions by membrane filtration. Desalination, 2002, 149: 185-190.

[62] Rice, G., Kentish, S., Vivekanand, V., et al. Membrane-based dairy separation: a comparison of nanofiltration and electrodialysis. Development in Chemical Engineering and Mineral Processing, 2005, 13: 43-54.

[63] Rice, G., Barber, A., O'Connor, A., et al. Fouling of NF membranes by dairy ultrafiltration permeates. Journal of Membrane Science, 2009, 330: 117-126.

[64] Rice, G., Barber, A., O'Connor, A., et al. A theoretical and experimental analysis of calcium speciation and precipitation in dairy ultrafiltration permeate. International Dairy Journal, 2010, 20: 694-706.

[65] Rice, G., Barber, A., O'Connor, A., et al. The Influence of dairy salts on nanofiltration membrane charge. Journal of Food Engineering, 2011, 107: 164-172.

[66] Rice, G., Barber, A. R., O'Connor, A. J., et al. Rejection of dairy salts by a nanofiltration membrane. Separation and Purification Technology, 2011, 79: 92-102.

[67] Rosmaninho, R. and Melo, L. F. The effect of citrate on calcium phosphate deposition from simulated milk ultrafiltrate (SMUF) solution. Journal of Food Engineering, 2006, 73: 379-387.

[68] Roth, S. A., Weil, J. K. and Spade, M. Patent WO2001060171A1, 2001.

[69] Samhaber, W. M. Uses and setting of tasks of nanofiltration in the food industry. Chemie Ingenieur Technik, 2005, 77: 583-588.

[70] Schaep, J., V andecasteele, C., Mohammad, A. W. and Bowen, W. R. Analysis of the salt retention of nanofiltration membranes using the Donnan - steric partitioning pore model. Separation Science and Technology, 1999, 34: 3009-3030.

[71] Schmidt, D. G. and Both, P. Studies on the precipitation of calcium phosphate I. Experiments in the pH range 5. 3 to 6. 8 at 25℃ and 50℃ in the absence on additives. Netherlands Milk and Dairy Journal, 1987, 41: 105-120.

[72] Scott, S. N. and Krishnapillai, A. Patent WO2010106320A2, 2010.

[73] Seki, N., Kinoshita, K., Saitoh, H., et al. Analysis of flux change on nanofiltration of dairy whey. Kagaku Kogaku Ronbunshu, 2012, 38: 90-101.

[74] Shim, Y., Lee, H. -J., Lee, S., et al. Effects of natural organic matter and ionic Sspecies on membrane surface charge. Environmental Science and Technology, 2002, 36: 3864-3871.

[75] Spade, M. E., Weil, J. K. and McHale, M. S. Patent US6623954B1, 2003.

[76] Spanos, N., Patis, A., Kanellopoulou, D., et al. Precipitation of calcium phosphate from simulated milk ultrafiltrate solutions. Crystal Growth and Design, 2007, 7: 25-29.

[77] Spiegler, K. S. and Kedem, O. Thermodynamics of hyperfiltration (reverse osmosis): criteria for efficient membranes. Desalination, 1966, 1: 311-326.

[78] Tang, C. Y. and Leckie, J. O. Membrane independent limiting flux for RO and NF membranes fouled by humic acid. Environmental Science Technology, 2007, 41: 4767-4773.

[79] Tang, C. Y., Kwon, Y . N. and Leckie, J. O. Effect of membrane chemistry and coating layer on physiochemical properties of thin film composite polyamide RO and NF membranes I. FTIR and XPS characterization of polyamide and coating layer chemistry. Desalination, 2009, 242: 149-167.

[80] Tang, C. Y ., Kwon, Y . N. and Leckie, J. O. Effect of membrane chemistry and coating layer on physiochemical properties of thin film composite polyamide RO and NF membranes. II. Membrane physiochemical properties and their dependence on polyamide and coating layers. Desalination, 2009, 242: 168-182.

[81] Taniguchi, M., Kurihara, M. and Kimura, S. Boron reduction performance of reverse osmosis seawater desalination process. Journal of Membrane Science, 2001, 183: 259-267.

[82] Tay, J. -H., Liu, J. and Delai Sun, D. Effect of solution physico-chemistry on the charge property of nanofiltration membranes. Water Research, 2002, 36: 585-598.

[83] Teixeira, M. R., Rosa, M. J. and Nyström, M. The role of membrane charge on nanofiltration

performance. Journal of Membrane Science, 2005, 265: 160-166.

[84] Turan, M. Influence of filtration conditions on the performance of nanofiltration and reverse osmosis membranes in dairy wastewater treatment. Desalination, 2004, 170: 83-90.

[85] van de Lisdonk, C. A. C., Rietman, B. M., Heijman, S. G. J., et al. Prediction of supersaturation and monitoring of scaling in reverse osmosis and nanofiltration membrane systems. Desalination, 2001, 138: 259-270.

[86] Van der Bruggen, B., Koninckx, A. and V andecasteele, C. Separation of monovalent and divalent ions from aqueous solution by electrodialysis and nanofiltration. Water Research, 2004, 38: 1347-1353.

[87] Van der Bruggen, B., Daems, B., Wilms, D. and V andecasteele, C. Mechanism of retention and flux decline for the nanofiltration of dye baths from the textile industry. Separation and Purification Technology, 2001, 22-23: 519-528.

[88] van der Horst, H. C. Fouling of organic membranes during processing of dairy liquids. International Dairy Federation [Special Issue] S. I., 1995, 9504: 36-52.

[89] van Kemenade, M. J. J. M. and de Bruyn, P. L. A kinetic study of precipitation from supersaturated calcium phosphate solutions. Journal of Colloid and Interface Science, 1987, 118: 564-85.

[90] Vembu, R. and Rathinam, V. Separation of minerals from whey permeate. United States patent 5, 1997: 639, 501.

[91] Vourch, M., Frappart, M., Balannec, B., et al. Treatment of dairy industry wastewater by membrane cascade operation for production of reusable water. Recents Progress Genie Procedes, 2003, 90: 699-706.

[92] Vourch, M., Balannec, B., Chaufer, B. and Dorange, G. Nanofiltration and reverse osmosis of model process waters from the dairy industry to produce water for reuse. Desalination, 2005, 172: 245-256.

[93] Vrijenhoek, E. M., Hong, S. and Elimelech, M. Influence of membrane surface properties on initial rate of colloidal fouling of reverse osmosis and nanofiltration membranes. Journal of Membrane Science, 2001, 188: 115-128.

[94] Walstra, P. and Jenness, R. Dairy Chemistry and Physics. John Wiley & Sons, Inc., Canada, 1984.

[95] Watkinson, W. J. Chemistry of detergents and disinfectants, in Cleaning-in-Place: Dairy, F ood and Beverage Operations (ed. A. Y . Tamime). Blackwell Publishing, Oxford, 2008.

[96] Zeman, L. J. and Zydney, A. L. Microfiltration and Ultrafiltration: Principles and Applications. Marcel Dekker, New York, 1996.

[97] Zhang, Y., Y oshihito, T., Wang, H., et al. Patent CN101195652A, 2008.

[98] Zhang, Y., Bai, J., Zhang, J., et al. Investigation of ultra- and nanofiltration for sep-aration of proteins and lactose from dairy wastewater. Asian Journal of Chemistry, 2012, 24: 2593-2597.

6 反渗透分离技术的开发与应用

Masoumeh Zargar、Bo Jin 和 Sheng Dai
School of Chemical Engineering, The University of Adelaide, Adelaide, South Australia, Australia

6.1 反渗透分离技术

反渗透（Reverse osmosis，RO）是一种压力驱动的分离技术，在该技术中，通过施加高于渗透压的压力将溶液泵入膜组件，从而使大多数溶质与溶剂分离（例如海水淡化时分离率超过 99%）。反渗透被认为是最有效和最经济的海水淡化技术。它在各种工业过程中有着广泛的应用，特别是食品加工业、水或废水处理行业。作为反渗透工艺的关键，人们期待反渗透膜（Reverse osmosis membrane，ROM）能具有理想的特性，包括对溶质的溶剂选择性高、低污染、高化学和机械稳定性以及长期运行的耐久性。

1949 年，美国加利福尼亚大学洛杉矶分校（UCLA）的 Gerald Hassler 提出了关于反渗透膜的第一项工作，他报告了玻璃纸膜的渗透特性。尽管他提出的系统从未达到高产量，但他为未来反渗透膜的研究建立了科学和技术基础。1955 年前后，美国佛罗里达大学的 Reid 和 Breton 发明了一种高压反渗透系统，该系统脱盐率可达 98%，尽管膜非常薄但水通量低。尽管该系统效率低下，但他们的研究结果确实为当前反渗透膜的发展奠定了基础（Glater，1998）。美国加利福尼亚大学洛杉矶分校的 Samuel Yuster 教授和他的同事开发了改良醋酸纤维素超滤（Ultrafiltration，UF）膜。这种膜长通量高，同时盐截留率还可以。他们合成了一种由较厚的多孔基材支撑、具有不对称结构、只有一个活性层的非常薄的膜（Glater，1998）。该研究小组经过努力制造出了第一个实用的反渗透膜，与当时可用的商业膜相比其性能提高了一个数量级（Loeb 和 Sourirajan，1963）。在这一发现之后，美国加利福尼亚大学洛杉矶分校和其他研究中心继续研究经济型反渗透膜，于 1963 年发明了第一个实用的螺旋缠绕膜组件，并于 1967 年发明了第一个在商业上成功应用的中空纤维膜组件（Kucera，2010）。1967 年，Loeb 和 Selover 在美国加利福尼亚州科林加建立的第一家商业膜海水淡化厂可能是反渗透膜海水淡化工艺发展中最重要的成就（Loeb 和 Selover，1967）。由于对反渗透工艺发展的多项研究，反渗透膜的材料和性能得到了显著改进，例如用于工业应用的聚合物反渗透膜和薄膜复合（Thin-Film composite，TFC）膜。反渗透膜技术的工业应用的一个主要问题仍然是能源消耗和膜更换导致的高成本。最近的研究工作集中在膜表面和结构的改性上，以提高功能性（渗透性和选择性）和适用性（机械、化学和生物稳定性）。目前的反渗透膜市场主要由三层组成的薄膜聚合物膜为主导：作为结构支撑的聚酯网、微孔夹层和上表面的超薄阻隔层。超薄阻隔层和多孔载体可以在结构、稳定性和性能方面独立优化。随着反渗透膜技术的进步，膜材料的发展无疑使反渗透工艺更加经济。提高渗透通量和抗淤堵性被认为是开发新一代低成本反渗透膜的首要任务。人们一直在开发合适的膜以满足工业性能强化和低成本的需求。

本章概述了膜材料和组件结构，以及反渗透膜的传输机制；总结了影响反渗透膜性能的特性和操作方面的关键参数，以及反渗透工艺应用中的技术和经济突破口；也会专门讨论在乳制品行业中使用反渗透膜的工艺参数和挑战；最后简要介绍反渗透膜材料和技术的发展前景。

6.2 反渗透及其工作机制

选择性/半透膜是反渗透工艺的关键。膜允许一部分溶液（主要是溶剂）通过，同时截留溶液中的其他成分（溶质）。当这个膜被放置在两种液体（一种是纯溶剂，另一种是含溶剂和一些溶质的溶液）之间时，为了平衡，通常会发生从溶剂侧到溶液侧的液体流动。这种流动是由于溶质的存在而产生的化学势驱动力的结果。为停止流动而施加的特定压力称为渗透压。通过将施加的压力增加到高于渗透压，普通的渗透流动将被逆转，溶剂将从高溶质浓度部分移动到低溶质浓度部分。而这个过程正好是渗透过程的逆过程，它被称为反渗透（RO）（Chen 等，2011）。图 6.1 是普通渗透和反渗透工艺的示意图。

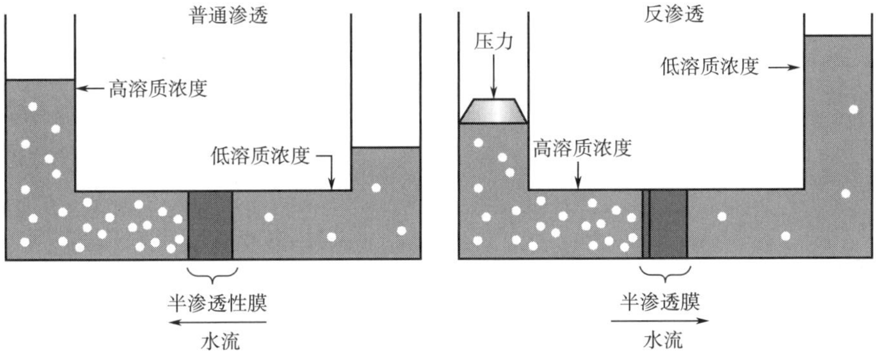

图 6.1 普通渗透和反渗透工艺示意图

6.3 反渗透膜

膜被定义为两相之间的半渗透屏障。以反渗透膜（ROM）来说，该膜允许水分子通过，同时截留大部分溶解的盐、细菌和有机物质。但是需要外部压力来控制由不同溶质引起的渗透压。一个高性能的膜应该具有化学和机械稳定性，并且节能，具有持续高通量和良好的选择性，以截留不需要的成分（Ng 等，2013）。包括反渗透膜在内的工艺的主要优点是无化学操作、能源效率高、易于放大、所需面积较小、自动化过程控制以及易于与其他技术组合。然而，它们的主要缺点是浓差极化、淤堵、有限的化学分离性和寿命短（Chen 等，2011）。

膜通常按不同的参数分类，包括工艺、材料、形态、制备方法、几何形状和分离方式。

基于膜材料分类是最普遍的一种分类方法。商业反渗透膜主要由聚合物制成，也可以使用其他材料，例如金属、碳、玻璃、陶瓷等（Ren 和 Wang，2011）。膜材料一般分为无机膜和聚合物膜两大类，以下将分别描述。

6.3.1 无机反渗透膜

陶瓷膜是主要的常用无机膜，大多由二氧化钛、二氧化硅、氧化铝、氧化锆或这些材料的混合物制成。由于无机膜的合成成本相对较高，所以目前仅限于无法使用聚合物膜的特殊情况下应用（例如高温、高敏环境和高度污染的进料）。在无机类别中，沸石反渗透膜近年来引起了大家极大的兴趣。然而，达到同等过滤性能的聚合物膜比沸石膜需要的膜面积更小。沸石膜的厚度至少是目前聚合物反渗透膜的三倍，这导致沸石膜中的水通量低于聚合物膜（Lee 等，2011）。通常，无机膜具有耐化学性和机械性、在恶劣操作条件下的高选择性和适用性等优点。然而，由于对孔径的控制较少、选择性屏障层的厚度更高、水通量更高，最重要的是与聚合物膜相比运营成本更高，导致无机膜并未得到广泛应用（Ng 等，2013）。

6.3.2 聚合物反渗透膜

有一段时间膜研究高度集中在聚合物反渗透膜上，因为它们与无机反渗透膜相比具有以下优势：可控的孔径、对不同化学试剂的灵活性和选择性更好、所需安装面积更小、更优的成本效益、易于放大和缩小以及与其他工艺的良好结合。由于这些特性，聚合物被认为是更好的膜制造材料。然而，它们也面临着一些问题，例如对生物淤堵的敏感性、低机械稳定性和高疏水性，这些问题需要在工业应用中得到解决（Ng 等，2013）。从第一次反渗透工厂运行开始，醋酸纤维素（Cellulose acetates，CA）和芳香族聚酰胺（Polyamides，PA）已被广泛用作制造反渗透膜的主要材料（Lee、Arnot 和 Mattia，2011）。第一个醋酸纤维素膜是在20 世纪50 年代后期由二醋酸纤维素（Cellulose diacetate，CDA）聚合物制成的，并在 20 世纪 60 年代投入商业使用。直到 1969 年，醋酸纤维素一直被广泛认为是制造反渗透膜的最佳材料，因为它在进料含有淤堵物时性能稳定且具有成本效益（El-Saied 等，2003；Younos 和 Tulou，2005）。然而，由于醋酸纤维素膜的 pH 和温度稳定性范围窄、在高压下容易压实、易水解以及被生物制剂损伤的可能性高，其工业应用受到限制（Lee、Arnot 和 Mattia，2011）。因此，寻找一种缺陷较少的材料成为随后几年许多研究的重点（Li 和 Wang，2010b；Lee、Arnot 和 Mattia，2011）。有一种不含纤维素的商用聚合物膜是由 Richer 和 Hoehn（1980）合成的芳香族聚酰胺不对称中空纤维膜。尽管这些膜存在盐截留率和水通量低的问题，但其功能性、稳定性和寿命都高于醋酸纤维素膜。与醋酸纤维素螺旋缠绕膜相比，由于中空纤维的良好堆积，聚酰胺膜具有更高的单位膜组件体积通量（Lee、Arnot 和 Mattia，2011）。聚合物膜的分类见图 6.2。

6.3.3 薄膜复合-反渗透膜

薄膜复合（Thin-Film composite，TFC）膜是由超薄聚酰胺膜（10~1000nm）和支撑层组成的新一代复合聚合物膜。薄膜复合膜最初是在 20 世纪 70 年代通过在多孔聚砜（Polysulfone，PSF）上原位缩聚制成的。它是通过醋酸纤维素的相转化合成的不对称反渗透

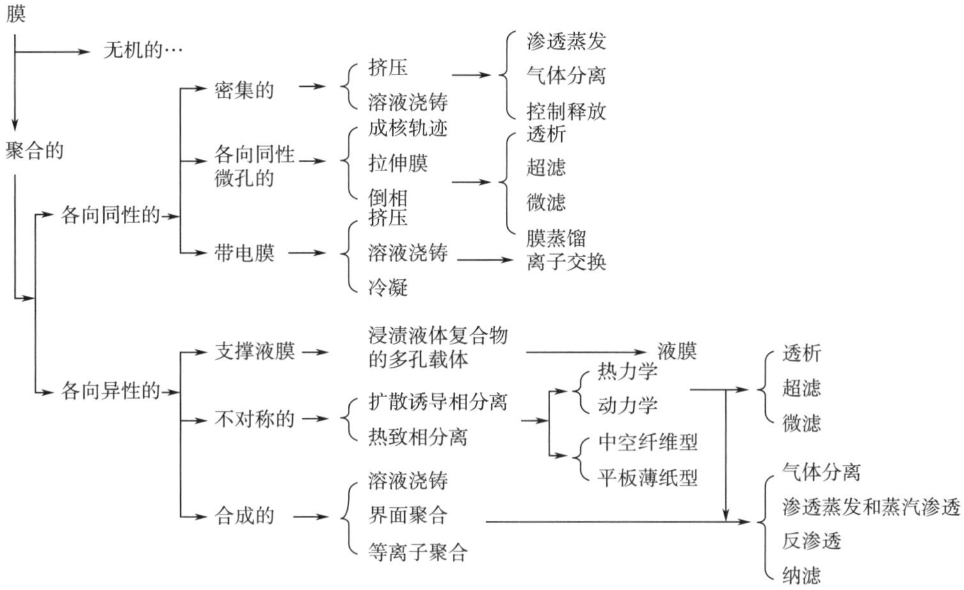

图 6.2 聚合物膜的分类（Ren 和 Wang，2011；经 Springer 许可转载）

膜的替代品（Jeong 等，2007；Humplik 等，2011）。支撑层和超薄阻隔层的制造采用两步流延法，这种方法可以单独优化支撑层和阻隔层并在薄膜复合膜中开发更好的特性。在复合结构中，多孔支撑层增加膜的机械强度，而超薄阻隔层增加膜选择性。薄膜复合膜基质中通常还有一个支撑层，主要由无纺布制成，用于在高压反渗透过程中支撑整个结构。这些各向异性复合膜因其特殊的结构而被称为薄膜复合膜（Li 和 Wang，2010b；Lee、Arnot 和 Mattia，2011）。薄膜复合膜因其材料对高温和不同化学试剂的耐受性好而在包括乳制品行业在内的不同工业应用中广受欢迎（Ng 等，2013）。

针对支撑层和阻隔层的制造现已测试了不同的聚合物。对于阻隔层，通过醋酸乙烯酯/丙烯腈、碳酸亚乙烯酯/丙烯腈、烯丙胺、乙炔/水/一氧化碳和乙炔/水/氮获得了良好的渗透性（Lee 等，2012）。许多聚合物也已成功应用于多孔支撑层的合成。在所测试的聚合物中，聚砜抗压实性、通量高，最重要的是它在酸性条件下的耐受性高，而被广泛认作最好的商业复合膜和最受欢迎的薄膜复合/薄膜纳米复合-反渗透膜支撑层材料（Lee、Arnot 和 Mattia，2011；Lau 等，2012）。然而，其作为商业膜的应用受到与疏水性相关的物理和化学特性、对不同溶剂的敏感性和低热稳定性（<50℃）的限制。因此，最近的研究集中在开发具有更高热稳定性和化学稳定性、更高的水通量和溶质截留率的新型基底膜（Lau 等，2012）。图 6.3 显示了薄膜复合-反渗透膜（TFC-ROMs）的示意图和选择性芳香族聚酰胺（PA）层的化学式。

薄膜复合-反渗透膜在乳制品行业的特殊应用，其主要优势是热稳定性高，和 pH 耐受范围宽。更高的化学稳定性和低分子质量溶质截留率是这些膜在乳制品加工中的其他优势（Cheryan、Veeranjaneyulu 和 Schlicher，1990）。针对薄膜复合-反渗透膜在乳制品行业的应用已经进行了多项研究，结果表明复合膜与醋酸纤维素膜相比通量更高。因此，它们的节能效

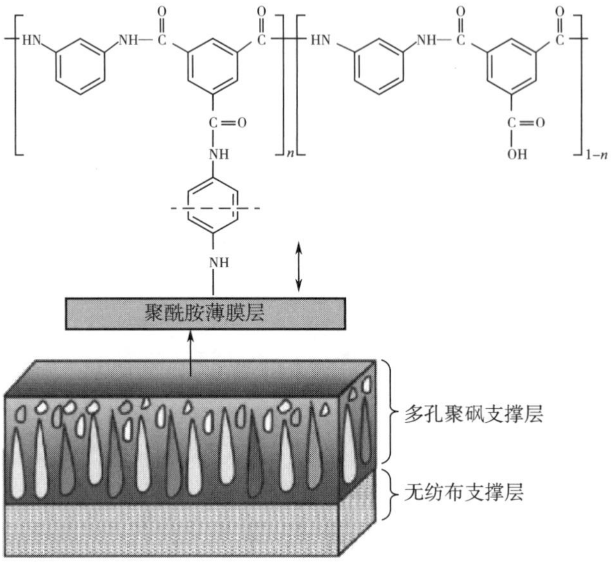

图 6.3 TFC-ROM 的示意图和芳香族聚酰胺的化学结构

果可能更好，特别是采用反渗透辅助蒸发系统时，节能效果更好（Hiddink、de Boer 和 Nooy，1980；Spangler 和 Amundson，1986；Kulozik 和 Kessler，1988；Morales、Amundson 和 Hill，1990）。

尽管与传统醋酸纤维素膜（CA）相比，薄膜复合膜（TFC）表现出很优秀的性能，但它们仍面临一些关键的技术挑战，例如对淤堵和氯离子攻击的敏感性（Misdan、Lau 和 Ismail，2012）。解决这些问题可以进一步提高这些膜的性能，并使它们在乳制品和其他食品工业领域的应用中更广泛、更高效。

6.4 膜组件和配置

反渗透工艺是一种组件化技术，其中膜及其支撑件被封装在一个组件中。该组件中，加压进料与膜表面接触，透过液从不被浓缩物料污染的一侧收集。有四种常用的商业反渗透膜组件配置：中空纤维、螺旋缠绕、管状和平板组件。后文概述了螺旋缠绕和中空纤维组件的特性，它们是反渗透应用中最普遍的设计，之后会将它们与平板和管状组件进行简要比较。

6.4.1 螺旋缠绕结构

螺旋缠绕膜是反渗透应用中最常用的膜。在这种构造中，各个膜片被用于收集透过液的通道材料隔开，形成膜叶。这种排布的三个侧面是密封的，第四个侧面保持打开状态，作为透过液流的出口通道。其中一些组件缠绕在中央塑料管上，塑料管上有许多孔，用于收集膜片的透过液（Chen 等，2011）。

压力管内通常有三到六个螺旋缠绕膜，它们并联连接，即第一个元件的进料流也是下一个元件的进料流。图 6.4 为螺旋缠绕反渗透膜的示意图。每个元件的透过液进入中央透过液收集管并以单股透过液流出。常规设计的典型螺旋缠绕膜有 4~6 个膜元件，回收率约为 50%。与平板膜或管状膜相比，有占用空间更小、比表面积更高、生产和更换成本更低以及容易清洁的优点。然而，由于小流道可能被高度混浊的进料阻塞，因此在将进料流导入这些膜组件之前需要进行大量的预处理（Polasek 和 Talosharif，2003；Chen 等，2011）。

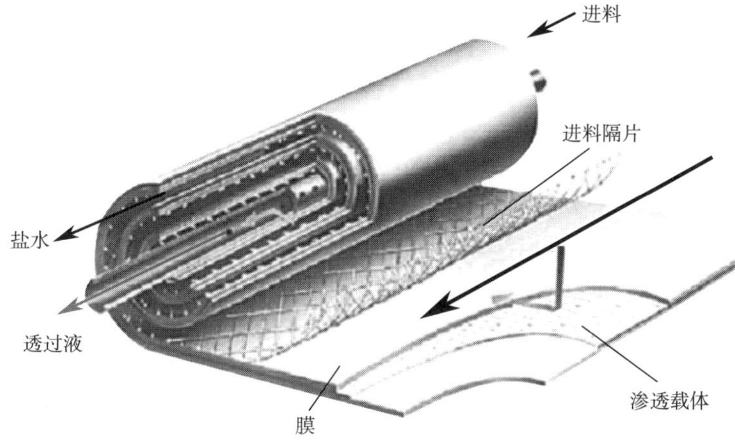

图 6.4　螺旋缠绕反渗透组件示意图（Ettouney 和 Wilf，2009；经 Springer 许可转载）

6.4.2　中空纤维、平板和管状结构

中空纤维膜可以制造得像人的头发丝一样细，等距组装成圆柱形的一捆。图 6.5为中空纤维膜的结构示意图。其圆柱形束的末端是环氧树脂密封的，并形成了片状渗透管。整个束在一个圆柱形外壳中，圆柱形纤维束末端用环氧树脂密封，并形成了片状渗透管。整个纤维束固定在一个圆柱形膜壳中，称为渗透器。加压来料进入组件，在中心分布的管隙中流动，以径向方式环绕着纤维束直到抵达膜壳。透过液从渗透管，即纤维束的末端流出。这种配置通常高度紧凑，因此需要的面积较小。由于纤维束填充密度高，且纤维之间空隙小，所以这种膜组件很容易淤堵并且不容易清洗。因此，进料在进入膜之前应进行充分的预处理。典型的单个中空纤维渗透器具有 50% 的回收率并且截留最小。

反渗透中很少使用管式和平板结构组件。管式系统的优点是能处理高度混浊的进料，并且易于通过机械或水力方法进行清洁。然而，与螺旋缠绕和中空纤维膜组件相比，管式膜组件的资金成本非常高。平板构造也适用于化学工艺，但由于其复杂性，大规模操作的成本也非常高（chen 等，2011）。

目前，聚酰胺螺旋缠绕膜是反渗透和纳滤（Nanofilteration，NF）应用中商业化应用中使用程度最高的膜，约占市场份额的 91%，而非对称醋酸纤维素中空纤维膜则远远落后。聚酰胺螺旋缠绕膜具有更高的溶质保留率和净压力驱动力，而醋酸纤维素中空纤维膜具有更高的耐氯性，因此对生物淤堵的稳定性更高（Lee、Arnot 和 Mattia，2011）。表 6.1 列出了一些商业反渗透膜及其组件。

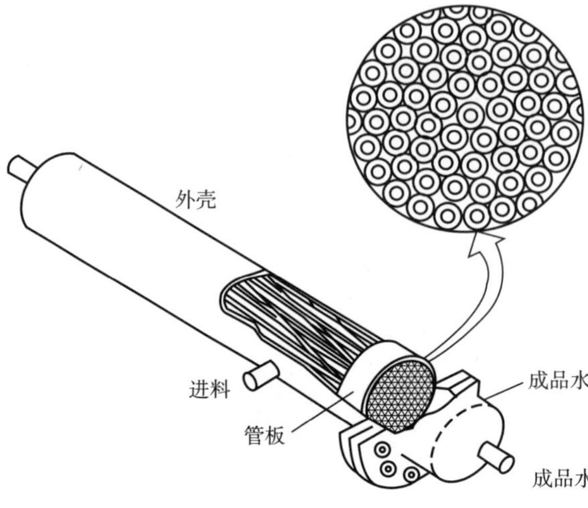

图 6.5　中空纤维膜的示意图（Chen 等，2011；经 Springer 许可转载）

表 6.1　商业反渗透膜及其组件（Chian 等，2007；经 Humana Press 许可转载）

膜材料	组件类型	公司
不对称醋酸纤维素	螺旋缠绕	Taray（日本）
	螺旋缠绕	Desalination System（美国）
	平板	DDS（丹麦）
	管状	Paterson Candy（英国）
	螺旋缠绕	Du Pont（美国）
不对称芳纶	螺旋缠绕	Sumitomo（日本）
不对称聚（丙烯腈）醋酸纤维素	螺旋缠绕	Hydranautics/Nitto Denko（美国/日本）
	中空纤维	Toyobo（日本）
	中空纤维	Osmonics（美国）
	螺旋缠绕	Fluid System/UOP
复合聚酰胺	螺旋缠绕	Desalination System（美国）
	螺旋缠绕	Hydranautics/Nitto Denko（美国/日本）
	中空纤维	Filmtec/DOW（美国）
	平板	DDS（丹麦）
	管状	Paterson Candy（英国）
复合芳纶	螺旋缠绕	Du Pont（美国）
复合醋酸纤维素	螺旋缠绕	Du Pont（美国）
复合 PEC	螺旋缠绕	Taray（日本）

6.5　反渗透膜中的传输机制和模型

目前已经开发和投入使用了几种描述反渗透膜工艺中的流体传输机制的数学模型，其中最重要的是基于扩散和基于孔隙流的模型。尽管这两种模型都已被许多研究人员和工程师使用并接受，但就其假设的成立条件而言，一个模型与其他模型之间存在根本差异。扩散模型将反渗透膜活性层视为无孔材料，而孔流模型将膜活性层视为多孔结构。每个模型都使用不同的方法来解释传输机制。扩散模型只考虑扩散，而孔隙模型考虑扩散和对流（Williams，2003）。

在本节中，作者不会详细介绍这些模型的推导和细节，但是提供了基本原理和最终方程的简要介绍。要想了解详细情况，可参考关于这些传输模型的其他文献（Dickson，1988；Mehdizadeh，1990；Bhattacharyya 和 Williams，1992；Moonkhum 等，2010；Crittenden 等，2012）。

6.5.1　基于扩散的模型

6.5.1.1　溶解扩散模型

扩散模型是反渗透、透析、渗透蒸发和气体渗透工艺中最普遍的传输模式。扩散模型基于膜结构中的物质溶解度。不同的透过液通过在膜中溶解来实现分离，不同的透过液扩散速率不同是因为透过液浓度和扩散速率有差异。基于这种机制已经提出了三种主要模型，包括：溶解扩散模型（Solution diffusion model，SDM）、不完全的溶解扩散模型（Solution diffusion imperfection model，SDIM）和扩展溶解扩散模型（Extended solution diffusion model，ESDM）。

在溶解扩散模型中，最重要的假设如下。

（1）影响膜选择性的活性表面层是致密、均匀且无孔的。

（2）溶剂和溶质都应先溶解在膜中，然后在它们各自的化学势驱动下扩散通过膜。

（3）盐扩散仅受浓度梯度控制，不受跨膜压力梯度的影响。

（4）假设水浓度和扩散系数恒定。

考虑到溶解扩散模型的假设，膜中的渗透受其上溶液的浓度和压力梯度控制（图 6.6）。

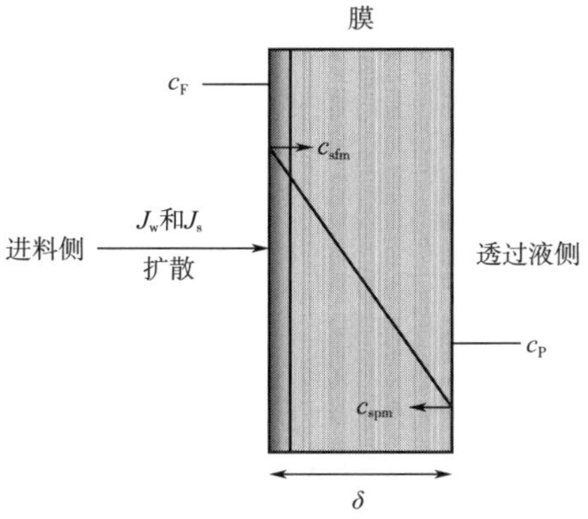

图 6.6　溶解扩散机理的膜示意图

然而，在低溶质浓度下，压力梯度对溶质扩散的影响可以忽略不计。而由于考虑到膜两侧水的浓度恒定，水渗透的唯一驱动力是压差（Williams，2003）。

基于溶解扩散模型假设，该模型可以通过式（6.1）获得水通量（J_w）：

$$J_w = \frac{D_{wm} c_{wm} \overline{V}_w}{R_g T \delta}(\Delta P - \Delta P_\pi) \rightarrow J_w = A(\Delta P - \Delta P_\pi) \tag{6.1}$$

式中 c_{wm}和D_{wm}——膜中水的浓度和扩散率；

$\overline{V}_w$——水的偏摩尔体积；

R_g——通用气体常数；

T——绝对温度；

δ——膜厚度；

P——外加压力；

P_π——渗透压；

A——跨膜水渗透系数。

对于溶质通量（J_s），考虑到溶解扩散模型的第三个假设，只有浓度差是溶质的驱动力，因此溶质通量可由式（6.2）得到：

$$J_s = B(c_F - c_P) \equiv B(c_{sfm} - c_{spm}) \tag{6.2}$$

式中 B——跨膜溶质渗透系数；

c_F和c_P——进料液和透过液中溶质浓度；

c_{sfm}和c_{spm}——膜表面进料侧和透过液侧的溶质浓度。

需要指出的是，水和溶质跨膜的传质系数（A和B）应通过实验获得。通过应用上述方程，溶液扩散模型的溶质截留率（R）可以计算如式（6.3）所示：

$$\frac{1}{R} = 1 + \left(\frac{B}{A}\right)\left(\frac{1}{\Delta P - \Delta P_\pi}\right) \tag{6.3}$$

6.5.1.2 不完全的溶解扩散模型（SDIM）

不完全的溶解扩散模型中的主要假设是活性膜层的无孔结构。由于膜传输机制中可能存在孔隙流动，因此开发了不完全的溶解扩散模型（SDIM）来优化改进溶解扩散模型。该模型还考虑了活性层表面存在缺陷（孔）导致通过它们的传输的可能性（Fritzmann等，2007）。穿过膜的水和溶质通量假设不完全的溶解扩散模型可以通过式（6.4）和式（6.5）获得：

$$J_{w(SDIM)} = A(\Delta P - \Delta P_\pi) + C\Delta P \equiv J_{w(SDM)} + C\Delta P \tag{6.4}$$

$$J_{s(SDIM)} = B(c_F - c_P) + C\Delta P \equiv J_{s(SDM)} + C\Delta P \tag{6.5}$$

式中 $J_{w(SDM)}$和$J_{s(SDM)}$——根据式（6.1）和式（6.2）的溶解扩散模型计算的水和溶质通量；

C——穿过孔的传质系数；

$C\Delta P$——孔流对跨膜的水和溶质通量的贡献（Williams，2003）。

不完全的溶解扩散模型的截留率可以如式（6.6）所示：

$$\frac{1}{R} = 1 + \left(\frac{B}{A}\right)\left(\frac{1}{\Delta P - \Delta P_\pi}\right) + \left(\frac{C}{A}\right)\left(\frac{\Delta P}{\Delta P - \Delta P_\pi}\right) \tag{6.6}$$

6.5.1.3 扩展溶解扩散模型（ESDM）

溶解扩散模型假设未考虑的问题还有反渗透过程中的带负电的溶质截留。扩展溶液扩散模型（Extended solution diffusion model，ESDM）是由 Burghoff、Lee 和 Pusch（1980）开发的，是对溶解扩散模型（SDM）的优化改进。他们发现，虽然压力梯度对无机盐溶液的影响可以忽略不计，但它对有机盐溶液却是有效的，因此不能忽视（Burghoff、Lee 和 Pusch，1980；Dickson，1988）。通过考虑由跨膜压力梯度引起的溶质传输，该模型的溶质通量将不同于溶解扩散模型且可以通过式（6.7）计算，其中 D 是与压力梯度相关的溶质转移系数：

$$J_s = \frac{D_{sm}K_{sm}}{\delta}(c_F - c_P) + D\Delta P \tag{6.7}$$

考虑扩展溶解扩散模型假设的截留率也可以定义为式（6.8）：

$$\frac{1}{R} = \frac{1 + \left(\frac{B}{A}\right)\left(\frac{1}{\Delta P - \Delta P_\pi}\right)}{1 - \frac{D}{Ac_F}\left(1 - \frac{\Delta P_\pi}{\Delta P}\right)} \tag{6.8}$$

6.5.2 孔流模型

反渗透膜中传输现象的第二类数学模型是孔流模型，其中膜被认为是多孔的，孔在分离机制中起着最重要的作用。在这个模型中，某些透过液从流动中被过滤掉，而其他透过液通过膜孔（Williams，2003）。基于孔流模型建模的膜孔示意图如图 6.7 所示。

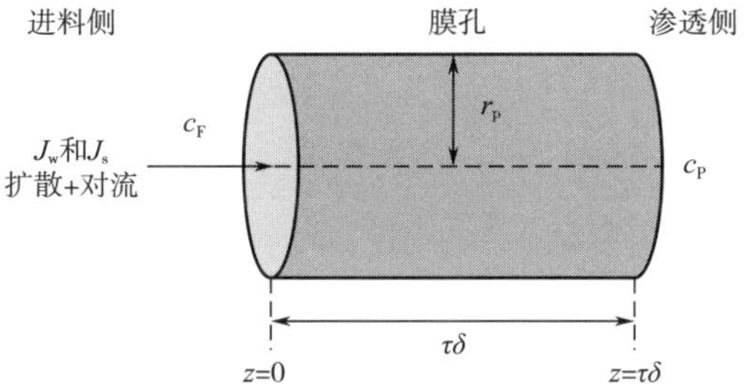

图 6.7　用于孔隙流动模型的膜孔示意图

6.5.2.1 优先吸附孔流模型

优先吸附孔流（Preferential sorption capillary flow，PSCF）模型是 Sourirajan 于 1970 年开发的早期孔流模型。在优先吸附孔流模型中，假设反渗透膜中的分离机制受表面现象和通过孔隙的流体传输控制。在该模型中，反渗透膜的表面层被定义为具有亲和力的选择性层，可以吸引溶剂并在压力下将其传输通过孔隙，同时截留溶质。因此，纯溶剂吸附在表面并通过孔隙转移，从而成功实现分离过程（Sourirajan 和 Matsuura，1985）。

考虑到该模型的假设，水通量可以通过式（6.9）获得：

$$J_w = A\{\Delta P - [P_\pi(X_F) - P_\pi(X_P)]\} \tag{6.9}$$

式中　A——跨膜水渗透系数；

P_π——渗透压；

X——进料或透过液中的溶质摩尔分数（Williams，2003）。

溶质通量也可以通过式（6.10）获得：

$$J_s = \frac{D_{sp} k_D C_T}{\delta}(X_F - X_P) \tag{6.10}$$

式中 D_{sp}——溶质进入膜孔的扩散系数；

k_D——溶质从进料溶液到膜孔的分配系数；

C_T——总物质的量浓度。

溶质截留率也可以通过式（6.11）获得：

$$\frac{1}{R} = 1 + \frac{D_{sp} k_D C_T}{\delta} \frac{1}{A\{\Delta P - [P_\pi(X_F) - P_\pi(X_P)]\}} \tag{6.11}$$

6.5.2.2 细孔模型

细孔模型由 Merten 于 1966 年开发，1975 年由 Jonnson 和 Boesen 进行了改进。该模型假设溶剂流动通过孔隙，而溶质转移受孔隙中的扩散和对流控制（Merten，1966；Jonsson 和 Boesen，1975）。

在该模型中，水通量可由式（6.12）获得：

$$J_w = \varepsilon u = \frac{\varepsilon r_p^2 \Delta P}{8\eta\tau\delta}\left(\frac{1}{1 + \frac{r_p^2 X_{sm} c_P}{8\eta}}\right) \tag{6.12}$$

式中 ε——膜孔隙率；

u——孔隙流体的线速度；

τ——弯曲度；

$\tau\delta$——膜孔长度；

r_p——膜孔半径；

η——黏度；

X_{sm}——溶质和膜孔之间的摩擦系数（Williams，2003）。

通过这个模型可以得出截留率为式（6.13）：

$$\frac{1}{1-R} = \frac{a}{k_D} + \left(1 - \frac{a}{k_D}\right)\exp\left(-u\tau\delta\frac{X_{sw}}{R_g T}\right) \tag{6.13}$$

其中 a 和 X_{sw} 定义见式（6.14）和式（6.15），其中 D_{sm} 和 D_{sw} 分别是膜和水的溶质扩散系数。

$$a = \frac{D_{sw}}{D_{sm}} \tag{6.14}$$

$$X_{sw} = \frac{R_g T}{D_{sw}} \tag{6.15}$$

Sourirajan 和 Matsuura 通过在 1985 年引入表面力孔流（Surface force pore flow，SFPF）模型，通过考虑径向和轴向溶质浓度梯度，改进了细孔模型。该模型的细节和推导会在别处介绍（Sourirajan 和 Matsuura，1985；Bhattacharyya 和 Williams，1992；Williams，2003）。

扩散模型和孔流模型都是在 19 世纪开发和使用的。关于它们的精度一直存在争论。然而，到目前为止，最流行的反渗透膜传输现象模型是溶解扩散模型，只有少数建模者仍然使用孔隙流模型来解释反渗透膜中的分离机制（Wijmans 和 Baker，1995）。

6.6 反渗透工艺

6.6.1 反渗透膜工艺及性能评价概述

反渗透膜的性能通常通过对渗透通量和溶质截留的测量评估（Pendergast、Ghosh 和 Hoek，2013）。渗透通量是单位膜面积收集透过液的速率（质量或体积）。溶质截留率定义为通过膜后溶质浓度的相对变化。它们受压力、温度、pH、速度等不同操作和过程变量的影响很大，本章第 6.6.2 节详细讨论了这些变量。

图 6.8 给出了考虑性能参数的常规反渗透工艺示意图。为了计算渗透通量，通常使用式（6.16）：

$$渗透通量 = \frac{V_3}{At} \tag{6.16}$$

式中 V_3——收集的透过液体积；

A——活性膜表面积；

t——该过程所用的时间。

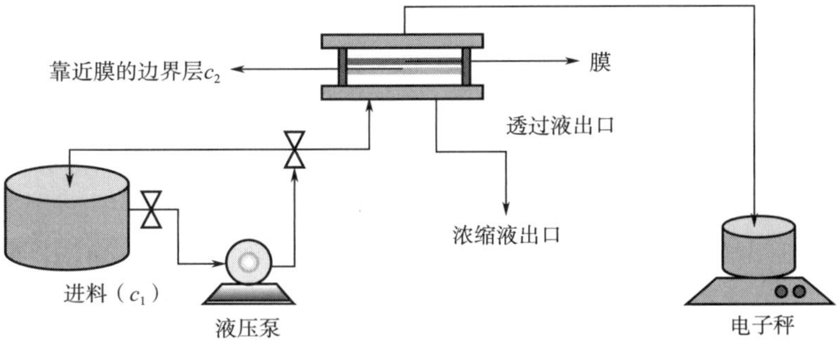

图 6.8 反渗透膜工艺流程示意图

由于浓差极化效应，溶质截留会变得复杂，这会导致溶液中溶质与膜表面附近的浓度不同。考虑到浓差极化，可以应用两种不同的方法来计算反渗透膜的分离性能。

第一种方法比较常用，专门用于中等浓度溶液，以进料（散装）溶液中的溶质浓度为初始浓度，计算公式为式（6.17）：

$$截留率 = \frac{c_1 - c_3}{c_1} \times 100\% \tag{6.17}$$

第二种方法，通过假设膜的高压侧已有非常好的混合情况计算截留率，将边界层浓度视为初始浓度，并通过式（6.18）获得：

$$截留率 = \frac{c_1 - c_2}{c_1} \times 100\% \tag{6.18}$$

其中 c_1、c_2和 c_3分别是进料、膜边界层和透过液中的溶质浓度（Parekh，1988）。

6.6.2 影响反渗透膜性能的参数

渗透通量和溶质截留是评价反渗透膜性能的两个主要标准，它们都受几个因素的影响，主要影响参数分为进料变量、膜变量和工艺变量（Bhattacharyya 和 Williams，1992）。

6.6.2.1 进料变量

最重要的进料变量是预处理操作、溶质浓度以及进料的温度和 pH。

预处理操作可以通过考虑流体中微粒、沉淀物、胶体或微生物的浓度定义进料的质量。通过在预处理过程中减少不同类型的淤堵和淤堵物，可以极大地提高反渗透膜的效率。这主要是通过减少淤堵和浓差极化控制的，所以会增加渗透通量、溶质截留率和反渗透膜寿命（Williams，2003）。

溶质浓度对流体的渗透压有显著影响。正如反渗透膜中的大多数传输模型所讨论的那样，通过增加溶质浓度，渗透压会增加。通过膜产生相同溶剂通量所需的压力将提高。在相同的操作压力下，溶剂通量随着进料流中溶质浓度的增加而下降（Bhattacharyya 和 Williams，1992）。

温度对反渗透膜中的渗透通量有直接影响。根据黏度的 Arrhenius 模型，温度和黏度之间存在关系。因此，通过提高温度，溶剂的黏度降低，从而导致更高的溶剂渗透通过膜（Sourirajan 和 Matsuura，1985；Dickson，1988）。而由于温度升高导致溶质和溶剂扩散的相对增强，温度对反渗透过程中的溶质排斥没有显著影响（Williams，2003）。

进料 pH 对反渗透过程中的溶剂通量没有显著影响。然而，它在溶质排斥方面起着重要作用，尤其是当溶质是可电离的有机材料时。先前的研究表明，脱盐率通常随着 pH 的增加而增加，并在非常高和非常低的 pH 下降低（小于 5 和大于 11）。van Wagner 等（2010）研究了 pH 对不同商业聚酰胺-反渗透膜性能的影响，并报告通过将 pH 从 9 降低到 5，脱盐率线性降低，而水通量稳定且与进料 pH 无关。通过增加膜表面的 Zeta 电位证明了 pH 增加导致负电荷增加，这可能是通过增加 pH 增加脱盐率的原因。研究还表明，pH 对反渗透膜性能的影响在短期暴露中是可逆的，并且在增加进料 pH 后，暴露于低 pH 溶液约一天的膜又达到了更高的脱盐率（Sourirajan 和 Matsuura，1985；Dickson，1988；Elimelech、Chen 和 Waypa，1994；van Wagner 等，2009）。

6.6.2.2 膜变量

膜变量，如材料、组件结构和组件排列，也应被视为影响反渗透膜性能的参数。针对新型反渗透膜的开发和改良已有大量的研究工作，以提高它们在不同应用中的性能和选择性。关于材料及其理化特性的影响，可以考虑有机和无机（聚合物）膜在反渗透膜工艺中的不同行为和特性，具体取决于不同应用的具体要求。例如醋酸纤维素和聚酰胺等聚合物膜在对淤堵和化学和生物攻击的敏感性方面可以表现出不同的分离性能。如第 6.3 节所述，膜材料是选择反渗透膜工艺的最主要标准之一。关于组件的几何形状和排列，每个组件类型的规格以及每个组件中不同非膜组件的存在和特征（例如螺旋缠绕组件中的进料和渗透隔板）（参见第 6.4 节）应作为反渗透膜最终性能的有效参数被考虑在内。

6.6.2.3 过程变量

本节简要介绍的进料流速、操作压力和时间是反渗透膜工艺中最有影响的工艺变量（Bhattacharyya 和 Williams，1992）。

进料流速是一个关键的操作参数，不仅决定分离速率，还决定反渗透膜工艺的效率。通过增加进料流速并因此提高速度，浓差极化（在第 6.7.1 节中解释）降低。因此，进料流速增加导致通过反渗透膜的渗透通量更高。增加进料流速也可以在一定程度上提高溶质去除率。然而，由于流速的增加也可以提高膜附近的渗透压，它会平衡渗透通量和溶质截留率的增加（Valentas、Rotstein 和 Singh，1997）。

操作压力通常与通过反渗透膜的溶剂通量呈正线性关系，但它对溶质通量没有显著影响。对于大多数化学物质，压力和溶质保留也具有正线性关系。然而，对于一些与膜有强烈相互作用的有机物，通过增加操作压力观察到较低的截留率（Bhattacharyya 和 Williams，1992）。

操作时间用于确定反渗透膜的生命周期及其在反渗透过程中的经济可行性。反渗透膜通常根据其材料和其他工艺和操作变量具有一定的使用寿命和操作效率。在正常的反渗透过程中，随着时间的推移，反渗透膜的原始属性会发生退化，例如由于涉及化学物质和微生物以及在高压下运行，大多数膜在长期运行后可能会发生化学降解、淤堵和压实现象。因此，操作时间与反渗透膜的性能成反比（Bhattacharyya 和 Williams，1992）。

6.7 技术和经济挑战

6.7.1 浓差极化

在反渗透过程中，进料以对流方式流过膜，大部分溶质被膜截留。为了平衡溶质浓度，保留的溶质应该扩散回主体溶液。尽管扩散远慢于对流，但随着时间的推移，膜附近的溶质浓度逐渐增加，在膜壁附近形成边界层。这会导致浓差极化，这是一种不理想的现象。浓差极化对膜的性能和耐久性有不利影响（Goulas 和 Grandison，2008）。浓差极化可能产生的负面影响如下。

（1）膜壁附近渗透压增加，导致膜中水通量降低。

（2）如果溶质在膜上积聚，其浓度高于溶质的溶解度，则会导致淤堵或颗粒淤堵，从而导致通量降低。

（3）增加跨膜溶质的浓度梯度，导致溶质通量增加，因此溶质截留率下降。

（4）由于浓差极化导致的淤堵导致膜劣化。

通过增加溶质的反向扩散速率，可以部分控制浓差极化，这可以通过升高温度或将大量进料与边界层附近的溶液混合实现。增加跨膜错流速度或者在膜组件中安装湍流促进装置、格栅等可以实现混合（Williams，2003）。图 6.9 显示了错流过滤装置中浓差极化曲线的示意图。

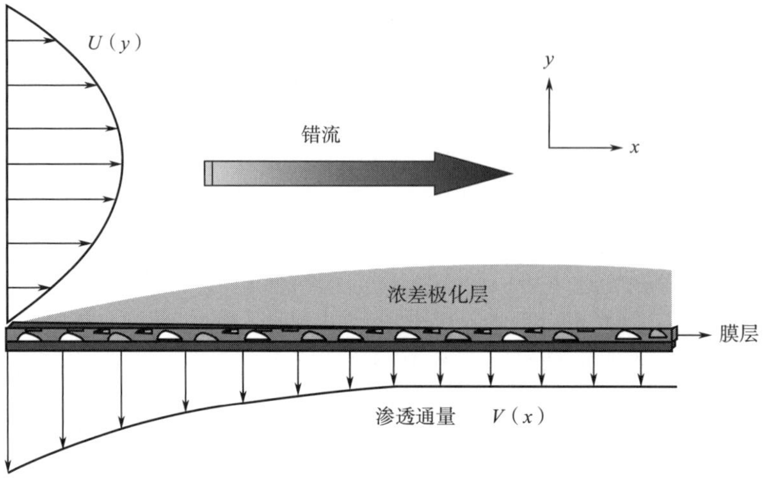

图 6.9 错流膜系统中浓差极化曲线示意图

6.7.2 淤堵

淤堵是指溶质在膜表面或其孔内沉积，是与反渗透膜工艺相关的最常见和重要的问题。淤堵会在膜的顶部形成额外的阻挡层和（或）堵塞膜孔，导致溶剂渗透性和通量降低，并提高所需的跨膜压力。因此，控制膜淤堵对于控制过程的经济方面至关重要，淤堵的直接影响会降低膜性能并增加运营成本（Ng 等，2013；Misdan、Lau 和 Ismail，2012）。

反渗透膜中存在四种不同类别的淤堵，包括无机淤堵、有机淤堵、胶体淤堵和生物淤堵（Ng 等，2013；Misdan、Lau 和 Ismail，2012）。溶质和反渗透膜之间的几种相互作用会产生或加剧反渗透膜中的淤堵。影响污染的最重要因素是膜的物理化学特性，例如亲水性、表面电荷、粗糙度和 Zeta 电位（Louie 等，2006）。可以通过控制反渗透膜工艺的操作条件（包括温度、压力和错流速度）以及根据物理化学特性对膜材料进行改性防止或最大限度地减少淤堵（Louie 等，2006；Shirazi、Lin 和 Chen，2010）。

最大限度地减少聚合物膜中的淤堵是一个持续的研发课题。主要方法是阻止淤堵黏附在膜表面并粘在其孔内。通常，可以通过预处理工艺、超声波强化、物理和化学膜表面改性以及清洁方法将淤堵控制在最低程度。物理清洁方法，例如使用渗透液反向冲洗膜的方法，被认为是简单且经济的方法，已在大多数工业反渗透膜工艺中使用。迄今为止，膜表面改性已成为这方面的主要研究课题之一（Ng 等，2013）。

在一些研究中，使用抗淤堵和透水聚合物或表面活性剂对膜表面进行物理涂层也作为解决淤堵问题的一种方法。常用的透水聚合物或表面活性剂包括聚乙烯亚胺（PEI）、聚乙烯醇（PVA）和聚醚聚酰胺嵌段共聚物（PEBA1657）。化学表面改性也用于通过自由基、辐射、光化学、氧化还原和等离子体诱导的接枝方法将单体共价连接到膜表面上（Li 和 Wang，2010a）。

疏水膜的淤堵比亲水膜更严重（Ng 等，2013）。因此，增强膜亲水性是提高膜抗淤堵性的一种有前景的方法（Kang 和 Cao，2012），例如在膜表面接枝或产生长链亲水聚合物（如

PEG）已显示出由于空间位阻［图 6.10（1）］（Kang 和 Cao，2012）而对膜表面的大分子（如蛋白质）的强烈排斥。因为膜表面高度亲水，所以在膜表面形成一层水膜，可防止疏水性淤堵物附着在膜表面。然而，它不能防止亲水性淤堵物黏附在表面上，如图 6.10（2）所示（Kang 和 Cao，2012）。大量研究都集中在反渗透膜的化学改性上以增强其疏水性（Lau 等，2012）。将纳米颗粒掺入膜结构是最优的方法，近年来得到了深入研究（Ng 等，2013）。

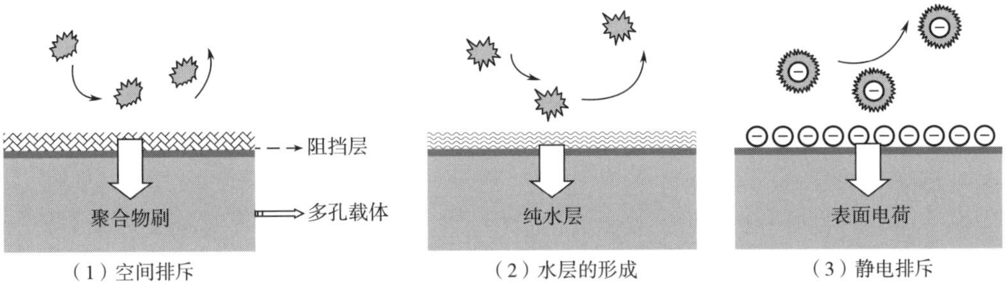

图 6.10 防污机制的概念图（Kang 和 Cao，2012；经 Elsevier 许可转载）

膜表面生物膜的形成是反渗透膜工艺中膜淤堵的关键机制之一，例如膜表面微生物的存在会导致膜表面附近溶解离子的数量增加，从而显著增强浓差极化。此外，不同微生物在膜表面的积累会促进酸性副产物的形成，从而导致膜劣化。据研究，形成生物膜后膜的阻力会增强，从而导致反渗透膜工艺的分离效率降低（Misdan、Lau 和 Ismail，2012）。为了控制反渗透膜中的生物污染，迄今为止已使用如下四种方法。

（1）使用杀菌剂，例如臭氧或氯，但这会给膜带来后续问题。

（2）紫外线灭活细菌。

（3）开发防污膜（例如将银、TiO_2等抗生物污染纳米粒子加入膜阻隔层）。

（4）在反渗透膜工艺之前安装预处理阶段过滤膜，例如微滤（Microfiltration，MF）或超滤（UF）膜（Vrouwenvelder）（van Loos-drecht 和 Kruithof，2011）。

膜表面的粗糙度和静电荷是与膜淤堵相关的非常重要的特性。先前的研究表明，表面形态对膜淤堵影响很大，因为表面光滑度越高，膜表面的淤堵就越少。因此，降低表面粗糙度可以提高反渗透膜的防淤堵性能。然而，应该指出的是，低粗糙度可能会导致较低的膜通量。关于膜电荷，虽然带电膜表面与带相同电荷的淤堵物之间的静电排斥有利于减少淤堵，但这些膜对带相反电荷的淤堵物很敏感，很容易被淤堵。因此，它们的带电表面取决于进料特性，不能用于所有进料（Kang 和 Cao，2012）。

通过考虑淤堵和浓差极化对流动机制的影响而开发的几种溶剂通量和溶质截留模型可以在文献中找到，包括 Pellegrino（2000），Goulas 和 Grandison（2008）以及 Shirazi、Lin 和 Chen 的研究文献（2010）。

6.7.3 能耗

与热蒸发工艺相比，反渗透被认为是一种简单且廉价的分离工艺。然而，它仍然是一项非常耗能的技术。由于反渗透膜工艺透水性和抗淤堵性差，所以高能耗和高投资成本一直是其工业应用的挑战点。反渗透过程的能耗是因为渗透膜两端溶质浓度差异产生了渗透压，所以高压泵将进料液压入膜组件产生的（Mirza，2008）。

正如前面第6.6.2节所讨论的，反渗透膜的能耗和性能会受到这些工艺变量的影响，包括膜的理化特性和进料以及操作因素。关键变量可能与浓差极化、淤堵以及与提高回收率和进行预处理相关的成本有关。预处理被认为是昂贵的，因为与在反渗透过程之前应该预处理的大量进料相比，其产生的渗透体积较低。提高回收率有时会降低预处理成本，但由于溶质浓度的增加，会增加膜的成本。因此，需要一个工艺设计方案来优化过程，以最大限度地降低能源成本（Gude，2011）。

对反渗透工艺和反渗透膜的开发进行的几项研究，可降低工业应用中的单位能耗（Specific energy consumption，SEC），从而建立了如下降低SEC的普遍方案。

（1）通过先进材料和改性方法提高膜渗透性（Hoek 和 Ghosh，2009；Lee、Arnot 和 Mattia，2011；Kang 和 Cao，2012）。

（2）应用能量回收装置（Energy recovery device，ERD），减少主泵的工作量（Geisler、Krumm 和 Peters，1999；Avlonitis、Kouroumbas 和 Vlachakis，2003；Peñate 和 García-Rodríguez，2011；Li，2011）。

（3）使用风能、太阳能和水能等可再生能源作为电力驱动泵的替代或补充（Tzen 和 Morris，2003）。

（4）通过从一级反渗透的浓缩液中去除矿物质以降低二级反渗透系统进料溶液中的溶质浓度（一级反渗透的浓度），从而实现中间化学除盐的目的（Intermediate chemical demineralization，ICD）（Li，2011）。

（5）通过应用数学建模优化反渗透系统的操作参数和膜特性等（Oh、Hwang 和 Lee，2009）。

6.8 乳制品行业的反渗透工艺

6.8.1 反渗透膜在乳品行业的应用

在食品工业中，大量的能源消耗在液体产品或废料的浓缩上，这主要是由热处理控制的。食品工业中的许多液体和流体对高温很敏感，它们的特性（风味、成分等）可能会因热处理而改变。因此，膜技术可以作为一种合适的分离工艺替代食品的热处理，尤其是在乳制品行业中。

在乳制品行业，膜技术在加工、浓缩、分馏、脱盐和细菌减少中起着关键作用。乳制品行业使用最广泛的膜是超滤（UF）膜，它应用于乳制品加工的不同阶段，例如发酵乳、各种干酪和乳清蛋白浓缩物的加工（Carić，1994）。纳滤通常用于乳清、超滤浓缩液和渗透液的脱盐。微滤（MF）也主要用于去除乳清和脱脂乳中的细菌，并减少脂肪以生产浓缩乳清蛋白（Whey protein concentrates，WPC）（Carić等，2009）。

乳品行业中的反渗透主要用于浓缩牛乳和乳清。反渗透工艺受到高度关注，因为它与其他常规工艺相比，尤其是在浓缩和污水处理阶段，具有多项优势。反渗透膜在乳制品行业的主要应用总结如下。

（1）牛乳和乳清的浓缩。

①蒸发阶段的补充（蒸发前除水）。

②在喷雾干燥操作前预浓缩乳清。

③在农场集中牛乳以降低运输成本。

④乳清超滤后的乳糖浓缩。

（2）乳制品加工不同阶段产生的废水处理。

6.8.1.1 牛乳和乳清的浓缩和乳固体的回收

反渗透是一种非常灵活且节能的方法，可作为牛乳和乳清浓缩以及乳粉生产中蒸发过程的补充。例如，用于乳清预浓缩的反渗透工艺消耗的能量约为 32.4×10^{6}J/t（去除的水），而真空蒸发为 $32.4\times10^{6}\sim54\times10^{7}$J/t（Daufin 等，2001）。Cheryan、Veeranjaneyulu 和 Schlicher（1990）报告表明即使只有 25%的炼乳可以通过反渗透膜进行处理，也意味着每年至少可以节省 3.18×10^{14}J 的大量能源（Cheryan、Veeranjaneyulu 和 Schlicher，1990）。

在 2068~6895kPa 的操作压力下，反渗透膜可以将全脂或脱脂乳浓缩 2~3 倍，其中浓缩乳作为浓缩液流，透过液几乎为纯水（已报道在乳制品反渗透的透过液中只发现微量的无机小分子、烟酸和维生素 B_6）（Glover，1971）。而由于渗透压和膜淤堵的限制作用，与蒸发相比，反渗透工艺可以实现非常低的浓度。然而，如前所述，反渗透膜通常被用作蒸发之前的步骤，因为它的能耗较低并且能增加蒸发装置的能效（Goulas 和 Grandison，2008）。因此，在需要一条新的蒸发线或扩展先前建立的蒸发线的情况下，使用反渗透作为补充可以节省大量能源。因此，将反渗透设备与蒸发器相结合可以成为一种具有成本效益的工程策略，以增加蒸发器的容量并使过程更加经济。

来自反渗透工艺的乳制品浓缩物也可用于其他乳制品工艺，例如从反渗透膜中浓缩的脱脂牛乳可用作乳粉的补充剂，用于强化酸乳和冰淇淋。与使用乳粉相比，使用这种浓缩液非常划算，浓缩率提高了约 1.5 倍。此外，来自反渗透膜的牛乳浓缩物可以减少干酪生产过程中所需发酵剂的数量。使用反渗透膜可以让干酪乳清浓缩提高多达 4 倍，其主要目标是通过减少体积降低转化成本，并且如前所述，在蒸发阶段之前进行预浓缩（Bundgaard，1974；Barbano 和 Bynum，1984；Goulas 和 Grandison，2008）。

反渗透膜还可以应用于乳清浓缩的超滤膜中的透过液分馏。来自超滤浓缩乳清的透过液含有浓缩的蛋白质，而透过液是乳糖和盐流。矿物质部分可以通过矿物质的过滤、干燥或沉淀等不同方法回收，而剩余的乳糖可以通过反渗透膜和蒸发分离，最终通过结晶、离心或干燥生成结晶乳糖（Suárez 等，1992）。

6.8.1.2 通过反渗透膜处理乳制品废水

就大量废水（每升生产的牛乳 0.2~10L）而言，乳制品行业是污染最大的食品行业。产生的废水主要是稀释的牛乳。它是在不同乳制品加工过程中的预冲洗和水洗阶段产生的，例如牛乳浓缩、干酪制造和蛋白质标准化。已经通过不同的单独膜工艺或它们的不同组合对乳制品废水处理进行了各种研究（Delbeke，1981；Koyuncu 等，2000；Akoum 等，2004；Vourch 等，2008）。

大约 1%~3%的牛乳成分（主要是乳糖和蛋白质）会进入乳制品废水，并且必须从废水中去除大部分乳糖和离子成分以使其可回收利用。乳制品废水处理的最后阶段应该是纳滤或反渗透（Daufin 等，2001；Akoum 等，2004）。以前的研究结果表明反渗透工艺是该应用的更好选择。Balannec 等（2005）比较了纳滤和反渗透膜对乳制品废水处理的性能，并得出结论：与纳滤工艺相比，反渗透工艺产生更高的处理水通量和更好的水质。同一小组还调查了法国 11 家乳品厂采用反渗透工艺处理污水的效率。他们报告说，反渗透工艺可以从根本上降低废水中的总有机碳（Total organic carbon，TOC）和矿物质含量，因此能提供合格的水供工厂再利用（Vourch 等，2008）。

使用反渗透膜工艺的一个重要优势是回收有价值的化学物质和循环水。处理过的水和分离的元素也可用于其他应用。通过反渗透工艺从废水中回收的乳糖和蛋白质可用于动物消耗。处理后的水可用于工厂本身作为加热/冷却水、锅炉和清洗阶段用水。这可以显著减少耗水量和处理后的污水量。然而，这种水的质量应至少等于来自干燥/蒸发阶段的产出水，才能适合在这些过程中重复使用（Cheryan、Veeranjaneyulu 和 Schlicher，1990；Balannec 等，2002，2005）。

6.8.2 乳品加工中影响反渗透膜性能的因素

与一般的反渗透膜工艺类似，进料和膜的理化特性以及加工变量对乳制品加工中的反渗透膜性能也有影响。本节中将介绍有效参数的概要以及每个参数对乳制品行业中一些反渗透膜示例的通量和溶质截留的影响。

6.8.2.1 进料成分的影响

比较四种不同乳制品流的浓度，包括酸乳清、甜乳清、全脂乳、脱脂乳。脱脂乳显示进料的成分对反渗透膜的通量和溶质截留有显著影响。在设计的操作条件下，用这些乳制品获得的通量具有以下趋势：

甜乳清>酸乳清>脱脂乳>全脂乳

这背后的原因是这些物质的成分引起的浓差极化和淤堵。例如酸性乳清的 pH 约为 4.35，接近乳清蛋白的等电点（4.5~4.6），而甜乳清的 pH 较高（约 5.5）。因此，与甜乳清相比，酸性乳清更易发生蛋白质淤堵，且通量更低（Blatt 等，1970）。与乳清相比，牛乳的通量较低归因于牛乳中酪蛋白的存在，已证明酪蛋白可以增强浓差极化效应，从而增加膜的渗透阻力（Morales、Amundson 和 Hill，1990）。

进料成分对乳制品工业中反渗透膜剔除特性的影响也归因于通过反渗透工艺浓缩的乳制品流的不同成分而导致的浓差极化。如前所述，由于牛乳中存在酪蛋白和其他大溶质，与膜表面上的乳清相比，它们形成了更致密的凝胶层，因此与乳清相比，牛乳中的浓差极化更高。然而，已经用不同进料溶液进行实验表明，脱脂乳和全脂乳都具有相似的溶质截留率，这表明脂肪球对浓差极化没有太大影响。与对通量的影响类似，据报道，酸性乳清具有很高的溶质截留率，这是由其高浓差极化敏感性决定的（Morales、Amundson 和 Hill，1990）。

6.8.2.2 膜结构的影响

对膜组件类型和材料对乳制品生产过程中反渗透膜效率的研究集中在复合和醋酸纤维素膜以及管状和螺旋缠绕组件上。这些报告表明，与螺旋缠绕膜组件相比，管状膜组件具有更高的通量。然而，管状膜每单位体积产生的透过液比螺旋缠绕膜消耗更多的能量。结果还表明，复合膜与醋酸纤维素膜相比具有更高的通量和溶质截留率，因此被认为更节能

(Cheryan、Veeranjaneyulu 和 Schlicher，1990；Morales、Amundson 和 Hill，1990)。

6.8.3 牛乳浓缩过程中反渗透膜的浓差极化和淤堵

浓差极化是所有膜工艺中最大的问题之一，包括乳制品行业的反渗透工艺。浓差极化导致在膜表面附近形成具有更高浓度的被截留溶质的凝胶层。当从反渗透膜流出水不携带溶液中的溶质时，由于浓差极化的影响，渗透通量会急剧下降。对于牛乳浓缩的情况，具有相似膜和操作参数的通量几乎比以水为溶剂时的通量小 10 倍（Goulas 和 Grandison，2008）。浓差极化不断减少渗透通量，直到通量变得稳定。每个过程的通量稳定点不同，取决于膜、溶液浓度和操作变量（Glover 和 Brooker，1974）。

一些进料成分，包括蛋白质、盐类（主要是磷酸钙）和脂类，是乳制品行业中最容易加剧浓差极化问题的成分（van Boxtel、Otten 和 van der Linden，1991）。乳制品反渗透膜中浓差极化最重要的成分是蛋白质，它形成黏附在膜表面的凝胶层，形成另一个过滤层，从而导致膜通量下降。磷酸钙也被证明对乳制品行业的浓差极化和淤堵有重要影响（Schmidt，1987；Hanemaaijer 等，1989）。据报道，牛乳和乳清中磷酸钙的过饱和是其在反渗透膜工艺中沉淀的主要原因。虽然蛋白质通过形成复合物抑制磷酸钙的沉淀，但生成的复合物与磷酸钙会在膜组件中沉淀并加剧膜淤堵。已经报道了一些使用磷酸钙减少淤堵的方法，例如在将进料液导入膜组件之前，在短时间内升高温度（例如 60℃，10min），可以通过在膜组件外沉淀磷酸钙降低磷酸钙的过饱和度（Van Boxtel、Otten 和 van der Linden，1991）；通过在牛乳/乳清中添加一些酸并将进料 pH 降低到 5.8~6 也可以提高磷酸钙的溶解度（Hiddink、de Boer 和 Nooy，1980）。

通常，膜通量下降是渗透流的流体动力学阻力或有效渗透压增强的结果。流体动力阻力主要是由于进料流中存在脂肪和蛋白质。渗透压的增加是由于该过程中溶质浓度（盐、乳糖等）的增加。当膜表面的极化层形成凝胶或沉淀时，会发生严重的淤堵。提高通量的唯一方法是减少膜附近的浓缩溶质并增强它们向主体溶液的对流转移。实现这一目标的最佳方法是增加膜附近流动的湍流或提高进料流速。而浓差极化会随着操作压力的增加而增强。因此，提高流速对控制高压下的浓差极化更有影响（Cheryan、Veeranjaneyulu 和 Schlicher，1990；Goulas 和 Grandison，2008）。

淤堵是与包括反渗透膜在内的所有膜工艺相关的一个大问题。在乳制品行业，反渗透膜中的淤堵受以下因素控制。

（1）膜上蛋白质凝胶层的厚度增加，导致膜对进料流的阻力增大。

（2）磷酸钙和蛋白质复合物的沉积。蛋白质是导致膜中浓差极化和淤堵的主要物质。尽管与牛乳相比，乳清的蛋白质含量非常低，只有 0.6%~0.8%（质量分数），但乳清浓缩反渗透膜中的渗透通量优于牛乳。

van Boxtel、Otten 和 van der Linden（1991）通过管状反渗透膜中试设备研究了浓差极化对干酪乳清浓缩的影响。他们提出了一些有用的方法来控制乳清浓缩过程中反渗透膜的淤堵，包括增加流速和降低温度以及控制压力和温度，从而实现恒定的渗透流速。

6.9 反渗透膜的当前发展

6.9.1 薄膜纳米复合反渗透膜

纳米技术为开发具有改进性能的先进膜开辟了新的领域。最近的发现报告表明，与目前市售的反渗透膜相比，在反渗透膜的薄层中加入亲水性无机纳米粒子可以使水通量增加近一倍（Lee、Arnot 和 Mattia，2011）。在薄膜中引入功能性纳米颗粒产生薄膜纳米复合材料反渗透膜（Thin-Film nanocomposite-reverse osmosis membrane，TFN-ROM），通过进一步增强渗透性（但没有溶质截留损失的迹象）达成反渗透膜的突破。由于纳米颗粒在尺寸、溶解度、形状和亲水性方面的可调特性，纳米颗粒有望改善薄膜的性能（Funk 和 Lloyd，2008；Lee、Arnot 和 Mattia，2011）。人们普遍认为，渗透性与亲水性和表面粗糙度相关，而溶质截留与表面活性层的交联程度、链刚度和链堆积密度相对应（Kong 等，2011）。不同尺寸的纳米颗粒可以通过聚合物基质产生“渗透阈值”。这些新颖的方法引起了大众相当大的兴趣去生产具有所需功能和特性的新型反渗透膜。

有研究表明，由纳米沸石 A（Fathizadeh、Aroujalian 和 Raisi，2011）和二氧化硅（Jadav 和 Singh，2009）组成的薄膜复合-反渗透膜在渗透性和抗淤堵性方面表现出显著改善。已发表的研究结果表明，可以通过加入纳米粒子制造具有理想特性的高性能反渗透膜。一些报告提出，孔内或纳米颗粒表面上的亲水性官能团可以改变膜的功能，例如透水性、抗污性和盐截留率（Kong 等，2011）。但引入纳米粒子会导致膜微结构发生变化。由此产生的聚合物-无机界面区域以及这些纳米颗粒与聚合物之间的界面反应控制着膜的特性和性能（Jin 等，2013）。此外，这些相互作用还控制着聚合物膜中纳米粒子的稳定性和物理特性，从而影响反渗透膜的生命周期。尽管有零散的已发表结果为新型薄膜纳米复合-反渗透膜的开发提供了有价值的见解，但到目前为止还没有发现描述纳米颗粒和聚合物之间界面相互作用的详细研究。还很缺乏控制聚合物-无机界面区域与纳米颗粒特性和聚合过程相关的界面反应的知识。但这些信息对于制造具有理想特性和性能的反渗透膜极为重要。

6.9.2 膜表面改性及工艺优化

近年来也有一些研究探讨如何提高反渗透膜的分离性能，特别是防污性和渗透性。这些研究主要集中在膜表面改性和新型界面聚合单体的应用或改进聚合反应上。

改善反渗透膜的防淤堵特性和改良表面特性的有效方法是表面改性。表面改性方法分为两大类，即物理处理和化学处理（Kang 和 Cao，2012）。常用的物理技术是表面吸附和表面涂层。化学方法主要有亲水化处理、自由基接枝、化学偶联、等离子体聚合或等离子体诱导聚合、引发化学气相沉积等。减轻淤堵问题还有一个重要方法是通过直接涂覆将纳米粒子沉积在膜表面或将它们引入膜基质中，例如用于薄膜复合/薄膜纳米复合-反渗透膜的界面聚合过程中（Kang 和 Cao，2012）。

界面聚合反应过程的优化最近也被用于提高膜表面特性，如亲水性和表面粗糙度。一些优化参数包括反应物扩散系数、动力学、成核速率、溶剂溶解度、反应时间、固化时间、聚合物分子质量范围、溶液组成和微孔载体的性质（Lee、Arnot 和 Mattia，2011）。

6.10 结论

为了进一步降低反渗透膜在工业应用中的运营成本，迫切需要开发性能优良（即渗透通量和溶质截留率更高）的新型反渗透膜。关于这一点，要求膜的氯离子（常用抗菌剂）耐受性、防淤堵性能以及化学和机械电阻率更高。还应改进清洗剂和清洗方法以降低膜更换成本。尽管乳制品行业的淤堵和浓缩聚合率很高，但新的改良反渗透膜的发展在该行业中非常重要且具有成本效益。在这方面，应考虑膜材料的改进和操作条件的优化。考虑到开发新型改性反渗透膜的研究现状，可以得出结论：具有先进性能的新一代复合反渗透膜在乳制品和其他食品行业的应用前景广阔。

本章名词和术语

A	跨膜水渗透系数或活性膜表面积
B	跨膜溶质渗透系数
$C\Delta P$	SDIM 模型中孔流对跨膜的水和溶质通量的贡献
c_1	进料中的溶质浓度
c_2	膜边界层中的溶质浓度
c_3	透过液中的溶质浓度
c_{F}	主体进料浓度
c_{P}	主体透过液浓度
c_{spm}	膜表面透过液侧的溶质浓度
c_{sfm}	膜表面进料侧的溶质浓度
c_{wm}	膜中水的浓度
D	与压力梯度相关的溶质转移系数
D_{sm}	膜的溶质扩散系数
D_{sp}	溶质进入膜孔的扩散系数
D_{sw}	水的溶质扩散系数

D_{wm}	膜中水的扩散率
J_s	溶质通量
$J_{s(SDM)}$	基于 SDM 计算的溶质通量
$J_{w(SDM)}$	基于 SDM 计算的水通量
J_w	水通量
k_D	溶质从进料溶液到膜孔的分配系数
K_{sm}	分配系数，将膜进料侧和透过液侧的溶质浓度与大量进料和透过液溶质浓度相关联（$K_{sm}=\frac{c_{sfm}}{c_F}=\frac{c_{spm}}{c_P}$）
r_p	膜孔半径
R_g	通用气体常数，8.314
R	溶质截留率
T	绝对温度
u	孔隙流体的线速度
$\bar{V}_w$	水的偏摩尔体积
X_{sm}	溶质与膜孔之间的摩擦系数
X_F	进料中的溶质摩尔分数
X_P	透过液中的溶质摩尔分数
δ	膜厚
P_π	渗透压
ε	膜孔隙率
τ	弯曲度
$\tau\delta$	膜孔长度
η	黏度

参考文献

[1] Akoum, O., Jaffrin, M. Y., Ding, L. H., and Frappart, M. Treatment of dairy process waters using a vibrating filtration system and NF and RO membranes. Journal of Membrane Science, 2004, 235 (1-2): 111-122.

[2] Avlonitis, S. A., Kouroumbas, K., and Vlachakis, N. Energy consumption and membrane replacement cost for seawater RO desalination plants. Desalination, 2003, 157 (1-3): 151-158.

[3] Balannec, B., Gésan-Guiziou, G., Chaufer, B., Rabiller-Baudry, M., and Daufin, G. Treatment of dairy process waters by membrane operations for water reuse and milk constituents concentration. Desalination, 2002, 147 (1-3): 89-94.

[4] Balannec, B., Vourch, M., Rabiller-Baudry, M., and Chaufer, B. Comparative study of different nanofiltration and reverse osmosis membranes for dairy effluent treatment by dead-end filtration. Separation and Purification Technology, 2005, 42 (2): 195-200.

[5] Barbano, D. M. and Bynum, D. G. Whole milk reverse osmosis retentates for cheddar cheese manufacture: cheese composition and yield. Journal of Dairy Science, 1984, 67: 2839-2849.

[6] Bhattacharyya, D. and Williams, M. Theory - reverse osmosis, in Membrane Handbook (eds. W. Ho and K. Sirkar). Van Nostrand Reinhold, New York, 1992: pp. 269-280.

[7] Bhattacharyya, D., Williams, M., Ray, R., and McCray, S. Reverse osmosis, in Membrane Handbook (eds. W. Ho and K. Sirkar). Van Nostrand Reinhold, New York, 1992: pp. 263-390.

[8] Blatt, W., Dravid, A., Michaels, A., and Nelsen, L. Solute polarization and cake formation in membrane ultrafiltration: causes, consequences, and control techniques, in Membrane Science and Technology (ed. J. Flinn). Springer, US, 1970: pp. 47-97.

[9] Burghoff, H. G., Lee, K. L., and Pusch, W. Characterization of transport across cellulose acetate membranes in the presence of strong solute-membrane interactions. Journal of Applied Polymer Science, 1980, 25 (3): 323-347.

[10] Bundgaard, A. G. Hyperfiltration of skim milk for ice cream manufacture. Dairy Industry, 1974, 39: 119-122.

[11] Carić, M. Concentrated and Dried Dairy Products, VCH Publishers, Inc.. New York, 1994: pp. 7-55.

[12] Carić, M., Akkerman, J. C., Milanović, S., Kentish, S. E., and Tamime, A. Y. Technology of evaporators, membrane processing and dryers, in Dairy Powders and Concentrated Products. Wiley-Blackwell, 2009: pp. 99-148.

[13] Chen, J. P., Chian, E. S. K., Sheng, P. X., Nanayakkara, K. G. N., Wang, L. K., and Ting, E. P. Desalination of seawater by reverse osmosis, in Membrane and Desalination Technologies (eds. L. Wang, J. Chen, Y. -T. Hung, and N. Shammas). Humana Press, 2011: pp. 559-601.

[14] Cheryan, M., Veeranjaneyulu, B., and Schlicher, L. R. Reverse osmosis of milk with thin-film composite membranes. Journal of Membrane Science, 1990, 48 (1): 103-114.

[15] Chian, E. K., Chen, J. P., Sheng, P. -X., Ting, Y. -P., and Wang, L. Reverse osmosis technology for desalination, in Advanced Physicochemical Treatment Technologies. Humana Press, 2007: pp. 329-366.

[16] Crittenden, J. C., Rhodes Trussell, R., Hand, D. W., Howe, K. J., and Tchobanoglous, G. Reverse osmosis, in MWHs Water Treatment: Principles and Design, third edition. John Wiley & Sons, Inc., Hoboken, NJ, USA, 2012: 1921.

[17] Daufin, G., Escudier, J. P., Carrère, H., Bérot, S., Fillaudeau, L., and Decloux, M. Recent and emerging applications of membrane processes in the food and dairy industry. Food and Bioproducts Processing, 2001, 79 (2): 89-102.

[18] Delbeke, R. Recovery of milk solids by hyperfiltration. Milchwissenschaft, 1981, 36 (11): 669-672.

[19] Dickson, J. Fundamental aspects of reverse osmosis, in Reverse Osmosis Technology (ed. B. Parekh), Marcel Dekker, Inc., New York, 1988: pp. 1-51.

[20] Elimelech, M., Chen, W. H., and Waypa, J. J. Measuring the zeta (electrokinetic) potential of reverse osmosis membranes by a streaming potential analyzer. Desalination, 1994, 95 (3): 269-286.

[21] El-Saied, H., Basta, A. H., Barsoum, B. N., and Elberry, M. M. Cellulose membranes for reverse osmosis. Part I. RO cellulose acetate membranes including a composite with polypropylene. Desalination, 2003, 159 (2): 171-181.

[22] Ettouney, H. and Wilf, M. Commercial desalination technologies, in Seawater Desalination (eds. G. Micale, L. Rizzuti, and A. Cipollina). Springer, Berlin and Heidelberg, 2009: pp. 77-107.

[23] Fathizadeh, M., Aroujalian, A., and Raisi, A. Effect of added NaX nano-zeolite into polyamide as a top thin layer of membrane on water flux and salt rejection in a reverse osmosis process. Journal of Membrane Science, 2011, 375 (1-2): 88-95.

[24] Fritzmann, C., Löwenberg, J., Wintgens, T., and Melin, T. State-of-the-art of reverse osmosis desalination. Desalination, 2007, 216 (1-3): 1-76.

[25] Funk, C. V. and Lloyd, D. R. Zeolite-filled microporous mixed matrix (ZeoTIPS) membranes: prediction of gas separation performance. Journal of Membrane Science, 2008, 313 (1-2): 224-231.

[26] Geisler, P., Krumm, W., and Peters, T. Optimization of the energy demand of reverse osmosis with a pressure-exchange system. Desalination, 1999, 125 (1-3): 167-172.

[27] Glater, J. The early history of reverse osmosis membrane development. Desalination, 1998, 117 (1-3): 297-309.

[28] Glover, F. A. Concentration of milk by ultrafiltration and reverse osmosis. Journal of Dairy Research, 1971, 38: 373-379.

[29] Glover, F. A. and Brooker, B. E. The structure of the deposit formed on the membrane during the concentration of milk by reverse osmosis. Journal of Dairy Research, 1974, 41 (01): 89-93.

[30] Goulas, A. and Grandison, A. S. Applications of membrane separation, in Advanced Dairy Science and Technology. Blackwell Publishing Ltd, 2008: pp. 35-74.

[31] Gude, V. G. Energy consumption and recovery in reverse osmosis. Desalination and Water Treatment, 2011, 36 (1-3): 239-260.

[32] Hanemaaijer, J. H., Robbertsen, T., van den Boomgaard, T., and Gunnink, J. W. Fouling of ultrafiltration membranes. The role of protein adsorption and salt precipitation. Journal of Membrane Science, 1989, 40 (2): 199-217.

[33] Hiddink, J., de Boer, R. and Nooy, P. F. C. Reverse osmosis of dairy liquids. Journal of Dairy Science, 1980, 63 (2): 204-214.

[34] Hoehn, H. H. and Richter, J. W. Aromatic polyamide, polyester and polyamide separation membranes, US Patent Application RE30351. 1980.

[35] Hoek, E. M. V. and Ghosh, A. K. Nanotechnology - based membranes for water purification, in Nanotechnology Applications for Clean Water (eds. N. Savage, M. Diallo, J. Duncan, A. Street, and R. Sustich). William Andrew Publishing, Boston, 2009, pp. 47-58.

[36] Humplik, T., Lee, J., OHern, S. C., Fellman, B. A., Baig, M. A., Hassan, S. F., Atieh, M. A., Rahman, F., Laoui, T., Karnik, R., and Wang, E. N. Nanostructured materials for water desalination. Nanotechnology, 2011, 22 (29): 1-19.

[37] Jadav, G. L. and Singh, P. S. Synthesis of novel silica - polyamide nanocomposite membrane with enhanced properties. Journal of Membrane Science, 2009, 328 (1-2): 257-267.

[38] Jeong, B. -H., Hoek, E. M. V., Yan, Y., Subramani, A., Huang, X., Hurwitz, G., Ghosh, A. K., and Jawor, A. Interfacial polymerization of thin film nanocomposites: a new concept for reverse osmosis membranes. Journal of Membrane Science, 2007, 294 (1-2): 1-7.

[39] Jin, F., Zhang, W., Lv, C., Li, Z., Su, R., Qi, W., Yang, Q., and He, Z. RSC Adv. DOI: 10.1039/C3RA42908C, 2013.

[40] Jonsson, G. and Boesen, C. Water and solute transport through cellulose acetate reverse osmosis membranes. Desalination, 1975, 17: 145-165.

[41] Kang, G. and Cao, Y. Development of antifouling reverse osmosis membranes for water treatment: a review. Water Research, 2012, 46 (3): 584-600.

[42] Kong, C., Shintani, T., Kamada, T., Freger, V., and Tsuru, T. Co-solvent-mediated synthesis of thin polyamide membranes. Journal of Membrane Science, 2011, 384 (1-2): 10-16.

[43] Koyuncu, I., Turan, M., Topacik, D., and Ates, A. Application of low pressure nanofiltration membranes for the recovery and reuse of dairy industry effluents. Water Science and Technology, 2000, 41 (1): 213-221.

[44] Kucera, J. Reverse Osmosis: Industrial Applications for Processes. Scrivener Publishing, Salem, MA, 2010.

[45] Kulozik, U. and Kessler, H. -G. Permeation rate during reverse osmosis of milk influenced by osmotic pressure and deposit formation. Journal of Food Science, 1988, 53 (5): 1377-1383.

[46] Lau, W. J., Ismail, A. F., Misdan, N., and Kassim, M. A. A recent progress in thin film composite membrane: a review. Desalination, 2012, 287: 190-199.

[47] Lee, K. P., Arnot, T. C., and Mattia, D. A review of reverse osmosis membrane materials for desalination - Development to date and future potential. Journal of Membrane Science, 2011, 370 (1-2): 1-22.

[48] Lee, Y. -F., Chang, K. -H., Hu, C. -C., and Chu, Y. -H. Designing tunable microstructures of Mn3O4 nanoparticles by using surfactant - assisted dispersion. Journal of Power Sources, 2012, 206: 469-475.

[49] Li, M. Reducing specific energy consumption in reverse osmosis (RO) water desalination: an analysis from first principles. Desalination, 2011, 276 (1-3): 128-135.

[50] Li, D. and Wang, H. Development of reverse osmosis membranes, in Desalination: A Review, Chemeca (2010): Engineering at the Edge, 2010. Hilton Adelaide, South Australia, Barton, ACT, Engineers Australia.

[51] Li, D. and Wang, H. Recent developments in reverse osmosis desalination membranes, Journal of Materials Chemistry, 2010, 20 (22): 4551-4566.

[52] Loeb, S. and Selover, E. Sixteen months of field experience on the Coalinga pilot plant. Desalination,

1967, 2 (1): 75-80.

[53] Loeb, S. and Sourirajan, S. Sea water demineralization by means of an osmotic membrane. in Saline Water Conversion-II, American Chemical Society, 1963: pp. 117-132.

[54] Louie, J. S., Pinnau, I., Ciobanu, I., Ishida, K. P., Ng, A., and Reinhard, M. Effects of polyether-polyamide block copolymer coating on performance and fouling of reverse osmosis membranes. Journal of Membrane Science, 2006, 280 (1-2): 762-770.

[55] Mehdizadeh, H. Modelling of transport phenomena in reverse osmosis membranes. Dissertation, J. Dickson, Director, Department of Chemical Engineering, McMaster University, Hamilton, Ontario, Canada, 1990.

[56] Merten, U. Transport properties of osmotic membranes, in Desalination by Reverse Osmosis (ed. U. Merten). The MIT Press, Cambridge, MA, 1966: pp. 15-54.

[57] Mirza, S. Reduction of energy consumption in process plants using nanofiltration and reverse osmosis. Desalination, 2008, 224 (1-3): 132-142.

[58] Misdan, N., Lau, W. J., and Ismail, A. F. Seawater reverse osmosis (SWRO) desalination by thin-film composite membrane-Current development, challenges and future prospects. Desalination, 2012, 287: 228-237.

[59] Moonkhum, M., Lee, Y. G., Lee, Y. S., and Kim, J. H. Review of seawater natural organic matter fouling and reverse osmosis transport modeling for seawater reverse osmosis desalination. Desalination and Water Treatment, 2010, 15 (1-3): 92-107.

[60] Morales, A., Amundson, C. H., and Hill, C. G. Comparative study of different reverse osmosis membranes for processing dairy fluids: I. Permeate flux and solute rejection studies1. Journal of Food Processing and Preservation, 1990, 14 (1): 39-58.

[61] Ng, L. Y., Mohammad, A. W., Leo, C. P., and Hilal, N. Polymeric membranes incorporated with metal/metal oxide nanoparticles: a comprehensive review. Desalination, 2013, 308: 15-33.

[62] Oh, H. -J., Hwang, T. -M., and Lee, S. A simplified simulation model of RO systems for seawater desalination. Desalination, 2009, 238 (1-3): 128-139.

[63] Parekh, B. S. Reverse Osmosis Technology: Application for High-Purity-Water Production. Marcel Dekker Inc., New York, 1988.

[64] Pellegrino, J. Filtration and ultrafiltration equipment and techniques. Separation and Purification Methods, 2000, 29: 91-118.

[65] Peñate, B. and García-Rodríguez, L. Energy optimisation of existing SWRO (seawater reverse osmosis) plants with ERT (energy recovery turbines): technical and thermoeconomic assessment. Energy, 2011, 36 (1): 613-626.

[66] Pendergast, M. M., Ghosh, A. K., and Hoek, E. M. V. Separation performance and interfacial properties of nanocomposite reverse osmosis membranes. Desalination, 2013, 308: 180-185.

[67] Polasek, V., Talo, S., and Sharif, T. Conversion from hollow fiber to spiral technology in large seawater RO systems-process design and economics. Desalination, 2003, 156 (1-3): 239-247.

[68] Ren, J. and Wang, R. Preparation of polymeric membranes, in Membrane and Desalination Technologies (eds. L. K. Wang, J. P. Chen, Y. -T. Hung, and N. K. Shammas). Humana Press, 2011: pp. 47-100.

[69] Schmidt, D. G. Studies on the Precipitation of Calcium Phosphate. I. Experiments in the PH Range 5. 3 to 6. 8 at 25℃ and 50℃ in the Absence of Additives. Nederlands Instituut voor Zuivelonderzoek, 1987.

[70] Shirazi, S., Lin, C. -J., and Chen, D. Inorganic fouling of pressure-driven membrane processes - A critical review. Desalination, 2010, 250 (1): 236-248.

[71] Sourirajan, S. and Matsuura, T. Reverse Osmosis/Ultrafiltration Principles. National Research Council of Canada, Ottawa, Canada, 1985.

[72] Spangler, P. L. and Amundson, C. H. Concentration of milk and whey using composite, spiral wound, reverse osmosis membranes. Journal of Dairy Science, 1986, 69 (6): 1498-1509.

[73] Suárez, E., San Martín, F., Alvarez, R., and Coca, J. Reverse osmosis of whey. Determination of mass transfer coefficients. Journal of Membrane Science, 1992, 68 (3): 301-305.

[74] Tzen, E. and Morris, R. Renewable energy sources for desalination. Solar Energy, 2003, 75 (5): 375-379.

[75] Valentas, K. J., Rotstein, E., Singh, R. P. Handbook of Food Engineering Practice. CRC Press LLC, New York, 1997.

[76] Van Boxtel, A. J. B., Otten, Z. E. H., and van der Linden, H. J. L. J. Evaluation of process models for fouling control of reverse osmosis of cheese whey. Journal of Membrane Science, 1991, 58 (1): 89-111.

[77] Van Wagner, E. M., Sagle, A. C., Sharma, M. M., and Freeman, B. D. Effect of crossflow testing conditions, including feed pH and continuous feed filtration, on commercial reverse osmosis membrane performance. Journal of Membrane Science, 2009, 345 (1-2): 97-109.

[78] Van Wagner, E. M., Freeman, B. D., Sharma, M. M., Hickner, M. A., and Altman, S. J. Polyamide Desalination Membrane Characterization and Surface Modification to Enhance Fouling Resistance. Technical Information Center Oak Ridge Tennessee, 2010: pp. 1-154.

[79] Vourch, M., Balannec, B., Chaufer, B., and Dorange, G. Treatment of dairy industry wastewater by reverse osmosis for water reuse. Desalination, 2008, 219 (1-3): 190-202.

[80] Vrouwenvelder, J. S., Van Loosdrecht, M. C. M., and Kruithof, J. C. A novel scenario for biofouling control of spiral wound membrane systems. Water Research, 2011, 45 (13): 3890-3898.

[81] Wijmans, J. G. and Baker, R. W. The solution-diffusion model: a review. Journal of Membrane Science, 1995, 107 (1-2): 1-21.

[82] Williams, M. E. A Review of Reverse Osmosis Theory. EET Corporation and William Engineering Services Company, Inc., Harriman, TN, 2003.

[83] Younos, T. and Tulou, K. E. Overview of desalination techniques. Journal of Contemporary Water Research and Education, 2005, 132 (1): 3-10.

7 乳制品中香气化合物的渗透蒸发提取

Boya Zhang[1]、Panida Sampranpiboon[2]和 Xianshe Feng[1]

1 *Department of Chemical Engineering, University of Waterloo, Waterloo, Ontario, Canada*

2 *Department of Chemical and Material Engineering, Rangsit University, Pathumthani, Thailand*

7.1 前言

在过去的几十年中，乳制品中大量的风味化合物被鉴定出来。Parliament、McGorrin（2000）和 McGorrin（2001）对牛乳、奶油、黄油、干酪和其他发酵乳制品中的最有效成分进行了全面综述。从乳制品中回收这些风味化合物引起了极大的关注。在乳制品加工过程中，一些挥发性的芳香化合物可能会由于热蒸发或热降解而损失掉。即使是少量的芳香化合物损失，也可能会显著地影响产品的感官质量。如今，人工香料不能够满足消费者的需求，天然风味的产品也越来越受欢迎。对于乳品风味尤其如此，由于涉及化合物的复杂特性，人工很难生产出真正的乳品香气。因此，从天然来源提取和回收芳香化合物作为风味成分受到食品、制药和化妆品行业的特别关注。

芳香化合物通常通过溶剂萃取、蒸馏、局部冷凝和气提法浓缩和回收（Karlsson 和 Tragardh，1998；Baudot 和 Marin，1997）。涉及蒸发和冷凝相变的热过程通常不适合回收热敏芳香化合物，即使在中等高温下也是如此。而且溶剂提取需要使用提取剂，而提取剂随后需要从提取物中去除。用液体溶剂提取香气化合物在食品加工中并不常见。超临界流体技术也会使用到，但该工艺成本昂贵，其他不需要的成分（如脂肪）通常与香气化合物会一起被提取出来。气提法通常对低挥发性香气物质的提取无效。渗透蒸发作为一种相对较新的分离过程，作为传统风味回收技术的代替方法，已经引起了人们的关注。渗透蒸发的分离效果受分离物质的挥发性或分子大小的影响，但这些不是决定因素，相反，透过物在膜中的溶解选择性和扩散性决定了分离效果。具有较高沸点、分子质量大于水的香气物质仍然可以渗透到适当的亲有机物膜中，从而在透过液流中富集。

渗透蒸发作用具有以下主要优点。

（1）不需要添加剂，因此对回收的产品（天然产品）无二次污染。

（2）可以在室温或中等的工作温度下操作，这一特性对防止香气化合物的热降解特别重要。

（3）只有占进料一小部分的透过液会发生相变，因此该过程的能耗相对较低。

（4）使用目前的亲有机物膜，许多疏水性香气化合物在透过液中的富集程度可以超过其溶解度极限。因此，在透过液相分离后的有机相中可以获得更高纯度的疏水性香气化合物。

渗透蒸发分离是一种膜过程，其中液体混合物中的成分选择性地通过膜，进而在膜下游产生蒸气流，渗透蒸气可以被浓缩并作为液体收集。对于从水溶液中提取香气，应使用亲有机物膜，香气化合物优先于水透过膜，从而产生富含香气的透过液。本章综述了香气化合物的蒸发提取和富集的基本原理，以及用于乳制品香气浓缩的蒸发膜的现状。还讨论了渗透汽化分离的特征以及与乳制品香气的渗透汽化提取有关的一些潜在技术问题。

7.2 渗透蒸发原理

渗透蒸发是一种相对较新的膜分离过程，它与反渗透和气体膜分离具有一些共同之处。众所周知，它可有效分离沸点接近和共沸混合物、异构体和热敏性生物化学物质（Shao 和 Huang，2007）。在渗透蒸发中，待分离的液体混合物（进料）与膜接触，透过液以低压蒸气形式从膜的另一侧排出（图 7.1），经过冷凝，作为液体回收。渗透蒸发中质量输送的驱动力通常通过在透过侧采用真空泵提供，以保持渗透蒸气压低于进料的饱和蒸气压（Borjesson、Karlsson 和 Tradardh，1996；Trifunovic 和 Tragardh，2005；Ortiz，2008；She 和 Hwang，2006a；Overington 等，2008）。在工业应用中，透过侧的真空也可以部分通过透过蒸气的冷凝而产生。或者，驱动力可以通过在透过侧以吹扫气体产生，并且透过流经过额外的处理步骤（例如部分冷凝）可以将膜透过液质与吹扫气体分离。真空渗透蒸发是应用最广泛的操作方式。然而，气体吹扫渗透蒸发具有吸引力的一点在于可以在没有冷凝的情况下分离透过物（例如使用高水选择性膜进行溶剂脱水）。对于渗透性香气化合物的提取，真空渗透性蒸发更合适。

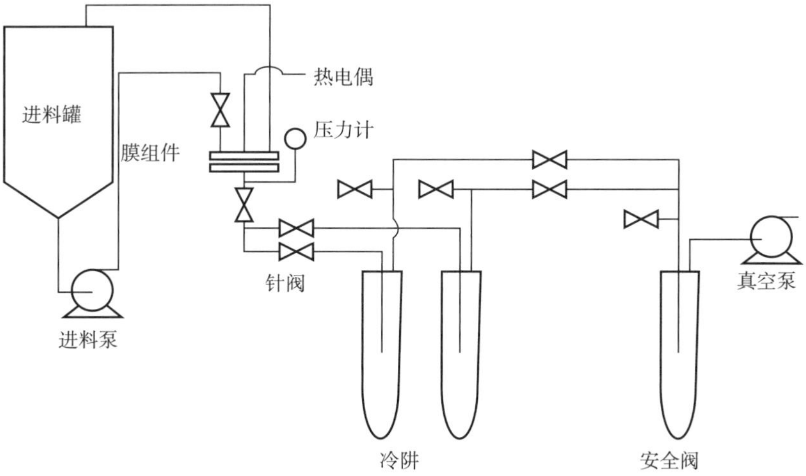

图 7.1 典型实验室渗透蒸发装置的示意图（Overington 等，2008）

渗透蒸发对于分离液体混合物的有效性在 20 世纪 30 年代中期得到认可（Farber，1935）。然而，直到 20 世纪 80 年代，第一个工业规模的渗透蒸发装置才被商业化用于乙醇脱水，当时开发了一种复合膜，该膜由负载在多孔聚丙烯腈基材上的交联聚乙烯醇薄层组成。目前，这仍然是渗透蒸发的主要工业应用。尽管对于渗透蒸发回收香气物质做了大量研究，但仍缺乏应用于该领域的工业规模的装置。部分原因是尚未对透过液的感官特征进行充分研究，并且对膜的长期性能知之甚少。Voilley 等（1988）第一个报道了关于渗透蒸发提取和浓缩挥发性香气化合物的研究工作。他研究了从水中回收挥发性芳香化合物（1-辛烯-3-醇和 2，5-二甲基吡嗪），虽然使用了微孔聚丙烯膜（孔径 0.2μm，孔隙率 50%）并且是通过微孔膜的气提实现，严格来讲还不是一个渗透蒸发过程。随后，Voilley 等通过无孔聚二甲基硅氧烷（PDMS）膜和沸石填充的 PDMS 膜进行真空渗透蒸发，并将测试的模型香气扩展到了乙酸乙酯、丁酸乙酯和己酸乙酯等（Voilley 等，1989；Voilley、Charbit 和 Gobert，1990；Lamer 和 Voilley，1991）。实验证明无孔膜的真空渗透蒸发比气提工艺更有效。在接下来的几年里，针对不同感官属性的香气化合物的渗透蒸发提取进行了大量的实验室研究，如图 7.2 所示。

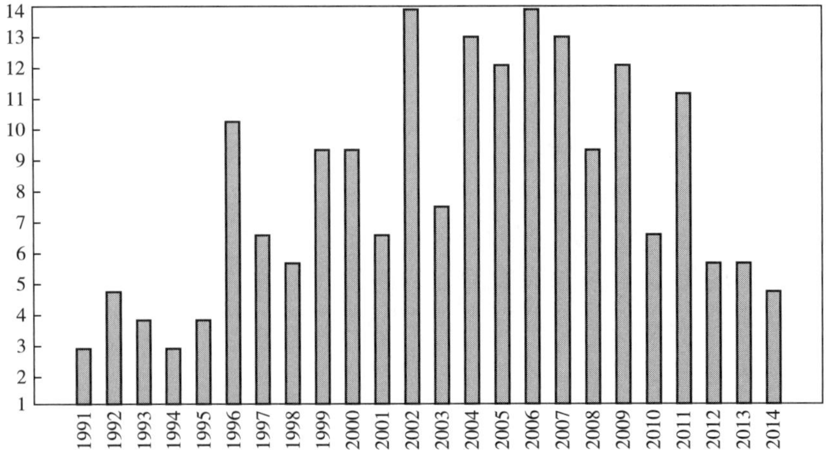

图 7.2 *Web of Science Core Collection* 中每年编入索引的出版物数量（截至 2014 年 6 月）

渗透蒸发与其他膜过程的不同之处在于有相变。离开膜的透过液处于蒸气状态。由于膜的无孔结构，渗透量通常较低。所以渗透蒸发在常规分离工艺无效或透过物具有高附加值时特别适用。它并不适用于高渗透量的情况中。由于渗透过膜的进料中只有一小部分经历了从液体到蒸汽的相变，因此透过液蒸发所需的能量通常不是一个重要问题。从能量消耗的角度来看，当进料中优先透过物的浓度较低时，渗透蒸发特别有利，这是从稀释的进料溶液中回收香气化合物的情况。在实践中，渗透过程中渗透液汽化所需的热量可以简单地由进料液体以显热的形式提供，不需要直接向膜供热。

与反渗透不同，渗透蒸发的传质不受进料渗透压的限制，并且通过降低下游侧透过物的化学势提供通过膜进行传质的驱动力。因此，进料压力并不是关键。渗透蒸发通常在大气压下操作（或略高于大气压，这取决于进料流的流体动力学）。与超滤或微滤主要基于分子大小进行分离不同，渗透蒸发的分离取决于形成膜的大分子的化学性质、膜的物理结构、膜中组分的物理化学性质、进料成分的理化性质以及透过液-透过液、透过液-膜的相互作用。这就是为什么比水分子大的香气化合物，尽管在膜中的流动性或扩散性相对较低，仍可能优先通过亲有机物膜渗透而富集在透过液中。与反渗透相同，与膜表面接触的进料液往往会溶解到膜中并导致膜膨胀。一方面，膜与透过物之间良好的亲和力有利于透过物优先被分离。

事实上，这是使用亲有机物膜渗透芳香化合物的基础。另一方面，膜溶胀会使进料中的所有成分更易于透过，从而影响膜的选择性。应避免膜的过度溶胀。

无孔膜渗透汽化过程中的传质机制可以用溶解扩散模型来描述。这最初是由 Graham（1866）提出来描述气体通过聚合物膜的渗透，随后被 Binning 等（1961）用于描述渗透蒸发。根据这种机制，通过无孔膜的渗透蒸发由三个连续的步骤组成（图 7.3）。

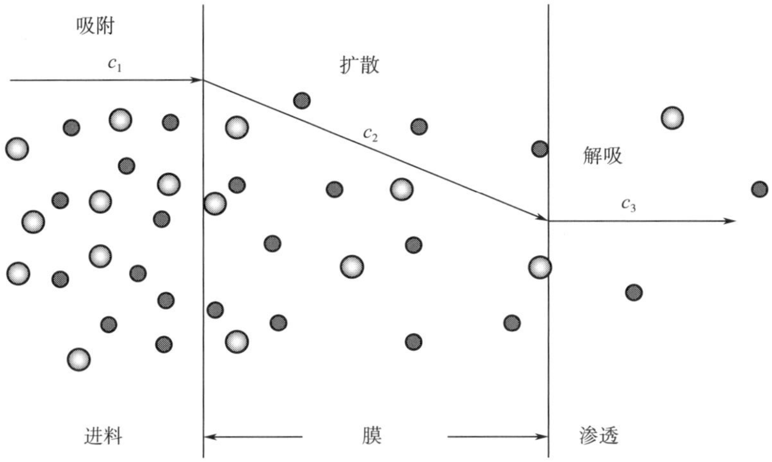

图 7.3 渗透蒸发中质量运输的溶解扩散模型说明

步骤一，液体进料中的透过液通过进料/膜界面吸附到膜。

步骤二，吸附分子在膜中的扩散。

步骤三，渗透分子从膜解吸到下游侧的气相。

吸附和解吸步骤通常被认为是非常快的，并且在膜的两侧瞬间建立平衡。与吸附过程不同，膜对进料中某些组分具有特定亲和力（即优先吸附），可能发生选择性吸附，而解吸步骤是非选择性的，所有渗透分子一旦到达下游侧，就会从膜中离开（Fleming，1990）。因此，渗透液在膜中的扩散是渗透汽化的速率决定步骤。

一般而言，透过液在膜中的溶解度和扩散率都与浓度有关。在 Fick 扩散方程的基础上，利用溶解度和（或）扩散率浓度依赖关系的不同经验关联式，建立了许多质量传输的数学方程。然而，在使用方程时应谨慎，因为它们仅在扩散和热力学平衡关系适用的既定范围内有效。作为近似值，当溶解度和扩散率系数可以视为常数，膜的渗透系数可以通过式（7.1）与溶解度和扩散系数相关（Shao 和 Huang，2007；Feng 和 Huang，1997）：

$$P_i = S_i D_i \tag{7.1}$$

其中 P_i、S_i 和 D_i 分别是透过液质 i 的渗透系数、溶解度和扩散系数。渗透性是膜材料的固有特性，与渗透通量有关，见式（7.2）：

$$J_i = \left[\frac{P_i}{l}\right](X_i \gamma_i p_i^{sat} - Y_i p^{p}) \tag{7.2}$$

式中 J_i——渗透通量；

p_i^{sat} 和 γ_i——进料液中渗透组分的饱和蒸气压和活度系数；

p^{p}——渗透压；

l——膜的有效厚度；

X 和 Y——在进料和透过液中的透过液浓度（以摩尔分数表示）。

假设等效分压差，该方程是针对渗透蒸发而推导出来的，假设跨膜的等效分压差（$X_i\gamma_i p_i^{sat}-Y_ip^p$）作为渗透的驱动力，类似于气体通过膜的渗透。比率（P_i/l）是通过膜厚度归一化的膜渗透率，称为膜的渗透率。它等于由跨膜驱动力归一化的渗透通量。与渗透系数不同，渗透系数是膜材料的特性，渗透率是膜的特性，由膜厚度决定。因此，膜渗透性与实际应用更相关，特别是在有效厚度通常难以准确确定的非对称或复合膜中，膜渗透性用于增加渗透通量。

一对透过液质 i 和 j 的渗透选择性可以通过它们在膜中的渗透率衡量，见式（7.3）：

$$\alpha_{ij}^0=\frac{P_i}{P_j}=\frac{[P_i/l]}{[P_j/l]} \tag{7.3}$$

实际的分离程度可以通过分离因子来衡量，定义为式（7.4）：

$$\alpha_{ij}=\frac{Y_i/Y_j}{X_i/X_j} \tag{7.4}$$

显然，透过液组成由透过液的相对渗透率决定，即 $Y_i=J_i/(J_i+J_j)$ 和 $Y_j=J_j/(J_i+J_j)$ 当渗透压力与进料侧的蒸气压相比可以忽略不计时，分离因子可以通过式（7.5）与渗透选择性相关：

$$\alpha_{ij}=\alpha_{ij}^0\times\left(\frac{\gamma_i}{\gamma_j}\right)\times\left(\frac{p_i^{sat}}{p_j^{sat}}\right) \tag{7.5}$$

式（7.5）表明分离因子由三个参数决定。第一个参数 α_{ij}^0 是膜选择性渗透率，这是膜材料的固有渗透特性。第二个参数（γ_i/γ_j）是它们在进料液中的活度系数比，这是进料液的热力学性质，由进料液的过量吉布斯能决定。活度系数比受液体成分和温度的影响；然而，如果进料液表现为理想溶液（这在大多数渗透蒸发应用中并不常见），则第二个参数将变为1。第三个参数（p_i^{sat}/p_j^{sat}）反映了纯透过液的饱和蒸气压对分离性能的影响。一般来说，三个参数都受工作温度的影响。式（7.5）阐明了膜、透过液的性质以及影响分离的更明确的操作条件（成分和温度）。对于从水溶液中渗透提取香气化合物，透过液中香气的浓度和富集通常也以富集因子（β）为特征。简单定义为渗透液中香气浓度（Y_i）与进料中香气浓度（X_i）的比值，见式（7.6）：

$$\beta=\frac{Y_i}{X_i} \tag{7.6}$$

当进料液中的香气浓度相当低（$X_i\ll1$）并且在渗透侧施加高真空（$p=0$）时，富集因子与分离因子的关系为式（7.7）：

$$\beta=\frac{\alpha}{1+\alpha X} \tag{7.7}$$

式中 X——进料中香气的摩尔分数；

α——香气/水的分离因子（为方便起见，删除了它们的下标）。

式（7.7）显示了以下特征。

（1）当进料香气化合物浓度 X 足够低，使得 $\alpha X\ll1$，那么 α 和 β 将在数值上相等。

（2）当分离因子足够高，使得 $\alpha X\gg1$ 时，富集因子将接近上限等于（$1/X$）。

在渗透蒸发中，操作温度对分离性能的影响通常由渗透通量的温度依赖性表示，这通常可以用 Arrhenius 类型的相关性描述，见式（7.8）：

$$J_i = J_{0i}\exp\left(-\frac{E_{Ji}}{RT}\right) \tag{7.8}$$

式中　E_{Ji}——组分 i 渗透的表观活化能；

J_{0i}——组分 i 的指前因子；

R——通用气体常数；

T——温度。

应该指出的是，表观活化能衡量了温度对渗透通量的整体影响，它解释了温度对驱动力的影响。如上所述，活度系数和饱和蒸气压也受温度的影响。表观活化能并不能真实代表渗透膜的活化能。表征温度对膜固有渗透性影响的活化能（E_P）应与表观活化能区分开来。如前所述，渗透系数（P）是扩散系数（D）和溶解度（S）系数的乘积［式（7.1）］。D 和 S 通常都依赖于温度，它们的温度依赖关系可以表示为式（7.9）和式（7.10）：

$$D_i = D_{0i}\exp\left(-\frac{E_{Di}}{RT}\right) \tag{7.9}$$

$$S_i = S_{0i}\exp\left(-\frac{\Delta H_i}{RT}\right) \tag{7.10}$$

式中　E_{Di}——膜中渗透物 i 的扩散活化能；

ΔH_i——膜中渗透物 i 的溶解焓变。

因此，产生式（7.11）：

$$P_i = P_0\exp\left(-\frac{E_P}{\mathrm{RT}}\right) \tag{7.11}$$

式中　E_P——渗透活化能，是扩散活化能与透过液在膜中溶解焓变的组合（即 $E_P = E_D + \Delta H$）；

P_0——渗透系数的指前因子（$P_0 = D_0S_0$）。

重新排列式（7.2）和式（7.11），得到式（7.12）：

$$\left(\frac{P_i}{l}\right) = \frac{J_i}{(X_i\gamma_i p_i^{sat} - Y_i p^p)} = \left(\frac{P_0}{l}\right)\exp\left(-\frac{E_P}{RT}\right) \tag{7.12}$$

因此，活化能 E_P 可以从膜渗透（P_i/l）的温度依赖性来评估（它等于由渗透驱动力归一化的渗透通量）。绘制 $\ln(P_i/l)$ 与 $1/T$ 的关系图将产生一条具有斜率的直线，从中可以确定 E_P。由于渗透蒸发的渗透压力通常较低，渗透的驱动力主要由平衡蒸汽压力决定。作为第一个近似值，如果液体的饱和蒸气压（p^{sat}）遵循 Clausius-Clapeyron 方程并且透过液的活度系数的温度依赖性不显著，则活化能 E_P 将等于表观活化能减去透过液的蒸发热（Feng 和 Huang，1997）：

$$E_P = E_J - \Delta H_V \tag{7.13}$$

其中 ΔH_V 是透过液的蒸发热。因为从 $\ln J$ 与 $1/T$ 数据评估表观活化能 E_J 比从 $\ln(P_i/l)$ 与 $1/T$ 数据评估渗透的活化能 E_P 要简单得多，尤其是当渗透压力不准确时，估算 E_P 的一种简单而有用的方法是从表观活化能中减去蒸发热。这也明确地证明了由于渗透蒸发中的相变而导致的焓变化如何影响渗透行为。

对于香气化合物的渗透蒸发提取，分离性能通常根据渗透通量和分离因子（或富集因子）来衡量，这些因素考虑了操作条件（进料成分和温度）对分离的影响。或者，在给定操作条件的情况下，还可以根据香气化合物渗透率和香气化合物与水的渗透率比来表征膜性能。

7.3 使用有机膜进行渗透蒸发以回收香气化合物

渗透蒸发回收香气化合物的分离性能取决于以下因素：香气化合物的性质（化学结构和物理化学性质）、膜的性质（材料和形态）、进料的组成成分和操作条件（温度和渗透压），这将在后文继续讨论。文献中报道的大部分涉及香气化合物稀释水溶液的化合物模型是水-有机物的二元混合物，并且在较少程度上涉及多种乳制品香气化合物的稀释水溶液。当进料中存在多种香气化合物时，由于透过液质-透过液质相互作用引起透过液质之间的耦合效应，一种香气化合物的渗透可能会受到其他香气物质的影响。然而，这种影响在高度稀释的溶液中通常可以忽略不计（Olsson 和 Tragardh，1999a；Peng 和 Liu，2003；She 和 Hwang，2006b；Shepherd、Habert 和 Borges，2002）。几乎所有的香气化合物的分子尺寸都比水分子大，渗透蒸发所涉及的扩散方面不利于渗透侧香气的富集。因此，膜需要对香气化合物具有良好的亲和力，以补偿不利的扩散选择性。换句话说，应该利用涉及渗透蒸发的溶解度实现所需的分离。因此，亲有机物膜适用于从水溶液中渗透蒸发萃取芳香化合物。

7.3.1 乳制品香气合物

已鉴定出乳制品中会有不同感官特性的香气化合物，包括酯类、酮类、酸类、醇类、醛类、内酯类和含硫化合物（Toso、Procida 和 Stefanon，2002；Routray 和 Mishra，2011；Cheng，2010；Urbach，1997；Nursten，1997）。其中，有 30 多种典型存在于乳制品中的风味化合物已被用于渗透蒸发提取的研究。这些典型风味化合物及其感官属性和在水中的溶解度列在表 7.1 中。一般来说，所有香气化合物在乳制品中的浓度都非常低，产品的风味是由所有香气化合物的气味组合而成的。需要指出的是，不同原料的香气成分可能会有所不同，这取决于动物的喂料来源于放牧或青贮饲料以及产品的加工和储存条件。真正的乳制品溶液通常包含不止一种风味化合物，它们的浓度分布决定了它们的整体气味和味道。此外，乳制品中还存在蛋白质、脂肪和糖类，这些物质可能会因膜表面的淤堵而影响分离性能。因此，包含单一或多种香气化合物的模型进料溶液被广泛用于渗透蒸发研究。

根据文献调查，渗透蒸发研究中使用最广泛的前 10 种香气化合物如图 7.4 所示。三种酯类化合物（即乙酸乙酯、丁酸乙酯和己酸乙酯）位居榜首，这并不奇怪，因为它们也是水果和蔬菜汁中的常见香气。这并不意味着酯类是乳制品中比其他香味更重要的调味剂。为了大致了解渗透蒸发可以实现的富集因子的大小，图 7.5 显示了使用当前膜渗透蒸发提取某些乳制品香气化合物的选择性范围。一般的经验法则是，具有较高疏水性的香气化合物通过使用亲有机物膜的渗透蒸发倾向于获得更有效的分离效果（Baudot 和 Marin，1997）。

酯类香气是一类典型的疏水性香气分子，其分子尺寸相对较小，它们通常有水果风味，如图 7.5 所示，与其他香气化合物相比，膜通常对酯分子具有更高的选择性。在显示的所有酯类香气中，己酸乙酯最容易通过渗透蒸发浓缩，浓缩因子在 112~8200，具体取决于所使用的膜（Pereira 等，2005；Sampranpiboon 等，2000a）。广泛的选择性是渗透蒸发过程中使用的不同膜类型和结构以及不同操作条件的结果。疏水性醇类［例如 1-辛烯-3-醇（Pereira 等，2005）］，醛类［例如乙醛（Wu 等，2012）和 3-甲基丁醛（Kanani 等，2003；Raisi 和 Aroujalian，2011）］和酮［例如 2-庚酮（Overington 等，2008）和双乙醛（Rajagopalan、Cheryan 和 Matsuura，1994）］在渗透蒸发过程中同样具有良好的选择性。酸性风味化合物，由于它们的亲水性，与水的渗透蒸发分离相当差（Overington 等，2008），有时它们的渗透性甚至低于水，这反映在它们的富集因子小于 1 上（图 7.5）。因此，渗透蒸发不能有效地浓缩酸性化合物。幸运的是，酸成分在乳制品行业中通常不是特别理想的风味。

表 7.1 用渗透蒸发提取的乳制品香气化合物

香气化合物	化学式	气味	摩尔质量/（g/mol）	沸点/℃	20℃时在水中的溶解度/（g/L）
酯类					
乙酸甲酯	$C_3H_6O_2$	芳香	74	57	250
乙酸乙酯	$C_4H_8O_2$	甜	88	77	83
丙酸乙酯	$C_5H_{10}O_2$	类似菠萝	102	99	24
丁酸乙酯	$C_6H_{12}O_2$	类似菠萝	116	120	6
己酸乙酯	$C_8H_{16}O_2$	类似菠萝	144	228	难溶
辛酸乙酯	$C_{10}H_{20}O_2$	果香,类似杏子	172	207	难溶
乙酸丙酯	$C_5H_{10}O_2$	果香，类似梨	102	102	19
乙酸丁酯	$C_6H_{12}O_2$	类似香蕉、苹果	116	127	7
酮类					
2-庚酮	$C_7H_{14}O$	类似香蕉	114	151	4
2-壬酮	$C_9H_{18}O$	果香	142	192	0.5
双乙酰	$C_4H_6O_2$	类似黄油	86	88	20
2-丁酮	C_4H_8O	类似奶油糖	72	80	280
3-辛酮	$C_8H_{16}O$	草	128	167	难溶
酸类					
乙酸	$C_2H_4O_2$	酸味，刺激性	60	118	混溶
丁酸	$C_4H_8O_2$	难闻	88	164	混溶
己酸	$C_6H_{12}O_2$	羊膻味	116	206	11
辛酸	$C_8H_{16}O_2$	刺激性	144	240	0.7
丙酸	$C_3H_6O_2$	轻微腐臭	74	141	混溶
庚酸	$C_7H_{14}O_2$	哈喇味	130	223	2.4

续表

香气化合物	化学式	气味	摩尔质量/(g/mol)	沸点/℃	20℃时在水中的溶解度/(g/L)
醇类					
1-辛烯-3-醇	$C_8H_{16}O$	类似蘑菇	128	174	难溶
1-己醇	$C_6H_{14}O$	酒精味	102	155	5.9
醛类					
己醛	$C_6H_{12}O$	清新味	100	130	5
苯乙醛	C_8H_8O	甜，玫瑰	120	195	2
乙醛	C_2H_4O	醚味	44	20	混溶
3-甲基丁醛	$C_5H_{10}O$	清新味，麦芽味	86	91	1.4
戊醛	$C_5H_{10}O$	刺鼻	86	102	微溶
庚醛	$C_7H_{14}O$	难闻	114	153	微溶
内酯					
γ-癸内酯	$C_{10}H_{18}O_2$	类似椰子	170	281	微溶
硫化物					
二甲基三硫化物	$C_2H_6S_3$	含硫	126	365	难溶
硫代丁酸甲酯	$C_5H_{10}OS$	类似乳酪	118	301	微溶
芳香族化合物					
香草醛	$C_8H_8O_3$	香草味	152	285	10

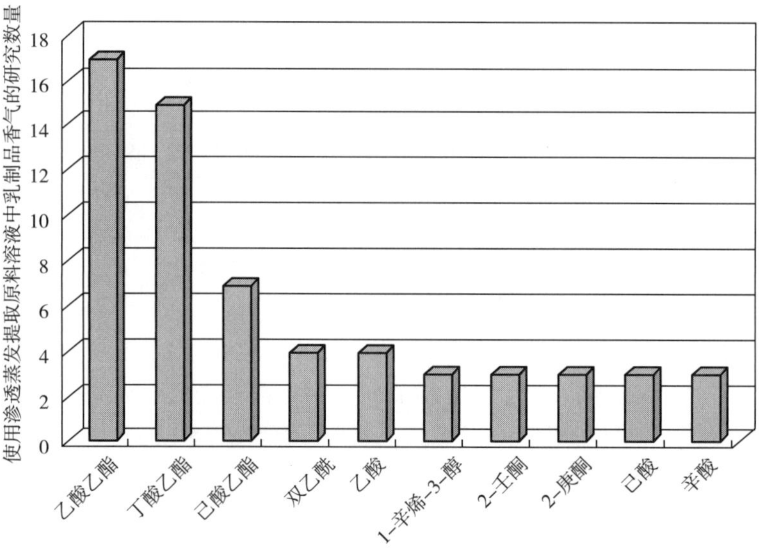

图7.4 最广泛用于渗透蒸发提取模型化合物的乳制品香气

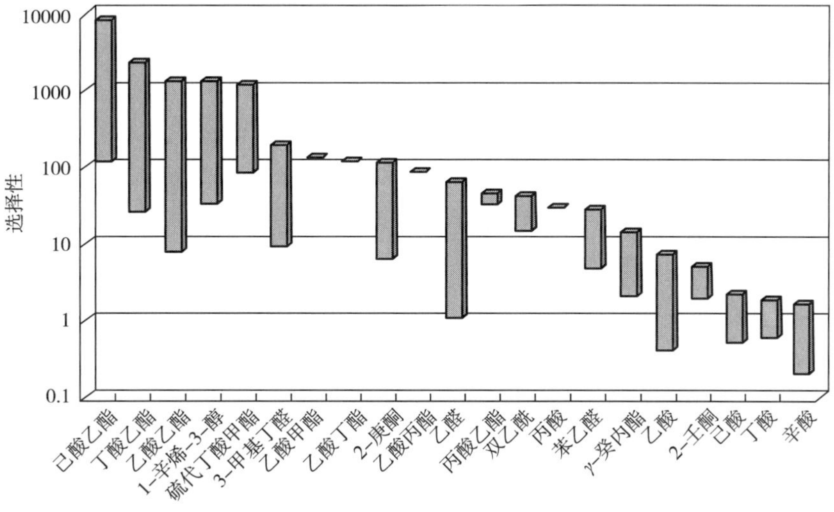

图 7.5 乳制品香气化合物渗透蒸发萃取的膜选择性范围

已经观察到，对于给定的一组香气化合物，通过渗透蒸发可以更好地富集分子质量更大的香气化合物（Overington 等，2008）。据报道，香气化合物的沸点也会影响它们的渗透蒸发回收（Baudot、Souchon 和 Marin，1999）。这些观察结果不应被视为渗透蒸发的一般趋势。如上所述，渗透蒸发分离的性能取决于膜的渗透选择性和渗透驱动力。较大尺寸的渗透分子在通过膜扩散时往往迁移率较低，但它们在膜中的溶解度通常更高。此外，虽然较大的香气分子通常具有较高的沸点，因此饱和蒸气压较低，但稀释的香气化合物水溶液倾向于偏离理想的溶液行为，并且它们在稀释水溶液中的活性系数可能远大于 1。因为所有这些相反的效果，并不能保证更大的香气分子会更好地被膜渗透。

7.3.2 渗透蒸发用于香气回收的膜

在通过渗透蒸发方法回收香气时，分离性能取决于所使用的膜。渗透蒸发膜可以根据膜选择层的结构或性质进行分类。

虽然在实验室研究中经常使用致密的均质膜，但在实际应用中可以使用由支撑在微孔基材上的薄选择性层组成的复合膜，以提高渗透通量。膜可以是中空纤维或平板的形式，因此应使用适当的组件设计。具有壳侧进料或管侧进料的中空纤维组件是常用的配置。平板膜通常包装为平板或螺旋缠绕组件。通常中空纤维组件具有比平板膜更大的膜填充密度。中空纤维膜是自支撑的，不需要外部支撑。在制造平板膜的过程中，基材膜通常被浇铸到无纺背衬材料上，这为最终的复合膜提供额外的支撑（图 7.6）。GKSS、Sulzer 和 Dow Corning 可提供带有聚二甲基硅氧烷（PDMS）选择性层的平面复合膜。微孔基材主要基于聚偏二氟乙烯（PVDF）、聚丙烯腈（PAN）、聚砜（PS）或聚醚酰亚胺（PEI），其孔径在超滤膜范围内。据 Huang、Moon 和 Pal（2002）报道，尽管膜的表面层更为重要，但基材的孔径和孔隙率（而不是基材材料本身）也会影响分离性能。当渗透蒸汽通过微孔基材时，由于努森扩散，传质阻力仍然很大（Rautenbach 和 Helmus，1994）。

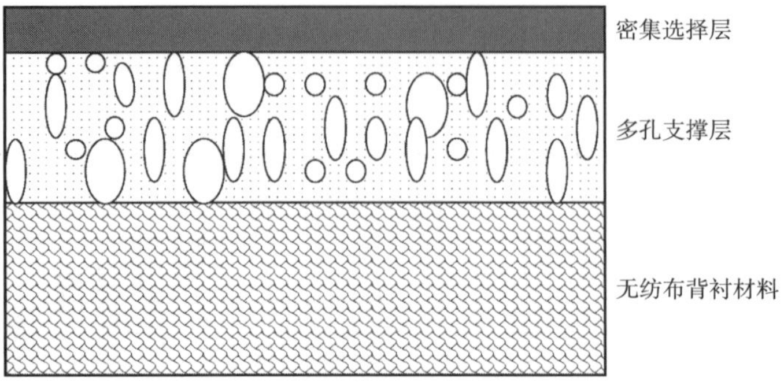

图 7.6 典型复合膜横截面示意图

渗透蒸发膜中的大多数选择性表面层是均匀的。为了提高分离性能，可以在聚合物基质中加入疏水性填料，从而提高吸附选择性并限制膜溶胀。沸石（Bowen、Noble 和 Falconer，2003；Vankelecom、de Beukelaer 和 Uytterhoeven，1997），二氧化硅（Shirazi、Ghadimi 和 Mohammadi，2012），活性炭（Ji、Sikdar 和 Hwang，1995）和炭黑（Panek 和 Konieczny，2007）已被用作填充材料。玻璃状和橡胶状聚合物均可用于形成渗透蒸发膜的选择性层。玻璃状聚合物倾向于有利于水的渗透并可用于有机溶剂的脱水，而弹性聚合物则适合于优先渗透有机化合物。对当前文献的调查表明，PDMS 是迄今为止用于渗透蒸发提取芳香化合物的最广泛使用的橡胶材料，其次是聚辛基甲基硅氧烷（POMS）和聚醚嵌段酰胺（PEBA）。这三种材料约占用于通过渗透蒸发回收香气的膜的三分之二。如图 7.7 所示，乙烯丙烯二烯单体（EPDM）和乙烯醋酸乙烯酯共聚物（EVAC）也较少使用。这些弹性体的化学结构如图 7.8 所示。

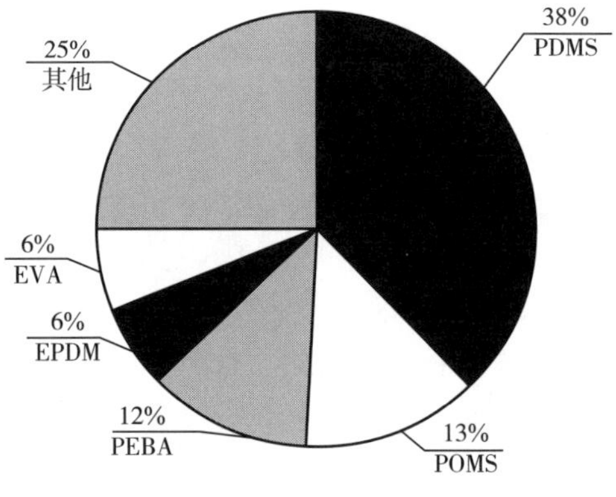

图 7.7 用于渗透蒸发提取乳制品香气化合物的亲有机物膜

7.3.2.1 聚二甲基硅氧烷（PDMS）

聚二甲基硅氧烷（PDMS），通常被称为“硅橡胶”，被认为是目前亲有机渗透蒸发膜的基准材料。PDMS 具有良好的机械和化学性能，可用于制造有支撑或无支撑的平板。它还可以通过涂覆在合适的中空纤维基材上生产中空纤维。有大量关于使用 PDMS 膜通过渗透蒸发

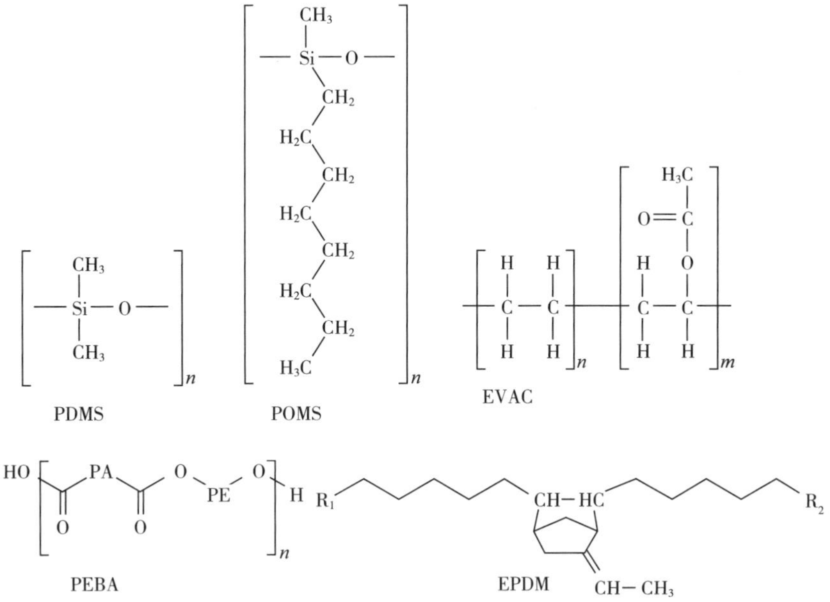

图 7.8 PDMS、POMS、PEBA、EPDM 和 EVAC 的聚合物结构

回收乳制品香气的研究，如表 7.2 所示。平板 PDMS 膜，无论是单独还是支撑在基材上，带有或不带有疏水性纳米填料，都已被广泛研究。

如表 7.2 中的数据所示，PDMS 膜对香气富集表现出良好的选择性。例如使用均质 PDMS 薄膜从水中分离乙酸乙酯可以达到 100~250 的分离因子（Pereira 等，2005；Slater，1997）。当硅沸石填料与 PDMS 薄膜结合时，可以获得 100~1300 的选择性（Pereira 等，2005；Baudot、Souchon 和 Marin，1999；Baudot 和 Marin，1999）。Dotremont 等（1995）报道，硅沸石对疏水分子具有"储库"效应，从而提高了膜性能。此外，当进料溶液含有强非极性分子时，水分子将更难以渗透硅沸石。Te Hennepe 等（1991）也观察到了类似的结果。他表明 PDMS 膜中的沸石填料引起的排斥和曲折效应导致水渗透性降低。在膜中加入诸如硅沸石之类的疏水填料的基本原理是由于疏水填料的有机筛分会阻碍水在膜中的传输。Baudot、Souchon 和 Marin（1999）研究了使用 PDMS 1070 膜从水中分离乙酸乙酯，该膜是一种复合膜，由 30μm 厚的 PDMS 组成，填充 60% 的硅沸石；他们观察到水的跨膜传质系数降低。这也得到了 Slater（1997）工作的支持，他比较了未填充的 PDMS 1060 膜和硅沸石填充的 PDMS 1070 膜在相同操作条件下从水中分离乙酸乙酯的性能。在 2.03% 乙酸乙酯的进料浓度和 50℃ 的温度下，使用 PDMS 1070 膜实现的分离因子比使用 PDMS 1060 膜实现的分离因子高约 2.5 倍。然而，提高的选择性是以显著降低通量为代价的。Slater（1997）的实验数据表明，PDMS 1070 膜的渗透通量仅为未填充 PDMS 1060 膜产生的通量的三分之一。虽然两种膜之间的通量的简单比较不足以得出膜渗透性如何受到硅沸石填料的影响，因为它们的厚度不同，但通过对两种膜之间水和香气的部分通量差异表明，PDMS 1170* 膜中疏水沸石的存在不仅显著降低了水通量，还降低了香气通量。

* 译者注：此为原文，但上下文均在讲 PDMS 1060 膜和 PDMS 1070 膜，此处"PDMS 1170"膜疑为笔误。

表 7.2　基于 PDMS 膜通过渗透蒸发对乳制品香气的提取

膜	膜的类型	有效厚度/μm	进料浓度/(mg/kg)	温度/℃	渗透压/Pa	进料流速/(L/min)	香气流量/[g/(m^2·h)]	分离因子	富集因子	数据来源
乙酸乙酯										
PDMS*	中空纤维	—	600	25	<400	0.5	—	—	96.8	Pereira 等，2005
PDMS	平板	500	饱和	30	<100	—	2980	—	11.6	Djebbar 等，1998
PDMS	平板	40	0~70000	30	100	—	0~1300	—	—	Nguyen 等，2000
PDMS	平板	75	—	—	—	—	0~3000	—	—	Nguyen 等，2000
PDMS 1060	平板	—	20300	50	133	1.5	—	237	—	Slater，1997
PDMS 1060	平板	10	100~900	25	<293	1.53	—	141	—	Pereira 等，2005
PDMS 1070*	平板	30	600	25	<400	0.5	—	—	124.4	Pereira 等，2005
PDMS 1070	平板	30	100~900	25	<293	1.53	—	393	—	Pereira 等，2005
PDMS 1070	平板	30	100	30	250~2000	—	1.7~1.1	300	—	Baudot、Souchon 和 Marin，1999
PDMS 1070	平板	30	500	30~50	300~2500	—	4~16	230~280	—	Baudot 和 Marin，1996
PDMS 1070	平板	—	9500~80000	50	133	1.5	—	309~1281	—	Slater，1997
PDMS/PMHS-氧化铝	—	3.5	50000	40	180	—	—	140	—	Tanaka 等，2010
丁酸乙酯										
PDMS*	中空纤维	—	600	25	<400	0.5	—	—	516	Pereira 等，2005
PDMS*	平板	0.5	100	20~40	900~2400	—	0.56~3.592kPa	—	6~24	Overington 等，2008

PDMS*	平板	1.5	100	20~40	2000	—	0.64~0.94	—	6(40℃)	Overington 等，2008
PDMS	平板	130	88	25	50	$Re=10^5$	2.61	—	1944	Lamer 等，1994
PDMS	平板	500	饱和	30	<100	—	5000	—	158	Djebbar 等，1998
PDMS	平板	10	300	30~50	400~2000	0.49~0.65	0.010~0.019	77~234	—	Song 和 Lee，2005
PDMS	中空纤维	—	50~1000	25~45	—	0.33~5	5.7~7	—	400~1000	Shepherd、Habert 和 Borges，2002
PDMS DS-7	平板	—	148	23	2000	0.285	—	—	30	She 和 Hwang，2006
PDMS 1060	平板	10	100~900	25	<293	1.53	10~33	510	—	Pereira 等，2005
PDMS-PVDF-PP	平板	4	148	23	2000	0.285	—	—	19	She 和 Hwang，2006
PDMS-PVDF-PP	平板	6	148	23	2000	0.285	—	—	27	She 和 Hwang，2006
PDMS-PVDF	平板	2.5	148	23	2000	0.285	—	—	26	She 和 Hwang，2006
PDMS 1070	平板	30	100~900	25	<293	1.53	5~22	875	—	Pereira 等，2005
PDMS 1070	平板	80	100	50	400	$Re=33000$	0.59	—	41	Isci、Sahin 和 Sumnu，2006
PDMS 1070*	平板	30	600	25	<400	0.5	—	—	410	Pereira 等，2005
己酸乙酯										
PDMS*	中空纤维	—	100	25	<400	0.5	—	—	194	Pereira 等，2005

续表

膜	膜的类型	有效厚度/μm	进料浓度/(mg/kg)	温度/℃	渗透压/Pa	进料流速/(L/min)	香气流量/[g/(m² · h)]	分离因子	富集因子	数据来源
PDMS*	平板	0.5	100	20~40	900~2400	—	0.13~2.42kPa	—	5.2~7.2	Overington 等，2008
PDMS*	平板	1.5	100	20~40	2000	—	0.44~0.93	—	6（40℃）	Overington 等，2008
PDMS	平板	130	88	25	50	$Re=10^5$	8.13	—	3150	Lamer 等，1994
PDMS	平板	10	300	30~50	2000	0.49~0.65	0.014~0.024	112~252	—	Song 和 Lee，2005
PDMS 1060	平板	10	100~900	25	<293	1.53	—	599	—	Pereira 等，2005
PDMS 1070	平板	30	100~900	25	<293	1.53	—	750	—	Pereira 等，2005
PDMS 1070*	平板	30	100	25	<400	0.5	—	—	213.2	Pereira 等，2005
辛酸乙酯										
PDMS*	平板	0.5	100	20~40	900~2400	—	0.003~0.12kPa	—	1.1~2.3	Overington 等，2008
PDMS*	平板	1.5	100	20~40	2000	—	0.017~0.045	—	2.5（40℃）	Overington 等，2008
硫代丁酸甲酯										
PDMS 1060	平板	10	15	30	250~2000	—	0.6~0.4	300~400		Baudot、Souchon 和 Marin，1999
PDMS 1070	平板	30	15	30	285~2000	—	0.17~0.03	84~291	—	Baudot 和 Marin，1996
丙酸乙酯										
PDMS	平板	500	饱和	30	<100	—	2810	—	43.5	Djebbar 等，1998
2-庚酮										
PDMS*	平板	0.5	100	20~40	900~2400	—	0.0045~0.342kPa	—	6~20	Overington 等，2008

PDMS*	平板	1.5	100	20~40	2000	—	0.11~0.17	—	10（40℃）	Overington 等，2008
2-壬酮										
PDMS*	平板	0.5	100	20~40	900~2400	—	0.0054~0.132kPa	—	2~4	Overington 等，2008
PDMS*	平板	1.5	100	20~40	2000	—	0.029~0.066	—	4（40℃）	Overington 等，2008
双乙酰										
PDMS-PC	平板	25	20~2000	25~43	650~3000	—	0.044~63	33~40	—	Rajagopalan、Cheryan 和 Matsuura，1994
PDMS 1070	平板	30	80	30	250~2000	—	0.2~0.1	15	—	Baudot、Souchon 和 Marin，1999
PDMS 1070	平板	30	80	30,50	240~2500	—	0.078~0.408	15，19	—	Baudot 和 Marin，1996
γ-葵内酯										
PDMS 1060	平板	10	500	30	250~2000	—	1~0.08	15~2	—	Baudot、Souchon 和 Marin，1999
乙酸										
PDMS*	平板	0.5	100	20~40	900~2400	—	0.011~0.312kPa	—	0.4~0.7	Overington 等，2008
PDMS*	平板	1.5	100	20~40	2000	—	0.054~0.089	—	0.5（40℃）	Overington 等，2008
丁酸										
PDMS*	平板	0.5	100	20~40	900~2400	—	0.015~0.582kPa	—	0.6~1.3	Overington 等，2008
PDMS*	平板	1.5	100	20~40	2000	—	0.092~0.19	—	1（40℃）	Overington 等，2008
己酸										
PDMS*	平板	0.5	100	20~40	900~2400	—	0.013~1.072kPa	—	0.5~2.3	Overington 等，2008

续表

膜	膜的类型	有效厚度/μm	进料浓度/（mg/kg）	温度/℃	渗透压/Pa	进料流速/（L/min）	香气流量/[g/（m^2·h）]	分离因子	富集因子	数据来源
PDMS*	平板	1.5	100	20~40	2000	—	0.092~0.25	—	1.5（40℃）	Overington 等，2008
辛酸										
PDMS*	平板	0.5	100	20~40	900~2400	—	0.0067~0.672kPa	—	0.2~1.6	Overington 等，2008
PDMS*	平板	1.5	100	20~40	2000	—	0.024~0.15	—	1（40℃）	Overington 等，2008
1-辛烯 3-醇										
PDMS	平板	130	87	25	50	$Re=10^5$	1.77	—	1272	Lamer 等，1994
PDMS 1060	平板	10	100~900	25	<293	1.53	—	154	—	Pereira 等，2005
PDMS 1070	平板	30	100~900	25	<293		252	—	1.53	Pereira 等，2005
苯乙酰										
PDMS	平板	160	180~12000	30	667		—	5~30	—	Kanani 等，2003
乙醛										
ZSM-5-PDMS-尼龙	平板		30000~130000	15~45	—		0.83	6~65	—	Wu 等，2012
3-甲基丁醛										
PDMS	平板	160	180~12000	30	667		—	120~200	—	Kanani 等，2003
PDMS-PVDF-PP	平板	1	100	30	133		5	14	—	Raisi 和 Aroujalian，2011
PDMS-PVDF-PP	平板	10	100	30	133		5	19	—	Raisi 和 Aroujalian，2011
PDMS-PVDF-PP	平板	18	100	30	133		5	24	—	Raisi 和 Aroujalian，2011

注：*多组分进料解决方案。

然而，PDMS 膜的渗透选择性并不总是随膜中硅酸盐填料的加入而增加。由于沸石的分子筛作用，原则上大分子可能部分地被截留在孔外，因此在膜中加入沸石可能会带来降低香气流量的重要缺陷。Baudot 和 Marin（1996）及 Baudot、Souchon 和 Marin（1999）研究了在类似条件下使用未填充的 PDMS 1060 和硅沸石填充的 PDMS 1070 膜从水中分离硫代丁酸甲酯。发现使用 PDMS 1070 膜获得的香气化合物的选择性和部分渗透通量都比使用 PDMS 1060 膜获得的低 50%。显然，如果香气分子大到足以使沸石对香气化合物产生显著的排斥作用，则使用硅沸石填料是不利的。

需要指出的是，对于填充硅沸石的 PDMS 膜，除了分子筛效应降低膜对大分子渗透性外，香气分子与硅沸石之间的强结合也会降低香气化合物通量。Pereira 等（2005）研究了使用 PDMS 1060 和 PDMS 1070 膜通过渗透蒸发从稀释水溶液（100~900mg/L）中分离丁酸乙酯，并观察到与不含硅沸石的 PDMS 1060 膜相比，使用 PDMS 1070 膜的丁酸乙酯通量要低 30%~40%。

研究者为提高 PDMS 膜的渗透蒸发性能已经做出了很多的努力。一种方法是将 PDMS 与其他聚合物交联以提高膜稳定性。Tanaka 等（2010）报道，在平均孔径为 5nm 的管状氧化铝基材的孔中用聚（甲基氢硅氧烷）（PMHS）交联的 PDMS，然后进行热处理。图 7.9 说明了 PDMS 和 PMHS 之间的交联反应，其中 PMHS 的 Si-H 键与 PDMS 的羟基反应，在释放氢的同时形成交联结构。孔填充膜的一个优点是聚合物被限制在基材的孔中，从而使膜更稳定。与在硅基板上形成的 PDMS/PMHS 交联膜相比，填充孔的 PDMS/PMHS 交联膜能够降低溶胀度（40%）并且增强选择性。在 5%（质量分数）乙酸乙酯的进料浓度下，在 40℃下从水中渗透蒸发分离乙酸乙酯的分离因子为 140，总渗透通量为 1.5kg/(m^2·h)。值得注意的是，早期的研究表明，在相同操作条件下，将 PDMS/PMHS 交联膜支撑在不对称聚醚酰亚胺基材上的性能要低得多［分离因子 24，总通量 0.26kg/(m^2·h)］（Osorio-Galindo 等，2001）。人们可能想知道使用 Tanaka 的 PDMS/PMHS 交联膜获得的良好性能是否确实归因于疏水性硅氧烷聚合物在基材孔中的填充。

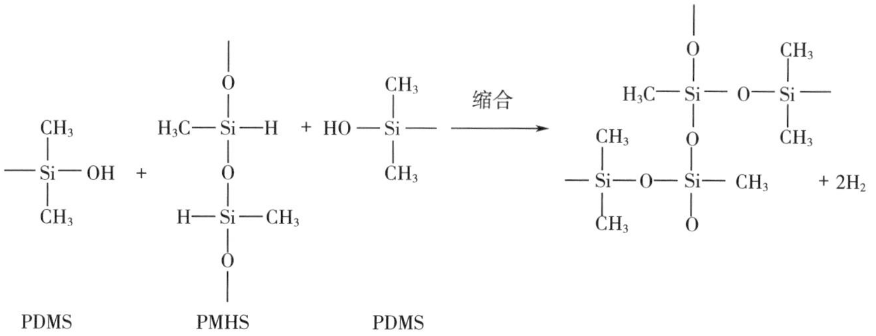

图 7.9　PDMS 和 PMHS 之间可能的交联反应机制（Tanaka 等，2010）

7.3.2.2　聚辛基甲基硅氧烷（POMS）

聚辛基甲基硅氧烷（POMS）是一种有前景的有机硅氧烷聚合物，可用于渗透蒸发提取乳制品香气。与 PDMS 膜相比，POMS 膜通常表现出更好的选择性，具有相似或更低的香气化合物渗透性。表 7.3 总结了使用 POMS 膜进行渗透蒸发回收乳制品香气的研究。Sampranpiboon 等

表 7.3 基于 POMS 的膜渗透蒸发提取乳制品香气

膜	膜的类型	有效厚度/μm	进料浓度/(mg/kg)	温度/℃	渗透压/Pa	进料流速/(L/min)	香气流量/[g/(m^2·h)]	分离因子	富集因子	数据来源
乙酸乙酯										
POMS	单通道	10	1~50	—	—	—	0.01~0.7	—	—	Schafer, 2004
丁酸乙酯										
POMS*	平板	5~6	100	20~40	2000	—	0.42~0.88	—	27(40℃)	Overington 等,2008
POMS	平板	10	300	30~50	400~2000	0.49~0.65	0.011~0.021	118~281	—	Sampranpiboon 等, 2000a
POMS-PVDF-PP	平板	10	148	23	2000	0.285	—	—	46	She 和 Hwang,2006b
己酸乙酯										
POMS	平板	10	300	30~50	400~2000	0.49~0.65	0.013~0.043	244~307	—	Sampranpiboon 等, 2000a
POMS*	平板	5~6	100	20~40	2000	—	0.17~0.2	—	7.5(40℃)	Overington 等, 2008
辛酸乙酯										
POMS*	平板	5~6	100	20~40	2000	—	0.004~0.004	—	1.5(40℃)	Overington 等,2008
3-庚酮										
POMS*	平板	5~6	100	20~40	2000	—	0.031~0.070	—	22.5(40℃)	Overington 等, 2008
3-壬酮										
POMS*	平板	5~6	100	20~40	2000	—	0.0092~0.013	—	4.5(40℃)	Overington 等, 2008

1-辛烯-3-醇										
POMS-PEI 03/011	平板	—	0.1~10	26	400	0.42~1.53	0.001~0.002	32~42	—	Martinez、Sanz 和 Beltran,2011
苯乙醛										
POMS-PEI	平板	5	180~12000	30	667	—	—	5~30	—	Kanani 等，2003
乙酸										
POMS*	平板	5~6	100	20~40	2000	—	0.0062~0.024	—	0.7(40℃)	Overington 等，2008
丁酸										
POMS*	平板	5~6	100	20~40	2000	—	0.012~0.067	—	2(40℃)	Overington 等，2008
己酸										
POMS*	平板	5~6	100	20~40	2000	—	0.0084~0.047	—	1.5(40℃)	Overington 等，2008
辛酸										
POMS*	平板	5~6	100	20~40	2000	—	0.0036~0.0093	—	0.3(40℃)	Overington 等，2008
3-甲基丁醛										
POMS-PEI	平板	5	180~12000	30	667	—	—	50~120	—	
POMS-PPSU-PP	平板	0.16	100	30	133	5	0.24	9	—	Kanani 等，2003
POMS-PVDF-PP	平板	3.3	100	30	133	5	0.4	35	—	Raisi 和 Aroujalian，2011
POMS-PVDF-PP	平板	20*	100	30	133	5	0.3	45	—	Raisi 和 Aroujalian，2011

注：*多组分进料解决方案。

(2000a) 研究了使用相同厚度 (10μm) 的 PDMS 和 POMS 膜从水溶液中分离丁酸乙酯和己酸乙酯。与 PDMS 相比，POMS 膜对香气化合物显示出更好的渗透选择性。然而，它们的香气通量似乎相似。与使用 PDMS 膜的富集因子为 77~234 相比，POMS 膜富集因子 118~281。此外，两种膜都显示分离丁酸乙酯与水比分离己酸乙酯与水的选择性更好。Raisi 和 Aroujalian (2011) 研究了使用 POMS 和 PDMS 膜从水中分离 3-甲基丁醛，表明与 PDMS 膜相比，POMS 膜对 3-甲基丁醛和一些其他水果香气的渗透更具选择性。他们还报告，当进料溶液中存在多种芳香化合物时，芳香化合物之间的耦合效应不可忽略。此外，在测试的操作条件下，液体边界层效应在渗透蒸发实验中也很重要，据报道，较厚的膜产生更高的选择性。这并不令人意外，因为较厚的膜对传质提供了更大的阻力，因此整个传质将受到膜的更显著控制。结果，液体边界层效应对分离性能变得不那么显著。

有趣的是，Kanani 等 (2003) 也研究了使用 PDMS 和 POMS 膜从水中渗透蒸发分离 3-甲基丁醛，报道了两种膜富集 3-甲基丁醛的选择性顺序相反。在相同的操作条件下，使用 PDMS 膜比使用 POMS 膜更显著地在透过液中富集 3-甲基丁醛，据报道，PDMS 比 POMS 对醛的分离效果更好。然而，这不能完全归因于 PDMS 膜的更高选择性，因为使用的 PDMS 膜 (厚度 160μm) 比 POMS 膜 (5μm) 厚得多。观察到的分离性能由膜和边界层效应决定。膜的传质阻力与膜厚度直接相关。如果液体边界层效应不可忽略，使用较厚的膜将提供更好的分离，尽管渗透通量会受到影响。为了比较膜性能，Kanani 等 (2003) 将 PDMS 膜的总和部分 (香气) 通量归一化为 5μm 厚。当液体边界层对膜表面的影响不明显时，这种处理是有效的。否则，真正的膜渗透行为将被液相传质阻力掩盖。在实践中应尽量减少边界层效应，以使膜充分发挥其潜力。

7.3.2.3 聚醚嵌段酰胺 (PEBA)

聚醚嵌段酰胺 (PEBA) 是由 Atofina (现为 Arkema) 开发的一组由软聚醚链段和刚性聚酰胺链段组成的嵌段共聚物。通过改变刚性块和软块的性质或长度可以获得广泛的物理特性 (Flesher Jr, 1986)。PEBA 代表一组用于渗透蒸发的非有机硅亲有机物膜。表 7.4 列出了用于通过渗透蒸发回收乳制品香气的 PEBA 膜的工作。Djebbar 等 (1998) 制备并评估了一系列具有不同醚段含量的 PEBA 膜 (厚度约 100μm) 的性能。它们对渗透蒸发的适用性通过三种酯类香气进行了测试，包括乙酸乙酯、丙酸乙酯和丁酸乙酯。发现香气渗透通量和富集因子都随着共聚物中聚醚链段含量的增加而增加。然而，在测试的 PEBA 膜中，当在 30℃，进料是乙酸乙酯 [8.4% (质量分数)]、丙酸 [2% (质量分数)] 或丁酸 [0.6% (质量分数)] 的饱和水溶液时，性能最好的膜显示出与 PDMS 膜相似的富集因子 (厚度约 500μm)。PEBA 膜中香气的渗透性低于 PDMS 膜，鉴于 PDMS 基质中的普遍高扩散性，这是可以理解的，这是由于聚合物链的硅氧烷键产生的极好的柔韧性。

在回收高沸点疏水芳香化合物方面，PEBA 膜似乎优于 PDMS。据报道，使用 PEBA 40 膜 (厚度 70μm) 从水中提取硫代丁酸甲酯 (标准沸点 142℃) 的富集因子高达 1205 (Baudot 和 Marin, 1996)。与填充硅沸石的 PDMS 1070 膜 (厚度 30μm) 相比，硫代丁酸甲酯通过 PEBA 40 的部分通量高出二倍到四倍，而水通量仍然较低。在 30℃ 和 15mg/L 的硫代丁酸甲酯进料中，PEBA 40 中香气的渗透系数是 PDMS 1070 中的 4 倍，而 PEBA 40 中的水渗透系数仅为 PDMS 1070 中水渗透性的 40%。这清楚地证明了 PEBA 膜优异的渗透蒸发性能。在随后的一项研究中，Baudot、Souchon 和 Marin (1999) 还比较了 PEBA 40 膜与不含硅

表 7.4 基于 PEBA 的膜渗透蒸发提取乳制品香气

膜*	膜的类型	有效厚度/μm	进料浓度/(mg/kg)	温度/℃	渗透压/Pa	香气流量/[g/(m²·h)]	分离因子	富集因子	数据来源
乙酸乙酯									
PEBA(PE/PA 57.8/42.2)	平板	100	饱和	30	<100	301	—	10	Djebbar 等，1998
PEBA(PE/PA 40/60)	平板	100	饱和	30	<100	40	—	8.2	Djebbar 等，1998
丁酸乙酯									
PEBA(PE/PA 89.4/10.6)	平板	100	饱和	30	<100	800	—	137	Djebbar 等，1998
PEBA(PE/PA 84.5/15.5)	平板	100	饱和	30	<100	660	—	142	Djebbar 等，1998
PEBA(PE/PA 73.2/26.8)	平板	100	饱和	30	<100	282	—	132	Djebbar 等，1998
PEBA(PE/PA 57.8/42.2)	平板	100	饱和	30	<100	86	—	128	Djebbar 等，1998
PEBA(PE/PA 40/60)	平板	100	饱和	30	<100	10	—	91	Djebbar 等，1998
PEBA 3533	平板	100	100~900	30~60	667	1.5~25	60~175	—	Sampranpiboon 等,2000b
PEBA(PE/PA 57/43)	平板	—	200~900	25	—	—	50~130	—	Mohammadi、Kikhavandi 和 Moghbeli，2008
PEBA(PE/PA 57/43)	平板	—	200~900	25	—	—	70~125	—	Mohammadi、Kikhavandi 和 Moghbeli，2008

续表

膜*	膜的类型	有效厚度/μm	进料浓度/（mg/kg）	温度/℃	渗透压/Pa	香气流量/[g/（m^2·h）]	分离因子	富集因子	数据来源
硫代丁酸甲酯									
PEBA 40	平板	70	15	30	250~2000	0.55~0.2	700~1200	—	Baudot、Souchon 和 Marin，1999
PEBA 40	平板	70	15	30	190~2000	0.3~0.14	700~1205	—	Baudot 和 Marin，1996
丙酸乙酯									
PEBA（PE/PA 89.4/10.6）	平板	100	Saturated	30	<100	1180	—	40.5	Djebbar 等，1998
PEBA（PE/PA 84.5/15.5）	平板	100	Saturated	30	<100	1000	—	42.1	Djebbar 等，1998
PEBA（PE/PA 73.2/26.8）	平板	100	Saturated	30	<100	295	—	39	Djebbar 等，1998
PEBA（PE/PA 57.8/42.2）	平板	100	Saturated	30	<100	88	—	35	Djebbar 等，1998
PEBA（PE/PA 40/60）	平板	100	Saturated	30	<100	20	—	33.5	Djebbar 等，1998
双乙酰 1									
PEBA 40	平板	30	80	30,50	220~5000	0.019~0.087	17，18	—	Baudot 和 Marin，1996
香兰素									
PEBA 25	平板	100	5000	15~80	—	2~40	—	—	Boddeker，1997
PEBA 40	平板	25~140	0~7000	15~80	—	0~25	—	—	Boddeker，1997

注：数字是指聚醚（PE）和聚酰胺（PA）链段的含量或聚合物牌号的代码。

沸石的 PDMS 1060 膜的性能。虽然两种膜对硫酯具有相似的渗透性，但 PEBA 40 膜的水渗透性要低得多。

对于亲水性和低沸点香气，如双乙酰（正常沸点 88℃），PEBA 40 和 PDMS 1070 膜显示出相似的选择性（Baudot 和 Marin，1996）。对于 PEBA 40 膜，就传质而言，吸附比扩散更占主导地位。因此，这种膜有利于非极性和大容量透过液（例如硫酯）的渗透，但它对诸如二乙酰这样的更小和更具极性的分子的选择性渗透没有很强的竞争力。

Mujiburohman 和 Feng（2007）使用 Pebax 2533 制备了一种 PEBA 膜，用于从水中渗透蒸发分离丙酸丙酯。该共聚物具有高含量的聚醚链段［86%（质量分数）的聚四亚甲基氧化物］，其中聚酰胺-12 是硬链段。发现膜的渗透选择性主要来源于其优异的吸附选择性。丙酸丙酯从其稀释水溶液通过膜的扩散率受原料溶液中香气浓度的指数影响。

7.3.2.4 乙烯丙烯二烯单体（EPDM）和乙烯醋酸乙烯共聚物（EVAC）

乙烯丙烯二烯单体（EPDM）和乙烯醋酸乙烯酯共聚物（EVAC）是两种弹性体材料，它们也已被开发用于通过渗透蒸发提取乳制品香气。EPDM 和 EVAC 膜用于香气分离的性能分别总结在表 7.5 和表 7.6 中。三元乙丙橡胶是乙烯和丙烯的三元共聚物，亚乙基降冰片烯作为二烯共聚单体插入链中。由于骨架（Backbones）饱和，它对臭氧和其他化学物质具有很强的抵抗力（Huang、Moon 和 Pal，2002）。他们研究了几种具有不同丙烯含量的 EPDM 膜来从水中分离丁酸乙酯（Huang、Moon 和 Pal，2002）。EPDM 膜中丙烯含量的增加导致对丁酸乙酯的选择渗透性提高，但由于丙烯的更大刚性阻碍了膜中的质量传递，因此膜渗透性降低。

Huang、Moon 和 Pal（2002）在微孔基材上制造了具有不同丙烯含量的 EPDM 顶层的薄膜复合膜，并使用串联电阻模型来分析传输现象。该研究表明，液体边界层电阻与膜电阻本身一样重要。当使用不同的基材时，影响复合膜分离性能的是基材的孔隙率，而不是其他性质。

还有一种具有理想的渗透蒸发香气回收特性的市售弹性体是乙烯乙酸乙烯酯共聚物（EVAC）。它由非极性结晶乙烯链段和极性非结晶乙酸乙烯酯链段组成。乙酸乙烯酯含量影响共聚物的性能，包括结晶度、玻璃化转变温度、机械强度和热稳定性。Bai 等（2007）研究了不同乙酸乙烯酯含量的 EVAC 膜从水溶液中回收乙酸乙酯的分离性能。当膜中乙酸乙烯酯的含量从 26%（质量分数）增加到 100%（质量分数）（即聚乙酸乙烯酯）时，分离因子显示出持续下降。然而，香气通量呈现出不同的趋势；增加膜中乙酸乙烯酯的含量使乙酸乙酯的渗透通量增加到膜中乙酸乙烯酯的 38%，然后当膜中含有更多乙酸乙烯酯时香气通量开始降低。据报道，这些趋势是由于膜的亲水性和溶胀度增加所致。在 30℃下，加入 2.5%（质量分数）乙酸乙酯溶液的最大香气通量为 550g/(m^2·h)，相应的分离因子为 118。在 50℃时，香气通量和分离因子分别增加到 1250g/(m^2·h) 和 135g/(m^2·h)。Pereira 等（2005）还使用 Polieneas SA 提供的 EVAC 制备了一种复合膜，其中乙酸乙烯酯的含量未公开，用于乙酸乙酯分离，该膜显示出低得多的选择性。

为了进一步研究 EPDM 和 EVAC 膜通过渗透蒸发进行香气分离，Pereira 等（2005）使用 PDMS 膜（PDMS 1060、PDMS 1070）作为基线进行了比较渗透研究。表 7.7 总结了用于全蒸发分离乙酸乙酯、丁酸乙酯、已酸乙酯和辛烯醇的膜的性能。EPDM 膜在测试的四种膜中表现出最好的性能。基于过程模拟，得出的结论是，如果进料浓度足够高导致渗透液在冷凝后发生相分离，则渗透性更高的膜（例如 PDMS 1060）将更具优势。

表 7.5 通过基于 EPDM 的膜渗透蒸发提取乳制品香气

膜	膜的类型	有效厚度/μm	进料浓度/(mg/kg)	温度/℃	渗透压/Pa	进料流速/(L/min)	香气流量/[g/(m^2·h)]	分离因子	富集因子	数据来源
乙酸乙酯										
EPDM$^{\alpha}$	中空纤维	—	600	25	<400	0.5	—	—	125.3	Pereira 等，2005
EPDM	平板	10	100~900	25	<400	1.53	—	174	—	Pereira 等，2005
丁酸乙酯										
EPDM	平板	10	100~900	25	<400	1.53	3~15	2271	—	Pereira 等，2005
V86 EPDM-PAN	平板	76	100~400	30	400	—	0.2~0.65	25~50	—	Huang、Moon 和 Pal，2002
V86 EPDM-PMMA	平板	76	100~400	30	400	—	0.18~0.35	55~105	—	Huang、Moon 和 Pal，2002
V86 EPDM-PSf	平板	76	100~400	30	400	—	0.2~0.65	70~80	—	Huang、Moon 和 Pal，2002
V86 EPDM-PVDF	平板	76	100~400	30	400	—	0.2~0.65	40~55	—	Huang、Moon 和 Pal，2002
K5 EPDM-PVDF	平板	32	100~400	30	400	—	0.4~3.5	—	—	Huang、Moon 和 Pal，2002
K5 EPDM-PVDF	平板	81	100~400	30	400	—	0.3~1.3	—	—	Huang、Moon 和 Pal，2002
K5 EPDM-PVDF	平板	76	200	15~35	400	—	0.4~0.8	—	—	Huang、Moon 和 Pal，2002
K5 EPDM-PVDF	平板	96	100~400	30	400	—	0.2~0.7	—	—	Huang、Moon 和 Pal，2002
V86 EPDM-PVDF	平板	76	100~600	30	400	0.2~1.6	0.4~3.2	50~210	—	Huang、Moon 和 Pal，2002
V88 EPDM-PVDF	平板	76	200~600	30	400	0.2~1.6	0.6~3.4	25~145	—	Huang、Moon 和 Pal，2002
V86 EPDM-PVDF	平板	76	200	15~35	400	—	0.5~1.5	—	—	Huang、Moon 和 Pal，2002

己酸乙酯										
EPDM$^{\alpha}$	中空纤维	—	100	25	<400	0.5	—	—	1161	Pereira 等，2005
EPDM	平板	10	100~900	25	<400	1.53	—	8171	—	Pereira 等，2005
EPDM	平板	—	—	—	—	—	—	8171	—	Pereira 等，2002
1-辛烯-3-醇										
EPDM	平板	10	100~900	25	<400	1.53	—	957	—	Pereira 等，2005

表 7.6 基于 EVA 的膜渗透蒸发提取乳制品香气

膜	膜的类型	有效厚度/μm	进料浓度/(mg/kg)	温度/℃	渗透压/Pa	进料流速/(L/min)	香气流量/[g/(m^2·h)]	分离因子	富集因子	数据来源
乙酸乙酯										
EVA	平板	7	100~900	25	<400	1.53	—	31	—	Pereira 等,2005
EVA38-PAN	平板	20	10000~25000	30~50	180	$Re=10^5$	31~1235	40~136	—	Bai 等，2007
丁酸乙酯										
EVA	平板	7	100~900	25	<400	1.53	2~10	655	—	Pereira 等,2005
己酸乙酯										
EVA	平板	7	100~900	25	<400	1.53	—	4443	—	Pereira 等,2005
EVA	平板	—	—	—	—	—	—	4443	—	Bai 等，2007
1-辛烯-3-醇										
EVA	平板	7	100~900	25	<400	1. 53	—	636	—	Pereira 等,2005

表 7.7　渗透蒸发法提取乳香的膜性能比较

膜	有效厚度/μm	进料浓度/(mg/kg)	渗透压/Pa	香气流量/[g/(m^2·h)]	分离因子
乙酸乙酯					
PDMS 1060	10	100~900	<293	—	141
PDMS 1070	30	100~900	<293	—	393
EPDM	10	100~900	<400	—	174
EVA	7	100~900	<400	—	31
丁酸乙酯					
PDMS 1060	10	100~900	<293	10~33	510
PDMS 1070	30	100~900	<293	5~22	875
EPDM	10	100~900	<400	3~15	2271
EVA	7	100~900	<400	2~10	655
己酸乙酯					
PDMS 1060	10	100~900	<293	—	599
PDMS 1070	30	100~900	<293	—	750
EPDM	10	100~900	<400	—	8171
EVA	7	100~900	<400	—	4443
1-辛烯-3-醇					
PDMS 1060	10	100~900	<293	—	154
PDMS 1070	30	100~900	<293	—	252
EPDM	10	100~900	<400	—	957
EVA	7	100~900	<400	—	636

7.3.2.5　其他材料

用于渗透蒸发回收乳制品香气的膜的研究已扩展到其他材料，主要是基于聚（偏二氟乙烯）（PVDF）和聚［1-（三甲基甲硅烷基）-1-丙炔］（PTMSP）的聚合物材料，如表 7.8所示。沸石基无机膜和沸石填充聚合物膜也已用于分离酸和醛类气味。Bai 等（2008）使用交联羟基封端聚丁二烯基聚氨酯脲（HTPB-DVB-PU）膜从水中渗透蒸发回收乙酸乙酯。交联剂的引入显著提高了膜的耐热性。分离因子和总通量随着二乙烯基苯含量的增加而增加，在乙酸乙酯的进料浓度为 2.5%（质量分数）和 30℃时，膜的分离因子为 655，总通量为 256g/(m^2·h)。此外，含氟聚合物，主要是聚偏二氟乙烯及其共聚物，也已被用于制造通过渗透蒸发提取乙酸乙酯的膜（Zhu、Tian 和 Xu，2005；Tian 和 Jiang，2008）。

表 7.8 其他膜法对乳制品香气的渗透萃取

膜	膜的类型	有效厚度/μm	进料浓度/(mg/kg)	温度/℃	渗透压/Pa	进料流速/(L/min)	香气流量/[g/(m²·h)]	分离因子	富集因子	数据来源
乙酸乙酯										
PTMSP	平板	—	84~137	—	—	$Re=2\times10^4$	50	133	1.5	Slater，1997
HTPB-DVB-PU	平板	100	10000~25000	30	180	$Re=10^5$	25~250	370~650	—	Bai 等，2008
P(VDF-HFP)	平板	20	10000~50000	30~50	400~533	—	100~2000	70~180	—	Zhu、Tian 和 Xu，2005
P(VDF-HFP)	平板	10	15000~30000	30~50	300~400	—	200~1800	45~180	—	Tian 和 Jiang，2008
P(VDF-HFP)/[bmim]BF_4	平板	10	10000~50000	25~65	200	—	—	60~180	—	Yongquan 等，2012
Ge-ZSM-5 沸石	管状	30	50000	30	<250	1.2	130	90	—	Bowen 等，2003
表面改性氧化铝	管状	—	1500~6000	30~50	1333	—	32~380	56~95	49~63	Song 和 Lee，2005；Song、Lee 和 Rim，2004
丁酸乙酯										
PHDFNMA-filled PTMSP	平板	—	—	—	—	—	0.01~4.8	—	40~170	Mishima 和 Nakagawa，2002
表面改性氧化铝	管状	—	1500~6000	30~50	1333	—	55~512	89~131	60~102	Song、Lee 和 Rim，2004
乙酸丙酯										
表面改性氧化铝	管状	—	1500~6000	40	1333	—	75~290	85~90	—	Song、Lee 和 Rim，2004

续表

膜	膜的类型	有效厚度/μm	进料浓度/(mg/kg)	温度/℃	渗透压/Pa	进料流速/(L/min)	香气流量/[g/(m²·h)]	分离因子	富集因子	数据来源
乙酸丁酯										
表面改性氧化铝	管状	—	1500~6000	40	1333	—	104~318	118~119	98~102	Song、Lee 和 Rim，2004
乙酸甲酯										
Ge-ZSM-5 沸石	管状	30	50000	30	<250	20	280	130	—	Bowen 等，2003
丙酸乙酯										
表面改性氧化铝	管状	—	1500~6000	30~50	1333	—	547~482	75~114	55~93	Song、Lee 和 Rim，2004
双乙酰										
油醇液体膜	中空纤维	22	50~450	30	1333	0.015	0.032	40	—	Ishii 等，1995
乙酸										
Ge-ZSM-5 沸石	管状	30	50000	30	<250	20	4.3	7	—	Bowen 等，2003
丙酸										
Ge-ZSM-5 沸石	管状	30	50000	30	<250	20	9.4	30	—	Bowen 等，2003
乙醛										
PDMS 填充 ZSM-5	平板		30000~130000	15~45		0.83	50~350	6~65	—	Wu 等，2012
PU 填充 3A 沸石	平板		20000~200000	25	<1000	—	—	1.1~7.4	—	Wu 等，2011

注：[bmim]BF_4—1-丁基-3-甲基-咪唑鎓-四氟硼酸酯；DVB—二乙烯基苯；HFP—六氟丙烯；HTPB—羟基封端的聚丁二烯；PHDFNMA—聚（1H,1H,9H-甲基丙烯酸十六烷酯）；PTMSP—聚[1-（三甲基甲硅烷基）-1-丙炔]；PU—聚（氨基甲酸乙酯）。

大多数用于香气提取的渗透蒸发膜是亲有机物的。令人惊讶的是，Yongquan 等（2012）通过将亲水性离子液体加入聚偏二氟乙烯-共-六氟丙烯中制备了一种混合膜，用于从水中分离乙酸乙酯。所使用的离子液体 3-丁基咪唑鎓四氟硼酸盐（[bmim] BF_4）具有亲水性，可与水以任何比例混溶（Huddleston 等，2001；Sheldon 和 van Rantwijk，2008）。正如预期的那样，随着膜中 [bmim] BF_4 含量的增加，膜中亲油性乙酸乙酯的吸附量显著降低（Yongquan 等，2012）。然而，有趣的是，据报道将亲水性离子液体掺入亲有机聚合物基质中可以提高膜对乙酸乙酯的渗透性。假设进料中的水分子会与加载在膜中的 [bmim] BF_4形成水合物，减慢水扩散，同时增强乙酸乙酯在膜中的扩散。然而，这还有待实验验证。在亲有机物膜中使用亲水性"添加剂"来增强亲油性透过液的选择性渗透是非常罕见的。

Bowen、Noble 和 Falconer（2003）使用 Ge-ZSM-5 沸石（锗取代，MFI 结构）膜分离羧酸（乙酸、丙酸）、酯（乙酸甲酯、乙酸乙酯）和一些其他有机水溶液中的化合物。据报道，该膜比通过类似程序制备的硅沸石-1 膜更具疏水性。众所周知，与单独使用 Ge 或 Al 的其他框架相比，在 MFI 框架（Ge-ZSM-5）中同时加入 Ge 和 Al 可以改变其催化性能。有趣的是，当适量的 Ge 和 Al 结合到硅沸石-1 骨架中时，所得膜可以是超亲水的。当进料中含有少量水时，此类膜对于溶剂脱水可能非常有效（Wang 等，2014），但不适用于从稀水溶液中渗透蒸发提取香气。

Lee 及其同事（Song 和 Lee，2005；Song、Lee 和 Rim，2004）通过使用硅烷偶联剂（全氟烷基硅烷）对管状氧化铝基材（孔径为 0.1mm）进行表面改性制备疏水膜。测试膜从稀水溶液中渗透蒸发萃取乙酸乙酯、乙酸丙酯和乙酸丁酯。与 PDMS 相比，表面改性形式表现出更高的通量但更低的选择性。在 0.15%~0.60%（质量分数）的进料酯浓度下，乙酸乙酯的富集因子在 49~63，乙酸丁酯的在 98~102。膜选择性仍然足够高，使渗透液中的酯浓度超过其溶解度极限。

还有研究尝试了通过渗透蒸发回收香气的固定化液膜。Ishii 等（1995）使用固定在微孔丙烯中空纤维孔中的油醇液膜从发酵水溶液中提取双乙酰。油醇具有低饱和蒸气压（在 25℃下估计为 0.0124Pa）。双乙酰与水分离的分离因子为 40。因为渗透蒸发是在渗透侧的真空下进行的，所以液膜的长期稳定性是一个重要的问题。长期的蒸发损失或跨膜压力下跨膜基底的突破是一个潜在的技术问题。

7.3.3 进料成分对乳制品香气恢复渗透蒸发的影响

在稀释的进料溶液中，香气的渗透通量通常随进料中香气浓度的增加呈线性增加，而水通量不受进料浓度的显著影响（Pereira 等，2005；Isci、Sahin 和 Sumnu，2006；Song、Lee 和 Rim，2004；Jullok 等，2013；Mishima 和 Nakagawa，2000）。线性关系可以使用溶液扩散模型（Kanani 等，2003）来解释，其中扩散率和溶解度近似恒定。在这种情况下，通过渗透率测量的膜选择性将独立于进料浓度。然而，如果膜对香气化合物具有很强的亲和力（即高溶解系数），则渗透剂可能会发生相当大的膜溶胀，这将增加膜中水和香气化合物的扩散度。当进料中的香气化合物浓度超过每升数千毫克时，通常会发生这种情况。有时，香气化合物扩散率会受到其在进料中的浓度的指数影响，导致香气化合物通量的非线性浓度依赖性（Gu 等，2013；Mujiburohman 和 Feng，2007）。虽然膜溶胀往往会增加香气化合物和水通量（Feng 和 Huang，1997；Peng 和 Liu，2003），但选择性可以增加（Wu 等，2012）或降低（Sampranpiboon 等，2000b）较高的进料香气化合物浓度。一般来说，过度的膜溶胀会降低膜的选择性。

进料浓度对膜选择性的影响显然与香气化合物和膜有关。例如 Mohammadi、Kikhavandi 和 Moghbeli（2008）发现，对于相同的 PEBA 膜［57%（质量分数）聚四亚甲基二醇链段和 43%（质量分数）聚酰胺-12 链段］，丁酸乙酯富集的分离因子随着进料溶液中的丁酸乙酯浓度增加而增加，而对异丙醇富集的分离则相反。Sampranpiboon 等（2000b）还研究了丁酸乙酯的浓缩，发现当使用 PEBA 3533 膜时，丁酸乙酯与水分离的分离因子大致与进料香气化合物浓度成正比，而分离因子似乎与使用 PDMS 和 POMS 膜时的进料浓度成反比（Sampranpiboon 等，2000a）。此外，当进料中存在多种香气时，香气之间的相互作用也会影响单个香气的渗透，这体现在通常可观察到的耦合效应上。

与模型进料解决方案相比，乳制品行业中真实进料解决方案的组成要复杂得多。蛋白质、乳糖和脂肪是乳制品的主要成分，它们可以与进料中的挥发性和非挥发性香气相互作用，因此模型进料溶液的研究结果可能无法直接适用于工业应用（Swaisgood，1996）。对香气与非挥发性物质相互作用的研究主要从感官角度进行：如果由于与非挥发性成分结合或缔合而释放出的香气较少，则认为香气水平降低。根据香气的疏水性，它们的一部分可以被乳脂溶解，这有助于防止挥发性香气的挥发（Leland，1997；de Roos，1997；Hatchwell，1996）。牛乳蛋白可以通过可逆的物理结合（例如疏水相互作用）或不可逆的化学结合（例如共价偶联）结合多种香气化合物（Fischer 和 Widder，1997；Kuhn、Considine 和 Singh，2006；Kuhn 等，2007；Guichard 和 Langourieux，2000；Hansen 和 Booker，1996）。虽然碳水化合物可以通过分子间吸引力降低香气化合物的挥发性，或通过盐析增加其挥发性，但乳糖借由其丰富的羟基通常可以通过氢键结合香气，从而降低香气的挥发性（Kellam，1998；Godshall，1997）。因此，在进料溶液中给定的香气浓度下，蛋白质、乳糖和脂肪的存在会抑制香气的饱和蒸气压，从而降低香气通过膜渗透蒸发的驱动力。这将损害渗透蒸发提取和浓缩系统中存在的香气的有效性。在为实际应用提取乳制品香气时，应该研究这一方面。

Overington、Wong 和 Harrison（2011）使用 PDMS 膜对非挥发性乳制品成分通过渗透蒸发对香气恢复的影响进行了全面研究。这些非挥发性成分会影响渗透驱动力和传质系数。结果表明，在进料溶液中加入少量脂肪会显著降低香气化合物渗透率。即使是少量的脂肪也会对分离性能有害。对于酯类和酮类的渗透蒸发提取，乳蛋白可以将香气化合物渗透的驱动力降低 56%～94%，对于长链和疏水性香气化合物的影响似乎更为显著。有趣的是，它们对水的渗透通量几乎没有影响。当进料中同时存在乳蛋白和脂肪时，香气提取的分离性能受蛋白质的影响更大。与蛋白质类似，乳糖对水分渗透没有明显的负面影响，但香气化合物通量和富集因子降低。然而，这些趋势不能一概而论，因为挥发性物质对香气提取的影响取决于它们与香气相互作用的性质和程度以及所用膜的类型。相比之下，据报道，乳糖使用 25μm 厚的 PDMS-聚碳酸酯共聚物膜（Rajagopalan、Cheryan 和 Matsuura，1994）或使用 70μm 厚 GKSS PEBA 40 膜的硫代丁酸甲酯（Baudot、Marin 和 Spinnler，1996）对乳制品香气双乙酰的渗透通量或选择性没有影响。在后一种情况下，即使在接近真实培养基的进料溶液中添加盐（NaCl、Na_2HPO_4、KH_2PO_4）、乳酸钠和氨基酸，也不会改变通量和富集因子。

7.3.4 操作条件对乳制品香气回收渗透蒸发的影响

在给定的进料组成下，其他操作条件（即上游侧进料液的温度、流体动力学和下游侧的渗透压力）会显著影响渗透汽化分离的效率。

一般来说，较高的进料温度有利于香气化合物和水的渗透通量。如上所述，渗透通量的增加归因于进料中透过液的较高蒸气压引起的渗透驱动力增加，以及渗透性增强（尽管在某些情况下，如果由于聚合物链的热运动增强和渗透剂增强而导致的扩散率增加不足以补偿由于放热吸附导致的溶解度降低，则渗透率可能会随温度降低）。Olsson 和 Tragardh（1999b）研究了几种酯在不同温度下使用 POMS 膜的渗透蒸发，发现香气通量随温度升高而增加主要是由于膜渗透性增加，而水通量增加归因于其增加的驱动力。使用 PDMS 和 POMS 膜从水溶液中分离酸、酯和酮也观察到类似的结果（Baudot、Marin 和 Spinnler，1996；Overington 等，2009）。

渗透通量的整体温度依赖性可以通过表观活化能衡量（Overington 等，2009；Beaumelle、Marin 和 Gibert，1992a），通常在 20~60 kJ/mol 的范围内（Feng 和 Huang，1996）。显然，温度对渗透蒸发分离选择性的影响取决于要分离的透过液质（即香气化合物和水）的表观活化能的差异。如果香气化合物的活化能高于水的活化能，则香气化合物选择性会随着温度的升高而增加（Sampranpiboon 等，2000b；Mujiburohman 和 Feng，2007；Lipnizki、Olsson 和 Tragardh，2002）。对于芳香化合物［例如丁酸乙酯（Sampranpiboon 等，2000a；Mohammadi、Kikkhavandi 和 Moghbeli，2008）、己酸乙酯（Sampranpiboon 等，2000a）和乙酸乙酯（Feng 和 Huang，1996）］活化能比水低，在较高的操作温度下它们的选择性会较低。尽管高温有利于渗透通量和选择性，但仍应限制操作温度以防止香气化合物的热降解。

进料溶液的流体动力学条件也是渗透蒸发的一个重要方面。由于香气化合物优先渗透通过膜，水分子将在靠近膜表面的液体边界层中积聚（Feng 和 Huang，1997；She 和 Hwang，2004；Cussler，1997），这被称为“浓差极化”，见图 7.10。显然，由于浓差极化，膜在进料侧“看到”的香气化合物的浓度低于主体液体中的香气浓度，而水则相反。因此，液体边界层对香气化合物的传质具有额外的阻力，同时它不会显著影响稀溶液的水渗透。对于微量组分从水中的渗透蒸发分离，如果进料溶液的流体动力学条件没有得到适当控制，边界层传质可能会在膜本身占主导地位（Jiang、Vane 和 Sikdar，1997；Lipnizki 和 Tragardh，2001）。

浓差极化的程度由膜的选择性、渗透性和上游进料的流体动力学条件决定。通过促进膜表面附近进料溶液的良好混合降低边界层厚度的流体管理技术对于最小化浓差极化很重要。减少边界层中的温度极化也有帮助，尽管由于渗透蒸发的渗透率相对较低，这通常不是一个重要问题。因此，通常建议在进料侧使用相对较高的湍流。使用包装在平板模块中的 PDMS 膜进行香气提取的研究表明，需要 500 的雷诺数才能使浓差极化可以忽略不计（Beaumelle、Marin 和 Gilbert，1992b）。

一般来说，低浓度的进料溶液的水动力条件不会对水通量产生很大影响，因为膜表面的水浓度与主体溶液中的水浓度相差不大（She 和 Hwang，2004）。

由于渗透蒸发传输的驱动力是通过在下游侧施加真空提供的，渗透通量直接受到渗透压的影响。正如预期的那样，渗透压越低，渗透通量越高（Olsson 和 Tragardh，1999a；

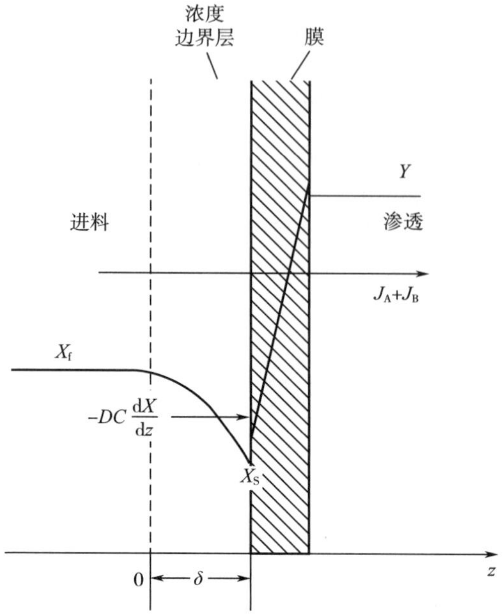

图 7.10 渗透蒸发传输中的边界层效应示意图

Aroujalian 和 Raisi，2007；Olsson、Tragardh 和 Tragardh，2001；Raisi、Aroujalian 和 Kaghazchi，2008；Fouda 等，1993）。对于香气提取，渗透压的增加将降低香气化合物和水的部分通量。因此，与渗透通量相比，渗透蒸发选择性不受渗透压的强烈影响，除非香气化合物在进料侧具有低饱和蒸气压的高锅炉。已经表明，渗透压力对高沸点香气 γ-癸内酯（沸点为 281℃）的渗透蒸发提取的影响比低沸点香气（例如乙酸乙酯和双乙酰，沸点分别为 77℃和 88℃）的提取要明显得多（Baudot、Souchon 和 Marin，1999）。中等沸点的香气（例如硫代丁酸甲酯）表现出中等行为；分离因子会随着渗透压力的增加而增加还是减少，取决于所使用的膜（Baudot、Souchon 和 Marin，1999）。

在工业操作中，渗透压力的范围可能从几百到几千帕斯卡，这比实验室中通常使用的真空低得多（Baudot、Souchon 和 Marin，1999；Pereira 等，2006）。因此，在工艺设计中外推实验室规模的渗透蒸发结果时应谨慎行事。此外，当使用中空纤维膜时，在渗透侧（尤其是壳侧进料结构）沿纤维长度方向会产生压力，这在组件放大时应考虑在内（Feng 和 Huang，1995）。还应注意渗透液抽取的泵和管道方面，以最大限度地减少压力积聚的负面影响（例如使用大流体动力学直径和最小长度）（Willemsen、Dijkink 和 Togtema，2004）。

在通过渗透蒸发提取香气时，主要的能源消耗因素是用于排出透过液的真空泵。通常，渗透蒸气在到达泵入口之前需要在真空下冷凝以避免污染。真空泵行业的一项新发展是干式真空泵，它完全干燥运行，在抽吸容积中不使用任何润滑剂（Collins，2012）。它们比传统的真空泵效率更高，并且能耗显著降低。更重要的是，渗透蒸气可以在大气压而不是真空条件下在泵出口处冷凝和收集。它似乎适合用于渗透蒸发。

7.4 结论

本章综述了用于提取乳制品香气化合物的渗透蒸发技术，重点在三个方面：香气化合物的性质、膜材料的选择和工艺参数的影响。在鉴定出的大量乳制品香气化合物中，只有大约30种香气化合物常用亲有机物膜从水溶液中渗透蒸发获得。由于其疏水性可以有效地提取酯类香气，在各种膜类型中，PDMS是一种具有良好选择性的通用材料，可单独使用或与疏水沸石结合使用以提高膜性能。随着材料科学的进步，人们努力开发具有更高渗透选择性的新型膜，并且膜研究现已从PDMS扩展到其他材料。

大多数关于香气化合物渗透蒸发回收的研究都是使用香气化合物-水二元系统进行的。虽然在实验室进行膜测试和评估很方便，但如此获得的研究结果不能简单地外推到涉及多组分香气的真实系统，因为可能会发生耦合效应。此外，乳蛋白、脂肪和乳糖的存在也会阻碍芳香化合物的渗透蒸发。

对于给定膜和进料香气成分的情况，分离性能还受操作温度、渗透压力和进料溶液的流体动力学条件的影响。这就是文献中报告的膜性能数据存在很大差异的原因，应谨慎使用这些数据。尽管如此，渗透蒸发技术具有加工温度温和、能耗低、设备模块化设计和工艺操作简单等优点。鉴于对天然香气物质的需求不断增加，其将乳制品香气恢复为天然香料的潜力是显而易见的。

本章名词和术语

D_i	渗透物质 i 的扩散系数
D_0	扩散系数的前指数因子
E_J	表观活化能
E_D	扩散活化能
E_P	渗透活化能
ΔH	焓变
ΔH_V	透过液蒸发热
i	渗透物质 i
j	渗透物质 j
J	渗透通量
l	膜的有效厚度
p^P	渗透压
p^{sat}	饱和蒸气压

P_i	渗透物质 i 的渗透系数
P_0	渗透系数的指前因子
R	通用气体常数
S_i	渗透物质 i 的溶解度
T	温度
X	进料中渗透物质的浓度（以摩尔分数计）
Y	渗透液中渗透物质的浓度（以摩尔分数计）
α	分离因子
β	富集因子
γ	活度系数

参考文献

[1] Aroujalian, A. and Raisi, A. Recovery of volatile aroma components from orange juice by pervaporation. Journal of Membrane Science, 2007, 303: 154-161.

[2] Bai, Y., Qian, J., An, Q., Zhu, Z., and Zhang, P. Pervaporation characteristics of ethylene-vinyl acetate copolymer membranes with different composition for recovery of ethyl acetate from aqueous solution. Journal of Membrane Science, 2007, 305: 152-159.

[3] Bai, Y., Qian, J., Zhang, C., Zhang, L., An, Q., and Chen, H. Cross-linked HTPB-based polyurethaneurea membranes for recovery of ethyl acetate from aqueous solution by pervaporation. Journal of Membrane Science, 2008, 325: 932-939.

[4] Baudot, A. and Marin, M. Dairy aroma compounds recovery by pervaporation. Journal of Membrane Science, 1996, 120: 207-220.

[5] Baudot, A. and Marin, M. Pervaporation of aroma compounds: comparison of membrane performances with vapour-liquid equilibria and engineering aspects of process improvement. Food and Bioproduct Process, 1997, 75: 117-142.

[6] Baudot, A. and Marin, M. Improved recovery of an ester flavor compound by pervaporation coupled with a flash condensation. Industry Engineering and Chemistry Research, 1999, 38: 4458-4469.

[7] Baudot, A., Marin, M., and Spinnler, H. E. The recovery of sulfur aroma compounds of biological origin by pervaporation, in Flavour Science. Recent Developments (eds. A. J. Taylor and D. S. Mottram). Royal Society of Chemistry, Cambridge, UK, 1996: pp. 301-304.

[8] Baudot, A., Souchon, I., and Marin, M. Total permeate pressure influence on the selectivity of the pervaporation of aroma compounds. Journal of Membrane Science, 1999, 158: 167-185.

[9] Beaumelle, D., Marin, M., and Gibert, H. Pervaporation of aroma compounds in water-ethanol mixtures: experimental analysis of mass transfer. Journal of Food Engineering, 1992, 16: 293-307.

[10] Beaumelle, D., Marin, M., and Gilbert, H. Plate and frame modification: improvement of pervaporation efficiency regarding aroma compound transfer, in Sixth International Conference on Pervaporation Process

in the Chemical Industry (ed. R. Bakish). Bakish Material Corporation, Englewood, New Jersey, 1992: pp. 223-232.

[11] Binning, R. C., Lee, R. J., Jennings, J. F., and Martin, E. C. Separation of liquid mixtures. Industry and Engineering Chemistry, 1961, 53: 45-50.

[12] Boddeker, K. W. Pervaporation at the vapor pressure limit: vanillin. Journal of Membrane Science, 1997, 137: 155-158.

[13] Borjesson, J., Karlsson, H. O. E., and Tragardh, G. Pervaporation of a model apple juice aroma solution: comparison of membrane performance. Journal of Membrane Science, 1996, 119: 229-239.

[14] Bowen, T. C., Li, S., Noble, R. D., and Falconer, J. L. Driving force for pervaporation through zeolite membranes. Journal of Membrane Science, 2003, 225: 165-176.

[15] Cheng, H. Volatile flavor compounds in yogurt: a review. Critical Reviews in Food Science and Nutrition, 2010, 50: 938-950.

[16] Collins, D. Choosing process vacuum pumps, http://research.che.tamu.edu/groups/Seminario/numerical-topics/vacuum%20Pumps.pdf. 2012.

[17] Cussler, E. L. Diffusion Mass Transfer in Fluid Systems, second edition. Cambridge University Press, Cambridge, 1997.

[18] De Roos, K. B. How lipids influence food flavor. Food Technology, 1997, 51: 60-62.

[19] Djebbar, M. K., Nguyen, Q., Clement, R., and Germain, Y. Pervaporation of aqueous ester solutions through hydrophobic poly (ether-block-amide) copolymer membranes. Journal of Membrane Science, 1998, 146: 125-133.

[20] Dotremont, C., Brabants, B., Geeroms, K., Mewis, J., and Vandecasteele, C. Sorption and diffusion of chlorinated hydrocarbons in silicatlite-filled PDMS membranes. Journal of Membrane Science, 1995, 104: 109-117.

[21] Farber, L. Applications of pervaporation. Science, 1935, 82: 158.

[22] Feng, X. and Huang, R. Y. M. Permeate pressure build-up in shellside-fed hollow fiber pervaporation membranes. The Canadian Journal of Chemical Engineering, 1995, 73: 833-843.

[23] Feng, X. and Huang, R. Y. M. Estimation of activation energy for permeation in pervaporation processes. Journal of Membrane Science, 1996, 118: 127-131.

[24] Feng, X. and Huang, R. Y. M. Liquid separation by membrane pervaporation: a review. Industry Engineering and Chemistry Research, 1997, 36: 1048-1066.

[25] Fischer, N. and Widder, S. How proteins influence food flavor. Food Technology, 1997, 51: 68-70.

[26] Fleming, H. L. Membrane pervaporation: separation of organic/aqueous mixtures. Separation Science and Technology, 1990, 25: 1239-1255.

[27] Flesher Jr,, J. R. Pebax polyether block amide-A new family of engineering thermoplastic elastomers, in High Performance Polymers: Their Origin and Development (eds. R. B. Seymour and G. S. Kirshenbaum). Elsevier, 1986: pp. 401-408.

[28] Fouda, A., Bai, J., Zhang, S. Q., Kutowy, O., and Matsuura, T. Membrane separation of low volatile organic compounds by pervaporation and vapor permeation. Desalination, 1993, 90: 209-233.

[29] Godshall, M. A. How carbohydrates influence food flavor. Food Technology, 1997, 51: 63-67.

[30] Graham, T. On the absorption and dialytic separation of gases by colloid septa. Part I. Action of a septum of caoutchouc. Philosophical Transactions of the Royal Society, 1866, 156: 399-439.

[31] Gu, J., Zhang, X., Bai, Y., Yang, L., Zhang, C., and Sun, Y. ZSM-5 filled polyether block amide

membranes for separating EA from aqueous solution by pervaporation. International Journal of Polymer Science, 2013, 2013: 1-10.

[32] Guichard, E. and Langourieux, S. Interactions between β-lactoglobulin and flavour compounds. Food Chemistry, 2000, 71: 301-308.

[33] Hansen, A. P. and Booker, D. C. Flavor interaction with casein and whey protein, in Flavor-Food Interactions (eds. R. J. McGorrin and J. V. Leland). American Chemical Society, Washington, DC, 1996: pp. 75-89.

[34] Hatchwell, L. C. Implications of fat on flavor, in Flavor-Food Interactions (eds. R/J/ McGorrin and L. V. Leland). American Chemical Society, Washington, DC, 1996: pp. 14-23.

[35] Huang, R. Y. M., Moon, G. Y., and Pal, R. Ethylene propylene diene monomer (EPDM) membranes for the pervaporation separation of aroma compound from water. Industry Engineering and Chemistry Research, 2002, 41: 531-537.

[36] Huddleston, J. G., Visser, A. E., Reichert, W. M., Willauer, H. D., Broker, G. A., and Rogers, R. D. Characterization and comparison of hydrophilic and hydrophobic room temperature ionic liquids incorporating the imidazolium cation. Green Chemistry, 2001, 3: 156-164.

[37] Isci, A., Sahin, S., and Sumnu, G. Recovery of strawberry aroma compounds by pervaporation. Journal of Food Engineering, 2006, 75: 36-42.

[38] Ishii, N., Matsumura, M., Kataoka, H., Tanaka, H., and Araki, K. Diacetyl fermentation coupled with pervaporation using oleyl alcohol supported liquid membrane. Bioprocess Engineering, 1995, 13: 119-123.

[39] Ji, W., Sikdar, S. K., and Hwang, S. T. Sorption, diffusion and permeation of 1, 1, 1-trichloroethane through adsorbent-filled polymeric membranes. Journal of Membrane Science, 1995, 103: 243-255.

[40] Jiang, J. S., Vane, L. M., and Sikdar, S. K. Recovery of VOCs from surfactant solutions by pervaporation. Journal of Membrane Science, 1997, 136: 233-247.

[41] Jullok, N., Martinez, R., Wouters, C., Luis, P., Sanz, M. T., and Van der Bruggen, B. A biologically inspired hydrophobic membrane for application in pervaporation. Langmuir, 2013, 29: 1510-1516.

[42] Kanani, D. M., Nikhade, B. P., Balakrishnan, P., Singh, G., and Pangarkar, V. G. Recovery of valuable tea aroma components by pervaporation. Industry Engineering and Chemistry Research, 2003, 42: 6924-6932.

[43] Karlsson, H. E. and Tragardh, G. Aroma recovery during beverage processing. Journal of Food Engineering, 1998, 34: 159-178.

[44] Kellam, S. The manufacture of lactose, in Chemical Processes in New Zealand (eds. J. Packer, J. Robertson, and H. Wansbrough), second edition. New Zealand Institute of Chemistry, Auckland, New Zealand, 1998.

[45] Kuhn, J., Considine, T., and Singh, H. Interactions of milk proteins and volatile flavor compounds: implications in the development of protein foods, Journal of Food Science, 2006, 71: R72-82.

[46] Kuhn, J., Zhu, X. Q., Considine, T., and Singh, H. Binding of 2-nonanone and milk proteins in aqueous model systems. Journal of Agricultural and Food Chemistry, 2007, 55: 3599-3604.

[47] Lamer, T., Rohart, M. S., Voilley, A., and Baussart, H. Influence of sorption and diffusion of aroma compounds in silicone rubber on their extraction by pervaporation. Journal of Membrane Science, 1994,

90：251–263.

[48] Lamer, T. and Voilley, A. Influence of different parameters on the pervaporation of aroma compounds, in Proceedings of the 5th International Conference on Pervaporation Processes in the Chemical Industry (ed. R. Bakish). Bakish Materials Corporation, Englewood, NJ, 1991：pp. 110–122.

[49] Leland, J. V. Flavor interactions：the greater whole. Food Technology, 1997, 51：75–80.

[50] Lipnizki, F., Olsson, J., and Tragardh, G. Scale–up of pervaporation for the recovery of natural aroma compounds in the food industry. Part 1：Simulation and performance. Journal of Food Engineering, 2002, 54：183–195.

[51] Lipnizki, F. and Tragardh, G. Modelling of pervaporation：models to analyze and predict the mass transport in pervaporation. Separation and Purification Reviews, 2001, 30：49–125.

[52] Martinez, R., Sanz, M. T., and Beltran, S. Concentration by pervaporation of representative brown crab volatile compounds from dilute model solutions. Journal of Food Engineering, 2011, 105：98–104.

[53] McGorrin, R. J. Advance in dairy flavor chemistry, in Food Flavors and Chemistry：Advance of the New Millennium (Eds A. M. Spanier, F. Shahidi, T. H. Parliment, et al.). The Royal Society of Chemistry, Cambridge, UK, 2001：pp. 67–84.

[54] Mishima, S. and Nakagawa, T. Sorption and diffusion of volatile organic compounds in fluoroalkyl methacrylate–grafted PDMS membrane. Journal of Applied Polymer Science, 2000, 75：773–783.

[55] Mishima, S. and Nakagawa, T. Pervaporation of volatile organic compounds/ water mixtures through poly (1H, 1H, 9H–hexadecafluorononyl methacrylate) –filled poly (1–trimethyl silyl–1–propyne) membranes. Journal of Applied Polymer Science, 2002, 83：1054–1060.

[56] Mohammadi, T., Kikhavandi, T., and Moghbeli, M. Synthesis and characterization of poly (ether–block–amide) membranes for the pervaporation of organic/aqueous mixtures. Journal of Applied Polymer Science, 2008, 107：1917–1923.

[57] Mujiburohman, M. and Feng, X. Permselectivity, solubility and diffusivity of propyl propionate/water mixtures in poly (ether block amide) membranes. Journal of Membrane Science, 2007, 300：95–103.

[58] Nguyen, Q. T., Bendjama, Z., Clement, R., and Ping, Z. Poly (dimethylsiloxane) crosslinked in different conditions. Part II. Pervaporation of water–ethyl acetate mixtures. Physical Chemistry Chemical Physics, 2000, 2：395–400.

[59] Nursten, H. E. The flavour of milk and dairy products：I. Milk of different kinds, milk powder, butter and cream. International Journal of Dairy Technology, 1997, 50：48–56.

[60] Olsson, J. and Tragardh, G. Influence of feed flow velocity on pervaporative aroma recovery from a model solution of apple juice aroma compounds. Journal of Food Engineering, 1999, 39：107–115.

[61] Olsson, J. and Tragardh, G. Influence of temperature on membrane permeability during pervaporative aroma recovery. Separation Science and Technology, 1999, 34：1643–1659.

[62] Olsson, J., Tragardh, G., and Tragardh, C. Pervaporation of volatile organics from water II. Influence of permeate pressure on partial fluxes. Journal of Membrane Science, 2001, 186：239–247.

[63] Ortiz, I. Separation and concentration of bilberry impact aroma compound from dilute model solution by pervaporation. Journal of Chemical Technology and Biotechnology, 2008, 982：973–982.

[64] Osorio–Galindo, M., Iborra–Clar, A., Alcaina–Miranda, I., and Ribes–Greus, A. Characterization of poly (dimethylsiloxane) –poly (methyl hydrogen siloxane) composite membranes for organic water pervaporation separation. Journal of Applied Polymer Science, 2001, 81：546–556.

[65] Overington, A. R., Wong, M., and Harrison, J. A. Effect of feed pH and non–volatile dairy components

on flavour concentration by pervaporation. Journal of Food Engineering, 2011, 107: 60-70.

[66] Overington, A., Wong, M., Harrison, J. and Ferreira, L. Concentration of dairy flavour compounds using pervaporation. International Dairy Journal, 2008, 18: 835-848.

[67] Overington, A. R., Wong, M., Harrison, J. A., and Ferreira, L. B. Estimation of mass transfer rates through hydrophobic pervaporation membranes. Separation Science and Technology, 2009, 44: 787-816.

[68] Panek, D. and Konieczny, K. Preparation and applying the membranes with carbon black to pervaporation of toluene from the diluted aqueous solutions. Separation and Purification Technology, 2007, 57: 507-512.

[69] Parliament, T. H. and McGorrin, R. J. Critical flavor compounds in dairy products, in Flavor Chemistry (eds. S. J. Risch and C. T. Ho). American Chemical Society, Washington, DC, 2000: pp. 44-71.

[70] Peng, M. and Liu, S. Recovery of aroma compounds from dilute model blueberry solution by pervaporation. Journal of Food Science, 2003, 68: 2706-2710.

[71] Pereira, C. C., Rufino, J. M., Habert, A. C., Nobrega, R., Cabral, L. M. C., and Borges, C. P. Membrane for processing tropical fruit juice. Desalination, 2002, 148: 57-60.

[72] Pereira, C. C., Rufino, J. R. M., Habert, A. C., Nobrega, R., Cabral, L. M. C., and Borges, C. P. Aroma compounds recovery of tropical fruit juice by pervaporation: membrane material selection and process evaluation. Journal of Food Engineering, 2005, 66: 77-87.

[73] Pereira, C. C., Ribeiro Jr,, C. P., Nobrega, R., and Borges, C. P. Pervaporative recovery of volatile aroma compounds from fruit juices. Journal of Membrane Science, 2006, 274: 1 -23.

[74] Raisi, A. and Aroujalian, A. Aroma compound recovery by hydrophobic pervaporation: the effect of membrane thickness and coupling phenomena. Separation and Purification Technology, 2011, 82: 53-62.

[75] Raisi, A., Aroujalian, A., and Kaghazchi, T. Multicomponent pervaporation process for volatile aroma compounds recovery from pomegranate juice. Journal of Membrane Science, 2008, 322: 339-348.

[76] Rajagopalan, N., Cheryan, M. and Matsuura, T. Recovery of diacetyl by pervaporation. Biotechnology Techniques, 1994, 8: 869-72.

[77] Rautenbach, R. and Helmus, F. P. Some considerations on mass-transfer resistances in solution-diffusion-type membrane processes. Journal of Membrane Science, 1994, 87: 171-181.

[78] Routray, W. and Mishra, H. N. Scientific and technical aspects of yogurt aroma and taste: a review. Comprehensive Reviews in Food Science and Food Safety, 2011, 10: 208-220.

[79] Sampranpiboon, P., Jiraratananon R., Uttapap, D., Feng, X., and Huang, R. Y. M. Separation of aroma compounds from aqueous solutions by pervaporation using polyoctylmethyl siloxane (POMS) and polydimethyl siloxane (PDMS) membranes. Journal of Membrane Science, 2000, 174: 55-65.

[80] Sampranpiboon, P., Jiraratananon R., Uttapap, D., Feng, X., and Huang, R. Y. M. Pervaporation separation of ethyl butyrate and isopropanol with polyether block amide (PEBA) membranes. Journal of Membrane Science, 2000, 173: 53 -59.

[81] Schafer, T. Coupled pervaporation/mass spectrometry for investigating membrane mass transport phenomena. Journal of Membrane Science, 2004, 241: 197-205.

[82] Shao, P. and Huang, R. Y. M. Polymeric membrane pervaporation. Journal of Membrane Science, 2007, 287: 162-179.

[83] She, M. and Hwang, S. T. Concentration of dilute flavor compounds by pervaporation: permeate pressure effect and boundary layer resistance modeling. Journal of Membrane Science, 2004, 236: 193-202.

[84] She, M. and Hwang, S. T. Effects of concentration, temperature, and coupling on pervaporation of dilute flavor organics. Journal of Membrane Science, 2006, 271: 16-28.

[85] She, M. and Hwang, S. T. Recovery of key components from real flavor concentrates by pervaporation. Journal of Membrane Science, 2006, 279: 8-93.

[86] Sheldon, R. A. and van Rantwijk, F. Ionic liquids as media for enzymatic transformations, in Organic Synthesis with Enzymes in Non-Aqueous Media (eds. G. Carrea and S. Riva). Wiley-VCH, Weinheim, 2008: pp. 227-254.

[87] Shepherd, A., Habert, A. C., and Borges, C. P. Hollow fibre modules for orange juice aroma recovery using pervaporation. Desalination, 2002, 148: 111-114.

[88] Shirazi, Y., Ghadimi, A., and Mohammadi, T. Recovery of alcohols from water using polydimethylsiloxane-silica nanocomposite membranes: characterization and pervaporation performance. Journal of Applied Polymer Science, 2012, 124: 2871-2882.

[89] Slater, C. S. Recovery of ethyl acetate from process effluents using pervaporation technology. Journal of Environmental Science and Health, 1997, A32: 1339-1352.

[90] Song, K. H. and Lee, K. R. Pervaporation of flavors with hydrophobic membrane. Korean Journal of Chemical Engineering, 2005, 22: 735 -739.

[91] Song, K. H., Lee, K. R., and Rim, J. M. Pervaporation of esters with hydrophobic membrane. Korean Journal of Chemical Engineering, 2004, 21: 693 -698.

[92] Swaisgood, H. E. Characteristics of milk, in Food Chemistry (ed. O. R. Fennema). Marcel Dekker, third edition, New York, 1996: pp. 841-878.

[93] Tanaka, S., Chao, Y., Araki, S., and Miyake, Y. Pervaporation characteristics of pore-filling PDMS/PMHS membranes for recovery of ethylacetate from aqueous solution. Journal of Membrane Science, 2010, 348: 383-388.

[94] Te Hennepe, H. J. C., Smolders, C. A., Bargeman, D., and Mulder, M. H. V. Exclusion and tortuosity effects for alcohol/water separation by zeolite-filled PDMS membranes. Separation Science and Technology, 1991, 26: 585-596.

[95] Tian, X. and Jiang, X. Poly (vinylidene fluoride-co-hexafluoropropene) (PVDF-HFP) membranes for ethyl acetate removal from water. Journal of Hazardous Materials, 2008, 153: 128-135.

[96] Toso, B., Procida, G., and Stefanon, B. Determination of volatile compounds in cows' milk using headspace GC-MS. Journal of Dairy Research, 2002, 69: 569-577.

[97] Trifunovic, O. and Tragardh, G. The influence of support layer on mass transport of homologous series of alcohols and esters through composite pervaporation membranes. Journal of Membrane Science, 2005, 259: 122-134.

[98] Trifunovic, O. and Tragardh, G. Mass transport of aliphatic alcohols and esters through hydrophobic pervaporation membranes. Separation and Purification Technology, 2006, 50: 51-61.

[99] Urbach, G. The flavour of milk and dairy products: II. Cheese: contribution of volatile compounds. International Journal of Dairy Technology, 1997, 50: 79-89.

[100] Vankelecom, I. F. J., De Beukelaer, S., and Uytterhoeven, J. B. Sorption and pervaporation of aroma compounds using zeolite-filled PDMS membranes. Journal of Physical Chemistry B, 1997, 101: 5186-5190.

[101] Voilley, A., Charbit, G., and Gobert, F. Recovery and separation of 1-octene-3-ol from aqueous solutions by pervaporation through silicone membrane. Journal of Food Science, 1990, 55: 1399-1402.

[102] Voilley, A., Schmidt, B., Simatos, D., and Baudron, S. Extraction of aroma compounds by pervaporation technique, in Proceedings of the 3rd International Conference on Pervaporation Processes in the Chemical Industry (ed. R. Bakish). Bakish Materials Corporation, Englewood, NJ, 1988: pp. 429-438.

[103] Voilley, A., Lamer, T., Nguyen, T., and Simatos, D. Extraction of aroma compounds by pervaporation, in Proceedings of the 4th International Conference on Pervaporation Processes in the Chemical Industry (ed. R. Bakish). Bakish Materials Corporation, Englewood, NJ, 1989: pp. 332-343.

[104] Wang, X., Deng, X., Bai, Z., Zhang, X., Feng, X., and Huang, W. The synthesis of super-hydrophilic and acid-proof Ge-ZSM-5 membranes by simultaneous incorporation of Ge and Al into a Silicalite-1 framework. Journal of Membrane Science, 2014, 468: 202-208.

[105] Willemsen, J. H. A., Dijkink, B. H., and Togtema, A. Organophilic pervaporation for aroma isolation-Industrial and commercial prospects. Membrane Technology, 2004, 2004: 5-10.

[106] Wu, Y., Tan, H., Zhang, D., and Li, T. Pervaporation of acetaldehyde aqueous solution through zeolite 3A-polyurethane (PU) composite membrane. Separation Science and Technology, 2011, 46: 1908-1914.

[107] Wu, Y., Tan, H., Li, D., and Jin, Y. Pervaporation of aqueous solution of acetaldehyde through ZSM-5 filled PDMS composite membrane. Chinese Journal of Chemical Engineering, 2012, 20: 625-632.

[108] Yongquan, D., Ming, W., Lin, C., and Mingjun, L. Preparation, characterization of P (VDF-HFP) / [bmim] BF4 ionic liquids hybrid membranes and their pervaporation performance for ethyl acetate recovery from water. Desalination, 2012, 295: 53-60.

[109] Zhu, B., Tian, X., and Xu, Y. Recovering ethyl acetate from aqueous solution using P (VDF-co-HFP) membrane based pervaporation. Desalination, 2005, 184: 71 -78.

8 膜色谱：当前应用与未来的机遇和挑战

Raja Ghosh

Department of Chemical Engineering, McMaster University, Hamilton, Ontario, Canada

8.1 引言

膜色谱是一种使用合成膜作为色谱介质的生物分离技术，首次对该技术的描述出现在20世纪80年代后期（Brandt等，1988）。直到20世纪90年代，关于膜色谱的大量研究成果才开始出现在科学期刊上（Tennikova等，1991；Tennikova和Švec，1993；Champluvier和Kula，1991；Suen和Etzel，1994）。因此，与其他分离技术相比，它是一种相对较新的分离技术，与所有新技术一样面临着全面挑战，既包括实际的技术挑战，也包括观念挑战。一些研究和综述文献对包括结合机理和转运现象的膜色谱工作原理进行了讨论（Tennikova等，1990；Charcosset，1998；Thömmes和Kula，1995；Zeng和Ruckenstein，1999；Zhou和Tressel，2006；Roper和Lightfoot，1995；Ghosh，2002）。本章将讨论膜色谱与其他分离技术相比所具有的一些非常明显的优势。

膜色谱法与柱色谱法相比主要优势是分离速度快（Tennikova等，1990；Charcosset，1998；Thömmes和Kula，1995；Zeng和Ruckenstein，1999；Zhou和Tressel，2006；Roper和Lightfoot，1995；Ghosh，2002）。膜色谱主要是对流传质，柱色谱传质受扩散限制，膜色谱溶质分子在吸附过程中到达其结合位点并在洗脱过程中从结合位点离开，所需的时间大大低于柱色谱（图8.1）。所以，根据经营规模和设备选型，膜色谱法可以快一个以上数量级。由于能够在给定的时间内执行更多的分离周期，所以越短的工艺时间越有助于获得更高

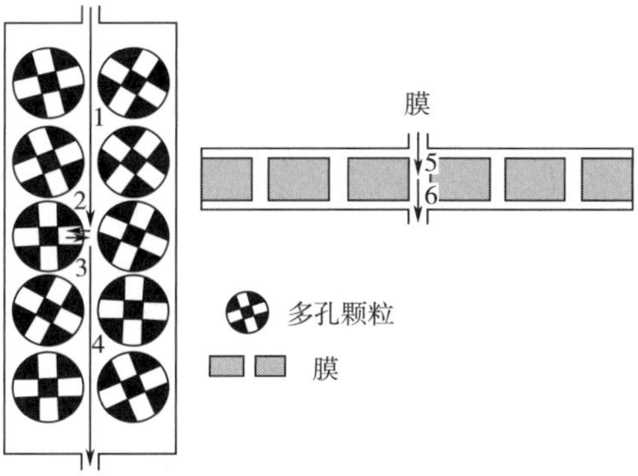

1—溶质从入口到粒子的对流；2—溶质通过孔扩散到结合位点；3—溶质通过孔隙扩散离开结合位点；4—溶质从粒子到出口的对流；5—溶质从入口到结合部位的对流；6—溶质从结合位点到出口的对流。

图8.1 粒子填充床和膜吸附器中的传质比较

的产出率。而且，生物制品如蛋白质的回收率可进一步提高，因为随着处理时间增加，蛋白质水解、变性和聚集引起的产物降解减少。

对流的优势还在于膜色谱建模比柱色谱更简单。式（8.1）为包括柱色谱和膜色谱的基于固定床的吸附-解吸过程通用工作方程：

$$u\frac{\partial c}{\partial z}+\varepsilon\frac{\partial c}{\partial t}+(1-\varepsilon)\frac{\partial q}{\partial t}=E\frac{\partial^2 c}{\partial z^2} \tag{8.1}$$

式中 u——流体通过床的速度；

ε——床的孔隙率；

c——游离溶质浓度；

q——结合溶质浓度；

t——时间；

z——沿轴向的距离；

E——分散系数，主要取决于柱床中溶质扩散率。

与对流相比，膜色谱法通过扩散的溶质迁移可以忽略不计，因此式（8.1）右侧的表达式可以简单忽略。柱色谱分散系数可能非常显著，有时不是很容易量化，因此分离过程的建模明显困难得多。膜色谱法所涉及的传质过程相对简单，这也使得制定用于放大工艺的经验法则变得更加容易。常用的一个简单法则：通过保持表观速度和膜床高度不变，通过增加膜床体积，获得同等的分离效率。膜色谱法也经常以模块化的方式放大，即使用多个串联或并联的装置（Mora 等，2006）。

目前可以买到价格相对便宜的一次性膜色谱设备，可以免去既昂贵又费时的设备清洁和校正。膜层析装置的一次性特点也是其被越来越多的用户接受的主要因素之一。从一些出版物中可以明显看出，膜色谱法越来越受欢迎（Ghosh 等，2013a，2013b；Bhut 等，2011a，2011b；Saufi 和 Fee，2013；Dimartino 等，2011；von Lieres 等，2010）。本章回顾了膜色谱的一些应用和潜在的未来机会，同时重点介绍了此技术的一些关键挑战点。

8.2 膜色谱的应用

用于色谱分离的吸附膜通常可用于以下配位化学中。

（1）阴离子交换，例如季铵（Q）、伯胺（PA）。

（2）阳离子交换，例如磺酸（S）。

（3）亲和力，例如蛋白质-A。

（4）疏水相互作用，例如环境响应的水凝胶基、苯基。

膜色谱设备有三种不同的形式：膜堆叠（图 8.2）、螺旋缠绕径向流（图 8.3）和褶皱径向流。

堆叠设备的设计基于注射器式微过滤器。这些设备简单而且相对容易制造，对初始工艺过程的开发工作也有益。然而，这些设备的可扩展性较差，并且圆形膜膜浪费大。径向流设备更适合大规模生产并且相对更具扩展性。然而，它们倾向于复杂的设计，在进料侧和透过侧均具有较大的死体积，并且由于支撑膜所需的大中心核的存在，有效的膜体积与设备的比

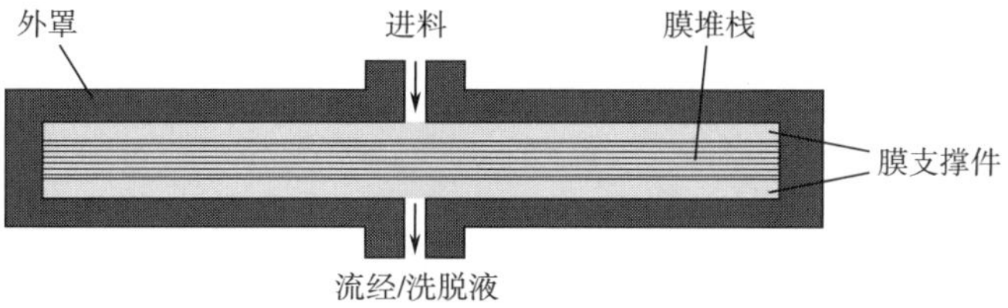

图 8.2 叠片式膜色谱设备（膜堆叠）

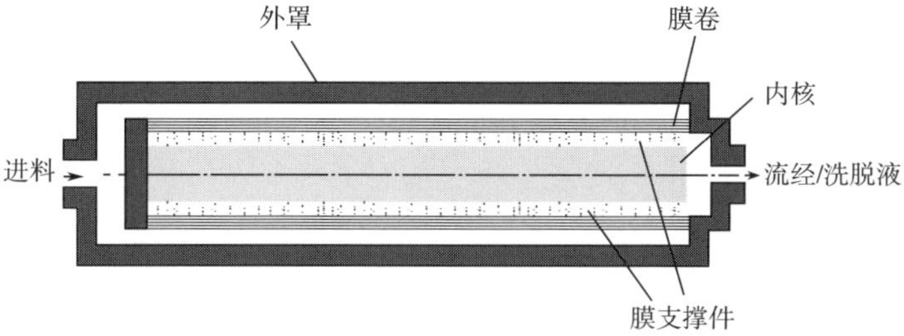

图 8.3 螺旋缠绕径向流膜设备中膜卷的分布

率极低。

膜色谱在生物制药和蛋白质食品生产领域的主要应用包括单克隆抗体纯化；药品中病毒的清除；病毒和病毒样粒子的纯化；药品中 DNA 的去除；去除内毒素；细胞培养衍生物中宿主细胞蛋白的去除；生物医药蛋白产品中凝聚体的去除；乳清和其他乳蛋白分离。

单克隆抗体是首先使用膜色谱技术进行商业纯化的分子之一（Liu 等，2011；Kuczewski 等，2011；Shukla 和 Thömmes，2010；Orr 等，2013；Ghosh，2001a，2001b，2005；Ghosh 和 Wang，2006）。在 20 世纪 90 年代，细胞培养上清液中典型的单克隆抗体效价为 1g/L。对膜色谱的普遍观念是其特别适于处理相对稀的进料流，例如上述的料液。关于使用膜色谱进行单克隆抗体纯化的文献有许多，其中使用的化学分离技术包括阳离子交换（Liu 等，2011；Kuczewski 等，2011）、阴离子交换（Shukla 和 Thömmes，2010；Orr 等，2013）和疏水相互作用（Ghosh，2001a，2001b，2005；Ghosh 和 Wang，2006）。

病毒污染是药品的主要问题。在这种背景下，采用膜色谱法或膜吸附法经常被提及，因为膜色谱法特别适用于去除大杂质（如病毒）（Knudsen 等，2001；Phillips 等，2005；El-Hadidy、Peldszus 和 van Dyke，2013）。由于病毒核酸含量高，在中性 pH 下通常带负电荷。所以，阴离子交换膜色谱通常用于去除药品中的病毒。此外，膜色谱法也可用于纯化病毒和病毒样颗粒用于疫苗开发和转染剂（Segura 等，2011；Pato 等，2014）。

细胞培养衍生物常被培养基蛋白质、宿主细胞 DNA、宿主细胞蛋白（Host cell proteins，HCPs）和其他沥出液污染。这些污染物通常浓度不高，用膜色谱法可以很容易地去除（Thömmes 和 Etzel，2007；Low 等，2007；Yoo 和 Ghosh，2012）。大多数这些杂质在中性 pH 下带负电荷，可用阴离子交换色谱法去除。正电荷的 HCPs 用阳离子交换膜色谱去除。在大多数应用中，依次使用阴离子和阳离子交换膜色谱除去上述杂质。

在上述的大多数应用中，采用结合和洗脱模式从而使目标产物流过膜的同时，使杂质结合在膜上。对于单克隆抗体纯化，两种模式都可以使用。

8.3 膜色谱未来的机遇

如前一节所述，膜色谱的最新应用是在生物制药工业。可以预见，未来机遇也存在于同一领域。由于生物类似药（即生物仿制药）的出现，能否实现经济有效的生物制药生产已经成为一个主要问题。其原因是在过去几年中，许多轰动一时的生物药品已失去专利保护。而且，新生物药物的发展步伐已经大大减慢，因此，预计在未来几年中生物仿制药将主导生物制药市场。在生物制药生产的背景下，下游工程常被认为是产能瓶颈。膜色谱已被证明是一种一致的、可扩展的和经济有效的方式，适合生产纯化、稳定的生物制药产品，因此它是解决这个问题的主要方案之一。

生物制药工业中相对较新的发展是通过化学修饰生物制药进入产品线，如聚乙二醇化的蛋白质。这些修饰产品与天然蛋白质药物相比已显示出一些显著的优势。与生物仿制药一样，成本效益在聚乙二醇化蛋白质制造上至关重要。因此，可以预见膜色谱在聚乙二醇化蛋白质的生产中将发挥重要作用。使用膜色谱法纯化聚乙二醇化蛋白质的可行性在一些文献中有介绍（Yu 和 Ghosh，2010a；Yu 等，2010）。

膜色谱的关键属性之一是流速。这使其特别适用于生物药物的快速分析。药品快速分析领域中的一些最新进展主要集中在超高效液相色谱（Ultra-Performance liquid chromatography，UPLC，涉及使用超细无孔颗粒作为色谱介质）。虽然 UPLC 的速度和分离效果都非常出色，但是这些过程通常需要在非常高的压力下进行，因此必须使用昂贵而且专业的设备。膜色谱为生物药物快速分析提供了一个低成本的选择。有文献已经证实了膜色谱法在多种不同领域中的适用性，例如聚乙二醇化蛋白质的分析（Yu 等，2010）、抗体聚集体的检测和分析（Wang 等，2006；Wang 和 Ghosh，2008）、抗体亚类的确定（Wang 和 Ghosh，2009）和药物化合物的筛选（Raiado-Pereira 等，2014；Liu 等，2011）。

膜色谱的应用范围不仅仅是生物制药的纯化和分析。对流传质的优势使得叠膜色谱分离具有吸引力，也使其适合作为生化反应的介质。基于膜吸附剂的反应器已被证明适用于进行不同类型的酶促和生物反应（Yu 和 Ghosh，2010b，2011）。膜吸附器最佳的特点在于其适于进行集成反应和分离过程（Shang 等，2011）。也可以预见，膜色谱领域的一些新发展和突破将发生在设备设计和制造领域。后文将详细介绍与膜色谱设备有关的一些问题。

8.4 膜色谱面临的挑战

膜色谱有很多实际和明显的缺点，且当前可用的设备仍然非常昂贵，潜在用户对此表示怀疑和抵制。由于该技术具有相对新颖，其中一些因素是暂时的困难。早在 2002 年，作者就总结了膜色谱面临的一些挑战（Ghosh，2002），包括膜结合能力低、孔径分布宽、膜厚度不均匀以及模块中流动分布差。色谱分离中大多数常规膜按体积计的溶质结合能力仍然很低。这是由于膜状结构的比表面比多孔颗粒更低的事实。同样，虽然在颗粒色谱介质上凹和凸的结合表面都可以使用，但膜内的结合表面主要是凹的。这导致在结合过程中更高的空间位阻和更低的结合能力。这个问题已经通过开发水凝胶型膜得到解决（图 8.4），这里存在更大的结合表面积，因此结合能力可以与颗粒色谱介质相当，甚至更优（Kanani 等，2007）。其他的一些问题如孔径分布和膜厚度不均匀已得到解决。设备中的流量分布仍然是一个问题，作者认为解决这个问题可以显著提高膜色谱的分离效率。

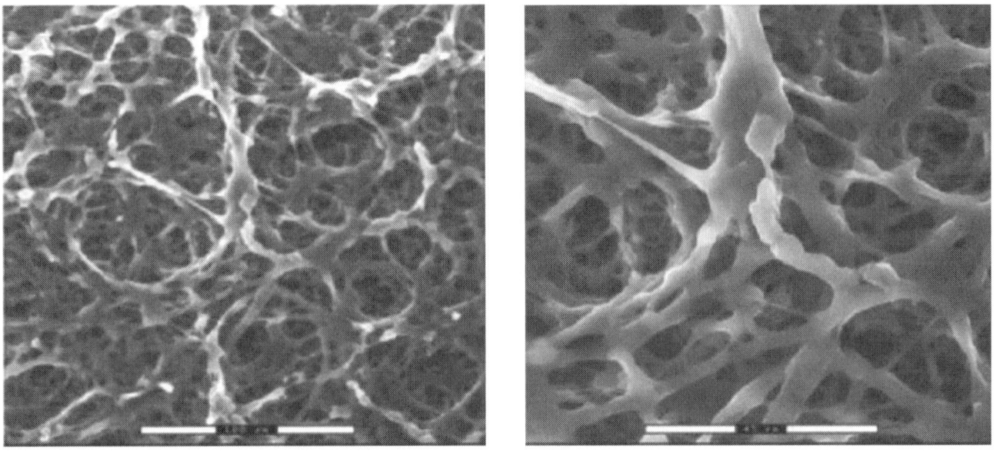

（1）400×放大　　（2）1000×放大

图 8.4　基于高结合容量水凝胶的 Natrix HD-S 膜的 ESEM 图像（图片由 Natrix Separations Inc. 提供）

设计不佳的装置的穿透曲线平缓，说明装置的结合力差。膜吸附器的穿透曲线往往较缓，因为滤过液从开始穿透到全部通过需要经过几十个柱床。高效的设备设计应该是一个领先领域，但它仍然是一个盲区。到目前为止，膜材料一直是推动膜色谱创新的主要动力，其重点放在新材料的开发上，设备和工艺一般来说没那么重要。但是，膜的性能只能达到其设备所允许的水平。关于膜色谱设备创新设计的报道相对较少（Ghosh 和 Wong，2006）。

终端用户与产品开发过程之间的脱节可能是导致设备设计被低估的因素之一。可以在膜色谱和更成熟的分离技术（如蒸馏）之间进行有趣的比较。在蒸馏中通常会针对特定过程定制设备。在膜色谱中，定制设计实际上是闻所未闻的，终端用户可以从可用的现成设备中进行选择，这些设备更多地用于“即插即用”模式。更多的用户参与可能会获得更好的产品设计。理想的情况下，一个好的装置会产生更灵敏的较高的溶质筛分、具有更小的空穴体积、设计简单，流动路径明确。尽管一次性设备极大地促进了生物制药行业对膜色谱的接受程度，但也应该探索可重复使用的设备。加强用户、生产公司和学术界之间的进一步合作，膜色谱的迁移现象、建模和模拟领域需要进行更多研究。

8.5　结论

膜色谱法是一种快速分离技术，已在生物制药工业中获得认可。已证实它是柱色谱在某些应用领域可替代品，例如单克隆抗体的纯化、生物制药产品中病毒、内毒素和宿主细胞蛋白的去除以及食物蛋白质的纯化等。膜色谱法通常以流通模式进行操作。膜的一些主要问题，如低结合力和不均匀性，已得到解决。但是，在设备设计和工艺方面仍有很大的改进空间。需要探索膜色谱在新领域中的应用，例如反应-分离一体化和以检测分析为目的的生物分离。通过用户、生产公司和学术界之间的密切合作，在膜色谱的迁移现象、建模和模拟等领域进行更多的研究是可行的。

参考文献

[1] Bhut, B. V., Weaver, J., Carter, A. R., et al. The role of polymer nanolayer architecture on the separation performance of anion-exchange membrane adsorbers: I. Protein separations. Biotechnology and Bioengineering, 201, 108 (11): 2645-2653.

[2] Bhut, B. V., Weaver, J., Carter, A. R., et al. The role of polymer nanolayer architecture on the separation performance of anion-exchange membrane adsorbers: Part II. DNA and virus separations. Biotechnology and Bioengineering, 2011, 108 (11): 2654-2660.

[3] Brandt, S., Goffe. R. A., Kessler, SB., et al. Membrane-based affinity technology for commercial scale purifications. Bio/Technology, 1988, 6: 779-782.

[4] Champluvier, B. and Kula, M. R. Microfiltration membranes as pseudo-affinity adsorbents: modification and comparison with gel beads. Journal of Chromatography A, 1991, 539 (2): 315-325.

[5] Charcosset, C. Purification of proteins by membrane chromatography. Journal of Chemical Technology and Biotechnology, 1998, 71 (2): 95-110.

[6] Dimartino, S., Boi, C., and Sarti, G. C. A validated model for the simulation of protein purification through affinity membrane chromatography. Journal of Chromatography A, 2011, 1218 (13): 1677-1690.

[7] El-Hadidy, A. M., Peldszus, S., and van Dyke, M. I. An evaluation of virus removal mechanisms by ultrafiltration membranes using MS2 and ϕ X174 bacteriophage. Separation and Purification Technology, 2013, 120: 215-223.

[8] Ghosh, R. Separation of proteins using hydrophobic interaction membrane chromatography. Journal of Chromatography A, 2001, 923 (1): 59-64.

[9] Ghosh, R. Bioseparation using supported liquid membrane chromatography. Journal of Membrane Science, 2001, 192 (1): 243-247.

[10] Ghosh, R. Protein separation using membrane chromatography: opportunities and challenges. Journal of Chromatography A, 2002, 952 (1-2): 13-27.

[11] Ghosh, R. Fractionation of human plasma proteins by hydrophobic interaction membrane chromatography. Journal of Membrane Science, 2005, 260 (1): 112-118.

[12] Ghosh, R. and Wang, L. Purification of humanized monoclonal antibody by hydrophobic interaction membrane chromatography. Journal of Chromatography A, 2006, 1107 (1): 104-109.

[13] Ghosh, R. and Wong, T. Effect of module design on the efficiency of membrane chromatographic separation processes. Journal of Membrane Science, 2006, 281 (1): 532-540.

[14] Ghosh, P., Vahedipour, K., Lin, M., Vogel, J. H., et al. Computational fluid dynamic simulation of axial and radial flow membrane chromatography: mechanisms of non-ideality and validation of the zonal

rate model. Journal of Chromatography A, 2013, 1305: 114-122.

[15] Ghosh, P., Vahedipour, K., Lin, M., Vogel, J. H., et al. Zonal rate model for axial and radial flow membrane chromatography. Part I: Knowledge transfer across operating conditions and scales. Biotechnology and Bioengineering, 2013, 110 (4): 1129-1141.

[16] Kanani, D. M., Komkova, E., Wong, T., et al. Separation of human plasma proteins HAS and HIgG using high-capacity macroporous gel-filled membranes. Biochemical Engineering Journal, 2007, 35 (3): 295-300.

[17] Knudsen, H. L., Fahrner, R. L., Xu, Y., et al. Membrane ion-exchange chromatography for process-scale antibody purification. Journal of Chromatography A, 2001, 907 (1): 145-154.

[18] Kuczewski, M., Schirmer, E., Lain, B., and Zarbis-Papastoitsis, G. A single-use purification process for the production of a monoclonal antibody produced in a PER. C6 human cell line. Biotechnology Journal, 2011, 6 (1): 56-65.

[19] Liu, X., Testa, B., and Fahr, A. Lipophilicity and its relationship with passive drug permeation. Pharmaceutical Research, 2011, 28 (5): 962-977.

[20] Liu, H. F., McCooey, B., Duarte, T., et al. Exploration of overloaded cation exchange chromatography for monoclonal antibody purification. Journal of Chromatography A, 2011, 1218 (39): 6943-6952.

[21] Low, D., O' Leary, R., and Pujar, N. S. Future of antibody purification. Journal of Chromatography B, 2007, 848 (1): 48-63.

[22] Mora, J., Sinclair, A., Delmdahl, N., and Gottschalk, U. Disposable membrane chromatography. BioProcess International, 2006, 4: 38-43.

[23] Orr, V., Zhong, L., Moo-Young, M., and Chou, C. P. Recent advances in bioprocessing application of membrane chromatography. Biotechnology Advances, 2013, 31 (4): 450-465.

[24] Pato, T. P., Souza, M. C. O., Silva, A., et al. Development of a membrane adsorber based capture step for the purification of yellow fever virus. Vaccine, 2014, 32 (24): 2789-2793.

[25] Phillips, M., Cormier, J., Ferrence, J., et al. Performance of a membrane adsorber for trace impurity removal in biotechnology manufacturing. Journal of Chromatography A, 2005, 1078 (1): 74-82.

[26] Raiado-Pereira, L., De La Vega, J., Prazeres, D. M. F., and Mateus, M. Development of a phenyl membrane chromatography-based process yielding pharmaceutical grade plasmid deoxyribonucleic acid for mammalian cells transfection. Journal of Chromatography A, 2014, 1337: 67-74.

[27] Roper, D. K. and Lightfoot, E. N. Separation of biomolecules using adsorptive membranes, Journal of Chromatography A, 1995, 702 (1-2): 3-26.

[28] Saufi, S. M. and Fee, C. J. Mixed matrix membrane chromatography based on hydrophobic interaction for whey protein fractionation. Journal of Membrane Science, 2013, 444: 157-163.

[29] Segura, M. M., Kamen, A. A., and Garnier, A. Overview of current scalable methods for purification of viral vectors. in Viral Vectors for Gene Therapy, Humana Press, 2011: pp. 89-116.

[30] Shang, X., Yu, D., and Ghosh, R. Integrated solid-phase synthesis and purification of PEGylated protein. Biomacromolecules, 2011, 12 (7): 2772-2779.

[31] Shukla, A. A. and Thömmes, J. Recent advances in large-scale production of monoclonal antibodies and related proteins. Trends in Biotechnology, 2010, 28 (5): 253-261.

[32] Suena, S. and Etzel, M. R. Sorption kinetics and breakthrough curves for pepsin and chymosin using pepstatin A affinity membranes. Journal of Chromatography A, 1994, 686 (2): 179-192.

[33] Tennikova, T. B., Bleha, M., and Švec, F. High-performance membrane chromatography of proteins, a

novel method of protein separation. Journal of Chromatography A, 1991, 555 (1-2): 97-107.

[34] Tennikova, T. B. and Švec, F. High-performance membrane chromatography: highly efficient separation method for proteins in ion-exchange, hydrophobic interaction and reversed-phase modes. Journal of Chromatography A, 1993, 646 (2): 279-288.

[35] Tennikova, T. B., Švec, F., and Belenkii, B. G. High-performance membrane chromatography. A novel method of protein separation. Journal of Liquid Chromatography, 1990, 13 (1): 63-70.

[36] Thömmes, J. and Etzel, M. Alternatives to chromatographic separations. Biotechnology Progress, 2007, 23 (1): 42-45.

[37] Thömmes, J. and Kula, M. R. Membrane chromatography-An integrative concept in the downstream processing of proteins. Biotechnology Progress, 1995, 11 (4): 357-367.

[38] von Lieres, E., Wang, J., and Ulbricht, M. Model based quantification of internal flow distributions from breakthrough curves of flat sheet membrane chromatography modules. Chemical Engineering and Technology, 2010, 33 (6): 960-968.

[39] Wang, L. and Ghosh, R. Fractionation of monoclonal antibody aggregates using membrane chromatography. Journal of Membrane Science, 2008, 318 (1): 311-316.

[40] Wang, L. and Ghosh, R. Feasibility study for the fractionation of the major human immunoglobulin G subclasses using hydrophobic interaction membrane chromatography. Analytical Chemistry, 2009, 82 (1): 452-455.

[41] Wang, L., Hale, G., and Ghosh, R. Non-size-based membrane chromatographic separation and analysis of monoclonal antibody aggregates. Analytical Chemistry, 2006, 78 (19): 6863-6867.

[42] Yoo, S. M. and Ghosh, R. Simultaneous removal of leached protein-A and aggregates from monoclonal antibody using hydrophobic interaction membrane chromatography. Journal of Membrane Science, 2012, 390, 263-269.

[43] Yu, D. and Ghosh, R. Purification of PEGylated protein using membrane chromatography. Journal of Pharmaceutical Sciences, 2010, 99 (8): 3326-3333.

[44] Yu, D. and Ghosh, R. Membrane bioreactor separator system for integrated IgG fragmentation and Fab purification. Journal of Immunological Methods, 2010, 359 (1): 37-41.

[45] Yu, D. and Ghosh, R. Enzymatic fragmentation of cation exchange membrane bound immunoglobulin G. Biotechnology Progress, 2011, 27 (1): 61-66.

[46] Yu, D., Shang, X., and Ghosh, R. Fractionation of different PEGylated forms of a protein by chromatography using environment-responsive membranes. Journal of Chromatography A, 2010, 1217 (35): 5595-5601.

[47] Zeng, X. and Ruckenstein, E. Membrane chromatography: preparation and applications to protein separation. Biotechnology Progress, 1999, 15 (6): 1003-1019.

[48] Zhou, J. X. and Tressel, T. Basic concepts in Q membrane chromatography for large-scale antibody production. Biotechnology Progress, 2006, 22 (2): 341-349.

9　电渗析在乳品成分分离中的应用

Laurent Bazinet

Institute of Nutrition and Functional Foods (INAF), Dairy Research Center (STELA), Department of Food Sciences and Nutrition, Université Laval, Québec, Canada

9.1　介绍

多年来，乳汁一直是食品工业的原料来源。在多种乳制品成分中，乳蛋白（酪蛋白和乳清蛋白）被广泛使用。酪蛋白和酪蛋白酸盐在干酪、烘焙产品和冰淇淋中都有应用，而乳清蛋白则被用于饮料、糖果、调味品和新型乳制品中（Stathopoulos，2008）。乳糖被作为增味剂添加到各种产品的配料中，例如甜炼乳、冷冻乳制品、糖果产品和婴儿食品（Fox 和 McSweeney，1998；Stathopoulos，2008）。乳也是生物活性肽（Pihlanto-Leppälä，2001；Gauthier 和 Pouliot，2003；Korhonen 和 Pihlanto，2006；Bazinet 和 Firdaous，2013）和有机酸（Fosset 和 Tomé，2002）等高附加值成分的来源。乳源肽具有多种活性，例如血管紧张素转化酶（Angiotensin-Converting enzyme，ACE）抑制活性、抗血栓形成活性、免疫调节活性和抗微生物活性（Korhonen 和 Pihlanto，2006；Pihlanto-Leppälä，2001）；Kitts 和 Weiler，2003；Agyei 和 Danquah，2011；Bazinet 和 Firdaous，2013）。乳糖衍生物如乳果糖、乳糖醇和寡糖可刺激双歧杆菌的生长（Fosset 和 Tomé，2002）。

传统电渗析（Electrodialysis，ED）是一种基于膜的应用技术，在不施加压力的情况下，它根据粒子的带电性分离粒子。对电渗析的最早研究是在 1890 年进行的，当时 Maigrot 和 Sabates 获得了三隔室型电渗析装置的专利，其中膜用作物理屏障，可防止电渗析产物的混合，同时对离子迁移无选择性作用（Jain 和 Reed，1985）。目前电渗析在乳制品行业的最大应用领域是去除乳清的灰分，以获得高价值的婴儿食品原材料（Batchelder，1987；Fidaleo 和 Moresi，2006）。膜的材料、类型、传质理论和污染方面的进步，促进了电渗析新应用的发展、乳品工艺生态效率的提高以及新型高价值配料的生产（Bazinet，2005；Fidaleo 和 Moresi，2006；Pourcelly 和 Bazinet，2008）。

在本章中，首先讲述常规电渗析的原理以及通过离子交换膜的传质现象。然后重点介绍使用双极膜（Bipolar membranes，BM）和过滤膜（Filtration membranes，FM）的混合电渗析工艺。最后介绍用于从乳、乳清或乳副产品中分离、纯化和分馏乳成分的传统电渗析（ED）、双极膜电渗析（EDBM）和过滤膜电渗析（EDFM）工艺的最新研究成果。本章不涉及电渗析工艺在乳或乳副产品中去除灰分方面的基本应用。

9.2 电渗析

9.2.1 定义

电渗析是一种基于带电离子物质在电场影响下，通过选择性渗透膜分离的过程（Bazinet，2005；Bazinet 和 Firdaous，2013）。该电场是由对浸入富含矿物质或有机离子水溶液中的两个电极施加电位差而产生的（Leitz，1986），电能主要用于带电物质的转移。在此过程中，溶液中物质的化学性质保持不变。

9.2.2 电渗析系统

基本的常规电渗析系统由交替排列的阴离子交换膜（Anion-Exchange membranes，AEMs）和阳离子交换膜（Cation-Exchange membranes，CEMs）组成。阴离子交换膜和阳离子交换膜之间，配置有格栅的框架隔板，用于支撑膜和促进湍流，膜之间可以产生溶液的环流（图9.1）。四种溶液同时循环进入电渗析器：待处理溶液（稀溶液或脱盐溶液）、盐溶液（浓缩液）和电极处的两种溶液（电解质）。每个溶液隔室通过外部回路连接到单独的储液罐，使得处理过程中溶液可以再循环。系统末端的电流发生器连接着电极，为其传输电力。

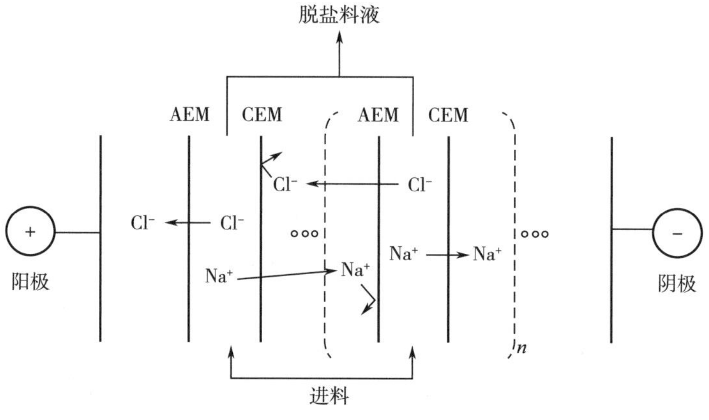

AEM—阴离子交换膜；CEM—阳离子交换膜。

图 9.1 传统电渗析单元的示意图

9.2.3 膜

在电渗析系统中，可根据工艺目的使用三种膜：单极膜、双极膜和过滤膜。

9.2.3.1 单极膜

离子交换膜由胶合层压的离子交换树脂组成，是电渗析的主要部件，因为它们只能渗透一种类型的离子，所以被称为单极膜。离子交换膜由含带电基团的大分子材料制成

(图 9.2)。在水溶液中，固定在膜上的离子与相反符号的移动电荷（称为补偿离子或反离子）发生电中和（Bazinet，2005；Bazinet 和 Firdaous，2009）。

在电场的影响下，阳离子迁移到阴极。阳离子穿过阳离子交换膜（CEM）离开稀释室，因为它们无法通过阴离子交换膜（AEM），会被保留在聚集室中（图 9.1）。同时，阴离子向阳极迁移。阴离子离开稀释室，通过阴离子交换膜（AEM），因为它们不能通过阳离子交换膜（CEM），所以被保留在聚集室中（Baker，2004；Bazinet，2005）。

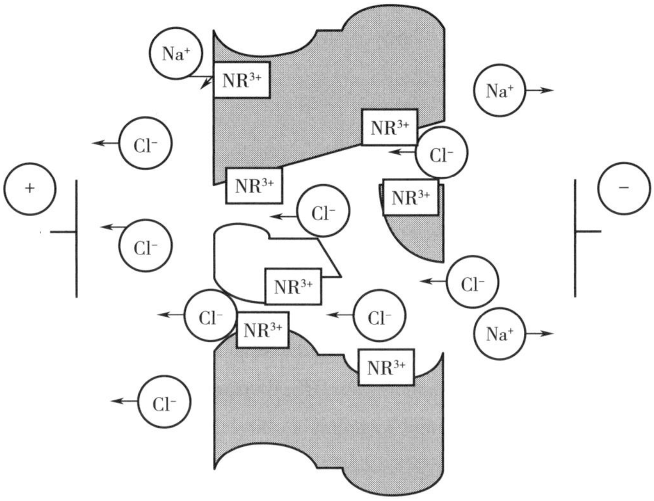

图 9.2 阴离子交换膜的原理示意图

9.2.3.2 双极膜

双极膜在 20 世纪 80 年代末开始商业化。双极膜由三部分组成：阴离子交换层、阳离子交换层和中间的亲水层。双极膜在电场下会解离水分子（Mani，1991），从而在其阳离子界面产生质子（H^+）流，在其阴离子交换界面产生氢氧根离子（OH^-）流（图 9.3）（Pourcelly 和 Bazinet，2008）。因为在双极膜阳离子侧产生了 H^+（或产生 HCl，见图 9.3），所以该侧循环的溶液的 pH 会降低。类似地，因为在双极膜的阴离子侧产生了 OH^-（或产生 NaOH，见图 9.3），所以该侧循环的溶液的 pH 会增加（Bazinet，2005）。

9.2.3.3 过滤膜

过滤膜电渗析（EDFM）是 Bazinet 等（2005）开发的技术，已获得专利。已经证明，过滤膜电渗析法分离带电有机生物分子的选择性非常高。在过滤膜电渗析系统中，一个或多个超滤膜堆叠在一起，作为传统电渗析单元中的分子屏障（图 9.4）。过滤膜电渗析将超滤或多孔膜的尺寸排阻能力与电渗析的电荷选择性相结合。根据电荷的不同，过滤膜电渗析所发挥的作用，是吸引与目标分离组分截留分子质量（Molecular weight cut-off，MWCO）范围一致的分子通过过滤膜。在这个应用中，虽然使用了过滤膜，但在电渗析单元中没有压力；在电场作用下只有带电分子会迁移，中性分子理论上会留在初始溶液中，不会到达或穿过滤膜（Bazinet 和 Firdaous，2013）。此外，由于没有压力，过滤膜电渗析能减少分子在膜界面处的积累。因此，该工艺可以根据分子尺寸和带电性分离分子。该技术已被证明可有效分离

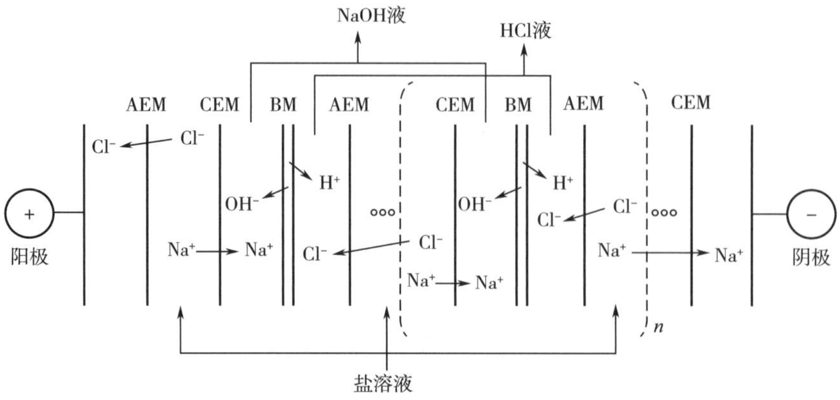

BM—双极膜；AEM—阴离子交换膜；CEM—阳离子交换膜。

图 9.3 双极膜单元结构的电渗析

带电分子，例如烟草多酚（Bazinet、DeGrandpré 和 Porter，2005）、绿茶多酚（Labbé 等，2005），可用于生物活性肽纯化（Poulin、Amiot 和 Bazinet，2006；Firdaous 等，2010；Doyen 等，2012），以及壳聚糖低聚物的电分离（Aider、Brunet 和 Bazinet，2008）。过滤膜电渗析是从食品、制药、精细化工和发酵行业的复杂原料中，分离生物活性肽和其他目标带电分子的一种有趣的方法，因为它不需要完全改变电渗析的构造，并且电渗析组件可在市场上购买到（Poulin、Amiot 和 Bazinet，2006）。

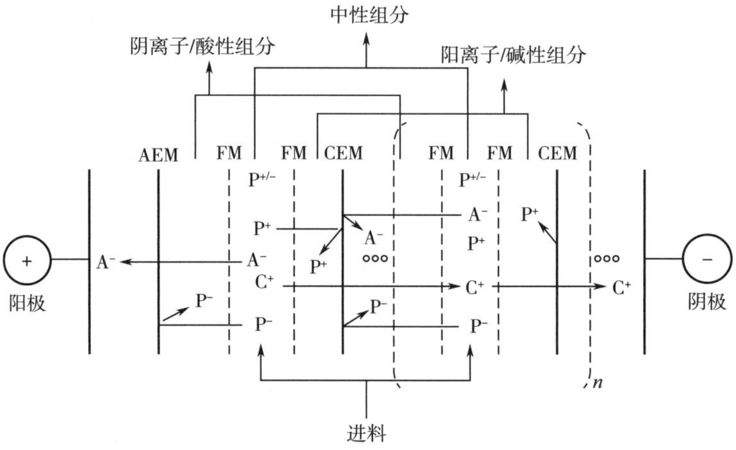

FM—过滤膜；AEM—阴离子交换膜；CEM—阳离子交换膜。

图 9.4 带过滤膜单元配置的电渗析

9.2.4 传质

在常规电渗析中，由于在膜两侧形成了层流边界层，从稀溶液到浓溶液通过离子交换膜的传质分五步进行（图 9.5）（Bazinet，2011）。

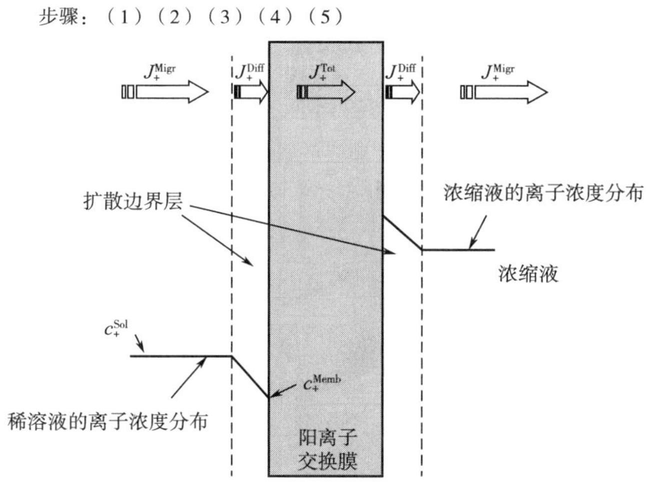

图 9.5 在电场作用下，靠近阳离子交换膜的边界层中的离子浓度分布以及与阳离子迁移相关的不同传质机制（Bazinet，2011）

（1）带电物质在电场作用下从稀溶液到膜附近边界层的传质（J_i^{Migr}）符合法拉第定律，见式（9.1）：

$$J_i^{Migr} = -D_i \frac{F}{R_U T} z_i c_i^{Sol} \left(\frac{\Delta U}{\Delta X}\right) \tag{9.1}$$

式中 J_i^{Migr}——物质 i 的电迁移速率，mol/(s·m²)；

D_i——物质 i 的扩散系数，m²/s；

F——法拉第常数，96500C/mol；

z_i——物质 i 的化合价；

c_i^{Sol}——溶液中物质 i 的浓度，mol/m³；

ΔU——施加在电极上的电位差，V；

R_U——理想气体常数，8314J/(mol·K)；

T——溶液温度，K；

ΔX——电极之间的距离，m。

（2）穿过膜的部分脱盐边界层的扩散速率（J_i^{Diff}）由菲克第一定律给出，见式（9.2）：

$$J_i^{Diff} = \frac{-D_i(c_i^{Sol} - c_i^{Memb})}{\delta} \tag{9.2}$$

式中 J_i^{Diff}——物质 i 的扩散速率，mol/(s·m²)；

c_i^{Memb}——物质 i 在淡化侧的膜界面边界层中的浓度，mol/m³；

δ——边界层的厚度，m。

（3）物质 i 通过膜的通量（J_i^{Tot}）由能斯特-普朗克方程（Buck，1984）给出，见式（9.3）：

$$J_i^{Tot} = -D_i\left(\frac{\Delta c_i}{\Delta X} - z_i \frac{F}{R_U T} c_i \frac{\Delta U}{\Delta X}\right) + c_i v \tag{9.3}$$

式中 J_i^{Tot}——物质 i 通过膜的通量，mol/(m^2·s)；

c_i——物质 i 的浓度，mol/m^3；

v——对流速度，m/s。

尽管能斯特-普朗克方程没有考虑迁移通过膜的物质之间通量的联系，但该方程描述了对离子转移有影响的主要因素。为了正确描述带电物质穿过膜的传输过程，有必要将能斯特-普朗克方程与电中性条件结合起来，即式（9.4）：

$$\sum z_i c_i = 0 \tag{9.4}$$

或者，考虑阴离子和阳离子在同一个膜中的迁移数，见式（9.5）：

$$\sum (\mathrm{Nbt}^- + \mathrm{Nbt}^+) = 1 \tag{9.5}$$

式中 Nbt^-——阴离子的迁移数；

Nbt^+——阳离子的迁移数。

（4）如式（9.2）所示，穿过膜另一侧部分矿化边界层的扩散传质（J_i^{Diff}）由菲克第一定律给出。

（5）如式（9.1）所示，带电物质从矿化膜边界层到浓缩液的传质（J_i^{Migr}）由法拉第定律给出。

9.3 乳制品成分的应用

9.3.1 蛋白质

9.3.1.1 酪蛋白

9.3.1.1.1 电渗析与化学酸化的结合

Laiteries Triballat（1979）首次提出将电渗析与化学酸化结合使用。在这个工艺过程中，脱脂乳在电渗析单元中通过分批处理被酸化到 pH 4.9~5.0。溶液的 pH 降低是因为离子交换膜界面的水分子解离，产生了质子。

事实上，如果溶液的 pH 在 4.9~5.0 逐步降低，部分脱脂乳与阳离子膜接触的局部 pH 会达到酪蛋白的等电点，并立即凝固。因此，在工业应用中，监控经电渗析处理过的乳的 pH，在电渗析单元的闭环中使乳环流，以使 pH 的降低受控是必要的。之后，脱脂乳离开电渗析单元的回路。通过添加稀酸使 pH 达到 4.6，进而使蛋白质最终沉淀。凝乳通常从乳清中分离、洗涤、挤压和干燥，以制备酪蛋白粉（Bazinet，2005；Bazinet、Lachkar 和 Pouliot，2012）。

9.3.1.1.2 SAFIR 流程

Bolzer（1985）提出了使用电渗析的 SAFIR 工艺，用于从鲜乳中制备酸性酪蛋白酸盐。在此应用中，鲜乳储存和离心脱脂后，在 4℃的三隔室型电渗析单元中循环，以进行质子与乳中阳离子的转移和化学计量交换。乳中的大部分阳离子（Na^+、K^+、Ca^{2+}和 Mg^{2+}）被去除，同时，由于水分子解离产生质子，溶液的 pH 也相应地降低。

正如作者所提到的，用一个 pH 为 2.5 的酪蛋白酸盐储存罐控制工艺 pH。将已知数量的乳加入酸性酪蛋白酸盐中，使 pH 达到 3.5。然后将混合物在电渗析单元中循环，其出口 pH 为 1.8~2.4。这种非常酸的酪蛋白酸盐，一部分用于维持控制储存罐的 pH，另一部分则通过管道供应到生产过程中。在上述条件下，添加到 pH 控制罐中的乳迅速扩散到酪蛋白酸盐中，乳的 pH 会快速降至低于 3.5，因此，产生的凝块不会变成大的聚集体，形成的胶束也足够细，能够再次进入胶体溶液。因此，该阶段能产生足够均匀的液体，可转移到其他处理阶段（Bazinet，2005；Bazinet、Lachkar 和 Pouliot，2012）。

9.3.1.1.3　双极膜电解酸化

Bazinet 等（1999）首先提出了双极膜电渗析以沉淀牛乳酪蛋白的工艺。在此工艺中，脱脂乳在三对电渗析单元结构中循环，双极膜电解酸化采用分批处理，以 20mA/cm^2的电流密度进行（Bazinet 等，1999）。溶液的 pH 从 6.6 降到 4.4，可使 80%~85% 的总蛋白质沉淀。其余蛋白质是在 pH 4.4 下可溶的乳清蛋白。该技术生产的乳酪蛋白分离物与市售的分离物蛋白质含量（占干基的 97% 与 95%）相似或更高。高效液相色谱测得的分离物的蛋白质组成显示，酪蛋白占总沉淀蛋白质的 98.5%。尽管如此，与化学酸化和电化学酸化相比，分离物的化学组成和酪蛋白组分的组成是相同的（Bazinet 等，2000）。Bazinet 等（2002）建议，在脱脂乳中加入一定量的盐以获得更好的电效率。与不加盐的脱脂乳双极膜电渗析相比，0.5mol/L 离子强度的 KCl 是使能量消耗降低 45% 的最佳组合。

沿袭现有的研究工作，Mier、Ibañez 和 Ortiz（2008）研究了初始乳浓度［2.5%~10%（质量分数）］和电流密度（100~400A/m^2）对双极膜电渗析法的影响，以及相同的初始乳浓度范围对常规化学酸化的影响。正如预期的那样，随着工艺驱动力的减弱，降低乳溶液 pH 所需的时间，随着电流密度的降低而增加。因为降低 pH 所需的质子数更多，所以处理时间也随着初始乳浓度的增加而增加。人们还观察到，当初始乳浓度较低时，所得的酪蛋白纯度会升高，而随着电流密度的升高，所得的酪蛋白纯度会略有增加。

双极膜电渗析似乎是生产高纯度酪蛋白牛乳分离物的新替代工艺。双极膜电渗析的主要缺点是设备成本高、酪蛋白凝块可能会污染电渗析单元。这项技术的发展及其在乳制品行业以及更广泛的食品行业中的应用，有助于将双极膜和电渗析单元的成本降至最低。

9.3.1.2　乳清蛋白

9.3.1.2.1　将超滤和电渗析与 pH 化学调节相结合

在由 Amundson 和 Watanawanichakorn（1982）以及 Slack、Amundson 和 Hill（1986）提出的方法中，乳清蛋白首先通过超滤浓缩，部分去除水、盐、乳糖和其他低相对分子质量的化合物。在电渗析脱盐之前，为了把不需要的低相对分子质量离子提取出来，如 Na^+、K^+、Ca^{2+}和 Mg^{2+}，要用浓 HCl 或 NaOH 将 pH 调节至 4.65。然后，如果需要，使用 0.1mol/L HCl 或 NaOH 将脱盐浓缩物的 pH 重新调节至 4.65，产生的沉淀物主要含 β-乳球蛋白（BLG）。通过简单的离心，沉淀物可以与富含 α-乳清蛋白（ALA）的组分分离。使用这种方法，蛋白质溶液脱盐时溶质损失最小（Czytko、Ishii 和 Kawai，1989）。然而，在 pH 4.65 下，通过超滤和电渗析脱盐，新鲜酸乳清（约 2.9% 蛋白质）的体积最大减少限为 90%，只有 33.51% 的酸性乳清蛋白能被回收（Bazinet，2005）。

9.3.1.2.2　联合使用电渗析、pH 化学调节和热处理

Stack 等（1995）获得了源自 Amundson 和 Watanawanichakorn（1982），Slack、Amundson 和 Hill（1986）以及 Pearce（1983，1987，1988）方法的新工艺的专利。Pearce 工艺是全球

知名的基于乳清蛋白热分离的工艺。在此工艺中，将乳清加热至55~70℃，保持至少30s，以使α-乳清蛋白组分选择性聚集。絮凝的α-乳清蛋白通过离心回收，而β-乳球蛋白在上述条件下与其他乳清成分一起保持可溶。在Stack等（1995）的衍化工艺中，他们试图提供一种有效的综合方法，来处理乳清以回收其成分，特别是高纯的β-乳球蛋白组分、富集的α-乳清蛋白组分和乳糖。在第一步中，生乳乳清经过电渗析处理，最高可达所需脱盐的70%。然后使用阳离子交换器去除钠、钾、镁、钙（尤其是钙）。第二步将乳清在71~98℃的温度范围热处理50~95s。在这个温度和普遍的离子条件下，β-乳球蛋白基本上保持可溶，而α-乳清蛋白会发生变化，但不会导致α-乳清蛋白分子絮凝（Bazinet，2005）。因此，在热处理步骤之后，乳清蛋白基本上以可溶蛋白质形式存在。然后通过两步法将乳清浓缩至55%~63%，以便在冷却后通过结晶去除乳糖。在下一阶段，在低于10℃的温度下，将溶液的pH调节至4.3~4.7，然后加热至35~54℃，保温1~3h，在该温度下，乳清液的α-乳清蛋白成分絮凝（Bazinet，2005）。但是Stack等（1995）没有提到两种乳清蛋白组分的回收率。

9.3.1.2.3 极膜电酸化

根据Amundson和Watanawanichakorn（1982），Slack、Amundson和Hill（1986）先前取得的结果，Bazinet、Ippersiel和Mahdavi（2004a，2004b）证明了双极膜电渗析分离乳清蛋白的可行性。不同浓度的乳清蛋白分离物（Whey protein isolate，WPI）溶液在双极膜的阳离子层上的一对室结构中环流。采用20mA/cm^{2}的电流密度，分批进行电解酸化，电压达到60V后，保持恒定。溶液的pH由6.9降至4.6。经双极膜电渗析处理的乳清蛋白分离物溶液初始浓度不同，蛋白质组分的产率和纯度不同。在乳清蛋白分离物初始含量为5%的情况下，该技术能够以44.0%的回收率，分离出纯度为98%的β-乳球蛋白组分。10%的蛋白质浓度是电渗析参数和蛋白质回收率的最佳组合：能以53.4%的回收率，分离出纯度为95.3%的β-乳球蛋白组分。富含β-乳球蛋白组分的总蛋白质含量为98%的回收物中，含有2.7%的α-乳清蛋白。

9.3.1.3 牛乳铁蛋白

乳铁蛋白（Lactoferrin，LF）是一种分子质量为8×10^{4}u的铁结合糖蛋白，在乳清中的平均浓度为0.1%，据报道，乳铁蛋白具有抗炎、抗菌和免疫刺激活性等生物学特性。

为了克服压力驱动和色谱过程的低选择性和溶液污染的缺点，N'Diaye等（2010）测试了带有过滤膜的电渗析（EDFM）。为了设定该分子电分离的最佳条件，在较大的pH范围（3~12）下测量了其电泳迁移率，确定乳铁蛋白的最佳电泳迁移率在pH 3.0时，在2g/L KCl溶液中为1.5×10^{-8}m^2/(V·s)，在蒸馏水中为3.0×10^{-8}m^2/(V·s)。此后，将pH 3.0下0.1%牛乳铁蛋白溶液，用5×10^{5}u截留分子质量的超滤膜进行过滤膜电渗析处理。过程中每批处理200mL牛乳铁蛋白溶液，采用分批处理方式，恒定压差为20 V。处理4h后，迁移率高达46%。由此看来，过滤膜电渗析工艺可以从溶液中分离大蛋白质，例如乳铁蛋白（N'Diaye等，2010）。然而，在阳离子交换膜上观察到的沉积物，以及连续过滤膜电渗析处理后乳铁蛋白迁移率的降低，表明阳离子交换膜上有淤堵，因为乳铁蛋白是一种高分子质量蛋白质。为了进一步的工业应用，应考虑清洁膜以去除淤堵物。

9.3.2 乳糖

Cloidt 和 Lehmann（2007）以及 Evdokimov 等（2009）提出了从乳清中生产乳糖的电渗析工艺。在专利中，Evdomikov 等（2009）建议，首先，在 2.0~2.5MPa 的压力下，通过纳滤对脱脂乳清进行脱盐，直到干物质含量达到 18%~20%。然后，通过电渗析脱盐，并将脱盐乳清在 pH 4.4~4.6 下酸化，保温 90~95℃以沉淀蛋白质。最后将与蛋白质分离的溶液在 55~60℃的温度下冷却并浓缩，以达到最终干物质含量为 60%~65%。当溶液冷却至 8~10℃后，在 20~22h 内，乳糖在糖浆中结晶。在此温度下通过离心分离晶体，在 120~140℃下干燥。所得的乳糖纯度为 95%~97%。作者声称，与已有的方法相比，他们的工艺提高了获得乳糖的速度。Cloidt 和 Lehmann（2007）提出的工艺的主要区别如下。

（1）乳清蛋白分离是通过超滤而不是酸沉淀实现的。

（2）从乳糖浓缩液中分离出的部分脱糖透过液是在蒸发步骤之前加回乳糖浓缩液的。

（3）根据作者的说法，电渗析步骤用于从透过液中去除水分而不是脱盐（Bazinet 和 Firdaous，2011）。

Cloidt 和 Lehman（2007）的这项应用以及电渗析去除水的效果非常令人意外，但他们在申请欧洲专利时没有提供有关该情况有效性的其他信息。对于去除水，他们仍然建议使用膜分离，例如反渗透，似乎更有效且更现实（Bazinet 和 Firdaous，2011）。

9.3.3 有机酸

9.3.3.1 乳酸

为了从发酵液中回收乳酸，Norddahl（2001）建议采用两步电渗析乳酸回收工艺。发酵液先通过超滤进行澄清，再在离子交换装置中处理超滤透过液，以实现用钠离子置换镁和钙离子，从而防止在随后的电渗析处理中，膜发生缓慢的不可逆的淤堵。通过常规电渗析工艺，对从离子交换中得到的洗脱液进行浓缩，以提高该工艺的整体收率（有机成分的纯化，如残糖和氨基酸）。然后，用双极膜对所得浓缩液进行电渗析，形成的盐被转化为乳酸、无机酸和氢氧化铵溶液。乳酸铵被转化为氢氧化铵和乳酸，分成两股独立的物料流，即一个碱流和一个酸流。氢氧化铵溶液被送回发酵反应器以调节 pH。酸溶液被引入强阳离子的离子交换器，在此处，阳离子与氢离子发生交换。在以氢氧化物形式的弱阴离子的离子交换器中，处理阳离子交换操作的洗脱液，以吸附乳酸。最后，使用降膜多级真空蒸发器或压缩蒸发器，将乳酸纯化并浓缩至所需浓度。据作者介绍，基于上述步骤的组合，该过程可获得相当高的总乳酸回收率（在 85%~90%），具体回收率基于发酵中的糖含量。Mani（2001）获得了一种类似的用于纯化盐和有机酸的两步电渗析工艺的专利。然而，连续性的单元操作与分批处理是完全不同的，在电渗析处理之前，特别建议将纳滤作为保留二价离子的方法（Bazinet 和 Firdaous，2011）。

Baets 和 Groot（2007）提出了一种更简化的乳酸回收电渗析工艺。含有带负电荷的多价离子和乳酸盐离子的发酵液，被直接引入电渗析设备中阴离子交换膜和阴极之间的第一隔室中。多价离子（镁、钙、铁等）被转化成含多价离子的氢氧化物和乳酸盐离子的残流，这些物料流通过阴离子交换膜，被输送到阳离子交换膜和阳极之间的第二隔室中，之后乳酸离子被中和成乳酸。根据此发明，电渗析工艺在第一隔室中使用的第二种膜，是阴离子选择性膜或双极膜，其阳离子选择性侧朝向阴极（图 9.6）。穿过乳酸盐离子的阴离子交换膜最好是单价选择性渗透膜。分离后，乳酸可以通过蒸馏、萃取、过滤或蒸发进一步纯化。按照该专利中描述的步骤，可生产出一种便宜且不引入额外化学品的乳酸终产品（Bazinet 和 Firdaous，2011）。

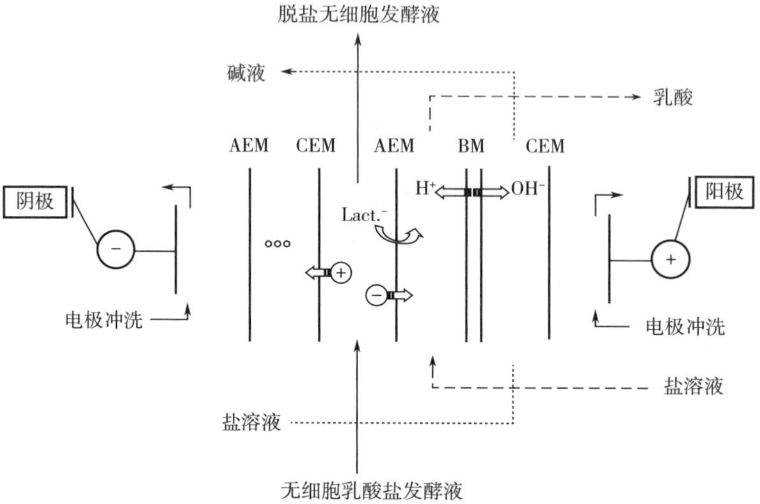

BM—双极膜；AEM—阴离子交换膜；CEM—阳离子交换膜。

图 9.6 使用三室型结构进行乳酸迁移的双极膜电渗析装置示意图

Boergardts、Krischke 和 Troesch（1998）提出了一种使用双极膜电渗析的一体化三阶生物工艺，用于乳制品的污水处理，以生产乳酸。在第一阶段，用碱预处理，以沉淀出废水中存在的大部分 Ca^{2+}、Mg^{2+}以及 PO_4^{3-}。在第二阶段，将预处理后的废水送入发酵反应器，对发酵反应器中形成的发酵液进行二次净化。在发酵器中，乳酸菌将存在的乳糖和任何其他糖类同型发酵转化为乳酸。为了显著提高生产效率，作者使用了一个由微滤膜单元组成的细胞截留系统，并以来自发酵罐的循环流供料给该系统。尽管如此，细胞也可以通过膜工艺或离心去除。在第三阶段，将透过液送入电渗析系统，通过纳滤装置或选择性离子交换器去除仍然存在的钙残留物。在第三阶段，废水中乳酸的浓度降低。在 Boergardts、Krischke 和 Troesch（1998）的发明中，他们建议电渗析可以分两个阶段进行。发酵液在第一阶段经双极膜电渗析，其中发酵液的浓度连续降低至 10~15g/L。在第二阶段，优先使用批处理形式，进行常规的电渗析，处理中，浓度进一步降低到所需的废水浓度。在第二阶段产生的乳酸钠返回到电渗析第一阶段的进料流中，以增加那里的乳酸盐起始浓度。根据 Boergardts、Krischke 和 Troesch（1998）的研究，该方法生产的游离乳酸浓度约为 200g/L。

使用双极膜电渗析，还可以直接从发酵液中分离出高浓度和高纯度的游离酸。在这种情况下，形成的碱溶液，可以作为第三种产物，增加预处理废水的 pH。或者，形成的碱液可用于调节发酵罐的 pH。双极膜电渗析结构与 van Nispen 和 Jonker（1991）使用的结构相同，其中发酵液滤液在稀释液回路中循环。

9.3.3.2 乳糖酸

乳糖酸（LBA，4-*O*-*β*-D-吡喃半乳糖基-D-葡萄糖酸）是从乳糖氧化中生成的糖醛酸，可作为食品、药物和化学产品的配料，具有很高的应用前景。乳糖酸的主要商业应用，是作为移植前用于稳定器官的溶液的成分（Nordkvist、Nielsen 和 Villadsen，2007），代表着具有强效抗氧化、伤口愈合、保湿抗衰老和抗角质化作用的护肤产品的一种新配料成分（Berardesca 等，1997；Yu、Du 和 Chen，2011）。乳糖酸是一种很好的钙补充载体，被用于包裹药物的功能性纳米材料的设计上（Luo 等，2011；Guo 等，2012；Gutiérrez、Hamoudi 和 Belkacemi，2012）。

Gutiérrez 等（2013）研究了从乳糖酸钠（LBNa）溶液中生产乳糖酸的可行性，乳糖酸钠是在介孔二氧化硅负载的金纳米粒子上，对乳糖进行有氧氧化生成的，所使用的双极膜（EDBM）堆叠的三室型电渗析的有效面积为0.01m^2。结果表明，乳糖酸钠分解成LB^-和Na^+离子，分别在酸室和碱室中形成乳糖酸和 NaOH。在 100min 内施加 5.0V 的电压差，然后在 80min 内施加 5.5V 的电压差后，脱盐率达到约 50%，而酸室中的乳糖酸浓度增加了约 2.5 倍。整个堆叠上的具体能耗为 0.57kW·h/kg。在施加于双极膜电渗析堆叠上的低电压差（5.0~5.5V）下，180min 后的电流效率约为 42%，乳糖酸钠转化为乳糖酸的转化率约为 50%。尽管与文献中通过双极膜电渗析回收其他酸的数据相比，该研究中获得的产率和电流效率较低，但在所研究的运行条件下，乳糖酸的回收率是 Peretti、Silveira 和 Zeni（2009）之前报道的两倍多。虽然在酸室中发现少量（17.5mg/L）钠，但这些初步结果首次证明，通过包括催化氧化乳糖和双极膜电渗析的整体工艺生产乳糖酸具备可行性，其优点是可以有效地回收 NaOH，进而能在进一步的氧化反应中实现 NaOH 再利用。通过向电渗析系统添加更多的室单元，可以在产率和电流效率方面进一步改进工艺，通过增加循环通过堆叠的溶液的浓度和使用更高的电压差，这些工艺改进可以增加系统运行过程中的有效面积。

9.3.4 生物活性肽

β-乳球蛋白（*β*-lg）是主要的乳清蛋白，可以通过酶促水解释放不同的生物活性肽序列（Pihlanto-Leppälä、Rokka 和 Korhonen，1998；Bazinet 和 Firdaous，2009，2013）。然而，需要从蛋白质水解产物中纯化这些生物活性肽，才能获得更高的功能性。其中，据报道*β*-lg 142-148 是最有效的抗高血压序列。

9.3.4.1 通过过滤膜电渗析分离*β*-乳球蛋白生物活性肽

Poulin、Amiot 和 Bazinet（2006）首次评估了使用堆叠在电渗析单元中的一个或多个 2×10^4u 超滤（UF）膜，从*β*-乳球蛋白水解产物中分离碱性/阳离子和酸/阴离子肽的可行性。作者证明过滤膜电渗析是一种生物活性肽分离的选择性方法，因为在原始水解产物总共 40 种肽中，只有 13 种在相邻的被分隔开的溶液（阴离子回收室，KCl 1，阳离子回收室，KCl 2）中被回收。在这 13 种迁移肽中，三种酸/阴离子肽仅迁移到第一个隔室（KCl 1）中，而三种碱性/阳离子肽仅迁移到第二个隔室（KCl 2）中，这与水解液的 pH 条件无关。此外，抗高血压肽（*β*-lg 142-148）的迁移率最高，为 10.75%。为了评估超滤膜淤堵进行了第一次检测，检测结果显示，处理过程似乎保持了超滤膜的完整性并且过滤膜电渗析将其淤堵降至最低。

在进一步的工作中，Poulin、Amiot 和 Bazinet（2007，2008）通过研究有效膜表面、电场强度、进料溶液流速和处理前的膜调节的影响，研究了过滤膜电渗析可能产生的馏分和血管紧张素转化酶（ACE）抑制序列β-lg 142-148 的浓度。研究了两种不同的膜表面（$10cm^2$ 和 $40cm^2$）、三个电场强度值（2.75V/cm、5.5V/cm 和 11V/cm）及四种流速（100mL/min、150mL/min、200mL/min 和 250mL/min），以确定这些工艺参数对肽迁移率和透过液组分的全面影响。膜面积的增加导致肽浓度增加四倍。此外，提高电场强度也导致透过液中肽浓度显著增加。在最佳条件下，β-lg 142-148 肽相对浓度为 30% 时，处理 90min 后，总迁移率为 29%。然而，在高电场和膜面积下，由于与 pH 变化相关的逆迁移现象，最终迁移率会受到影响。进料液流速似乎对工艺的产率没有影响，但会引起选择性的变化。事实上，流速的增加降低了电泳迁移率受限的肽的迁移。增加场强和膜表面也与溶液电导率和 pH 发生更快、更重要的变化有关，这对肽迁移有很大影响（Poulin、Amiot 和 Bazinet，2007）。

9.3.4.2 过滤膜电渗析同步水解和分离以生产β-乳球蛋白生物活性肽

最近，Doyen、Husson 和 Bazinet（2013）研究了在过滤膜电渗析过程中（图 9.7），将β-乳球蛋白的酶促水解与释放肽的分离相结合的可行性。β-乳球蛋白的水解和生成肽的分级分离，是在具有堆叠超滤膜的电渗析单元中一步完成的。处理 240min 后，在β-乳球蛋白水解产物中检测到 31 种肽，在阴离子和阳离子肽回收室中分别检测到 16 种和 4 种肽。在这 16 种阴离子肽中，两种降胆固醇肽、三种抗高血压肽和一种抗菌肽被回收并浓缩，迁移率介于 5.5% 和 66.0% 之间。在四种阳离子肽中，已知具有重要的抗高血压作用，被鉴定为催

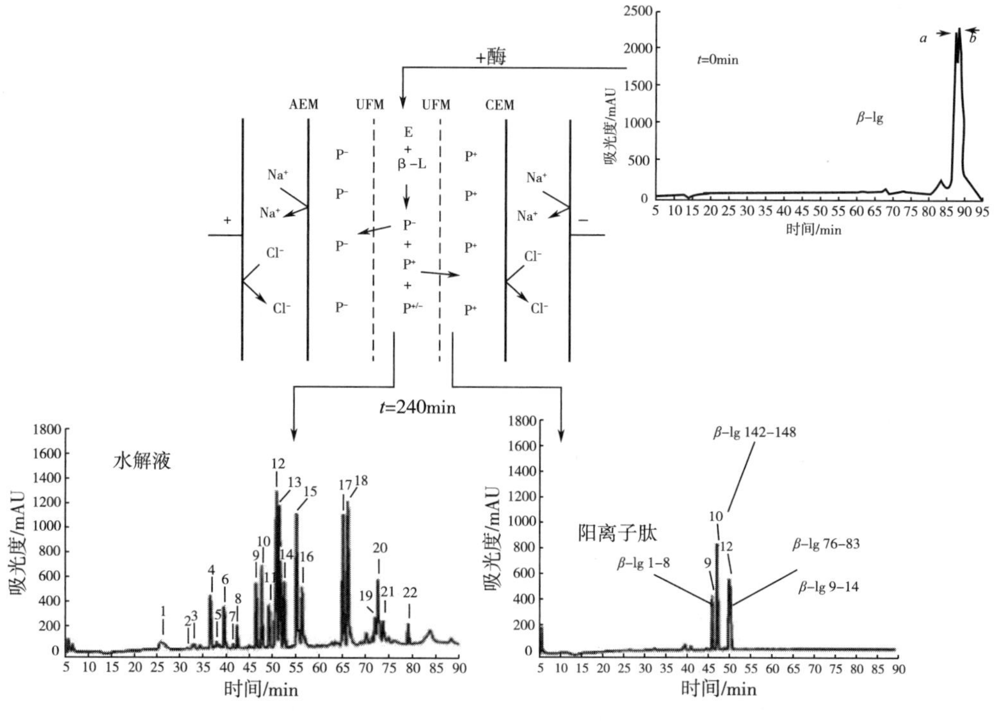

UFM—超滤膜；AEM—阴离子交换膜；CEM—阳离子交换膜。

图 9.7 过滤膜电渗析同时进行水解和肽分离

乳素的 ALPMHIR 肽序列（β-lg 142-148），预估其迁移率为 66%。据作者所知，这是第一次在电场下进行水解以同步生产各种阴离子和阳离子肽。

9.3.4.3 乳酸发酵液中 ACE 抑制肽的回收

Kitamura 和 Ueyama（2001）提出了一种通过电渗析从乳酸发酵液中分离乳清的纯化方法。通过培养乳酸菌，或培养乳酸菌和酵母菌，采用固液分离或倾析法得到乳清的上清部分。用此法获得的乳清含有大量血管紧张素转化酶（ACE）抑制肽，主要来自β-乳球蛋白以及酸、离子和蛋白质。为了将乳清用作抗高血压剂或食品，提出了进一步的电渗析纯化步骤。电渗析纯化过程基于乳清和松散型阴离子交换膜［扩散系数渗透率在（3.0~9.0）$\times 10^{-6}$cm/s］中所含目标血管紧张素转化酶（ACE）抑制肽的碱性/阳离子特性。松散型膜具有相当大的孔，大相对分子质量的带电物质很容易穿过这些孔。因此，酸类包括乳酸、离子和水可被顺利去除，很短的处理时间内，血管紧张素转化酶（ACE）抑制肽能以高产率保留在浓缩液中。根据作者的说法，这种纯化方法可以取得极高的血管紧张素转化酶（ACE）抑制肽回收率，并能显著去除杂质（Bazinet 和 Firdaous，2011）。

9.3.5 磷脂

干酪乳清含有 7~10g/L 的蛋白质和 2~8g/L 的脂质（Lehmann 和 Wasen，1990）。这些脂质由几乎 66% 的非极性脂质和 33% 的极性脂质组成。极性脂质主要是由磷脂组成，含有 34% 磷脂酰乙醇胺、31% 磷脂酰胆碱、15% 鞘磷脂、12% 磷脂酰肌醇和 8% 磷脂酰丝氨酸（Théodet 和 Gandemer，1994）。

Lin Teng Shee、Angers 和 Bazinet（2005）使用双极膜电渗析技术酸化并降低新鲜切达干酪乳清的离子强度。在这项研究中，在通过或不通过常规电渗析初步降低乳清矿物盐含量的情况下，进行双极膜电渗析，获得了高脂质沉淀物。处理过的乳清离心后，测定絮凝物的组成和沉淀产率。在 5min 内以 1000g 离心乳清（过程 1），切达干酪乳清初始脂质获得了 20.8% 的回收率。其他成分很少有沉淀物，如蛋白质和乳糖在沉淀物中的含量分别为 1.1% 和 0.6%。过程 2 包括在离心步骤之前 pH 达到 3.7 的电解酸化，在过程 2 中获得了 32.1% 的乳清脂质沉淀。这表示与过程 1 相比，沉淀率增加了 54%，蛋白质和乳糖沉淀水平非常相似（分别为 1.9% 和 0.9%）。电解酸化（过程 3）之前的脱盐步骤对沉淀水平的影响很小。除了蛋白质外，与过程 2 的值相比，脂质和乳糖的沉淀水平相似。传统的电渗析（过程 3）能够将蛋白质沉淀率从 1.9% 增加到 3.3%。

基于这些观察结果，Lin Teng Shee、Angers 和 Bazinet（2007）开展了进一步的工作，以评估蛋白质浓度对脂质沉淀的影响。在第二项研究中，使用了干基蛋白质含量为 55% 的浓缩乳清蛋白（WPC）。不管用或不用常规电渗析进行初步脱盐，都对浓缩乳清蛋白进行电解酸化。在脱盐和电解酸化处理后，对浓缩乳清蛋白样品进行水稀释来评估离子强度对脂肪沉淀速率的影响。产物 S1、S2 和 S3 是过程 1~3 的产物离心分离上清液，呈现出相似水平的总固体和蛋白质，然而，产物 S1 和 S2 中的脂肪含量明显更低。上清液 S1、S2 和 S3 中的脂质水平分别为 0.63%、0.55% 和 0.47%。然后，与单独离心步骤（过程 1）相比，双极膜电渗析加离心导致脂质沉淀率（35% 的产率）增加。在给定条件下进行的脱盐过程不会引起脂类物质的不稳定（这种不稳定可能导致更高的脂质沉淀）。然而，更重要的离子强度的降低会对脂质沉淀产生显著影响。这是研究第二个的目的，即通过稀释酸化浓缩乳清蛋白降低溶液的离子强度。通过双极膜电渗析酸化，然后稀释，似乎导致初始存在的蛋白质的保存超过 90%。对于脂肪含量，观察到产物 D2 和 D3（来自过程 2 和过程 3 的最终产品稀释液的上清液）更显著地降低，其脂质含量分别降低了 73% 和 66%。双极膜电渗析（过程 2）还会使去杂的上清液中脂质含量低，蛋白质含量高。

这种新工艺（工艺 2）具有两个优势，在乳清浓缩后，生产可用于药妆品、营养品的富含磷脂的馏分，以及纯化的（脱盐和脱脂）和更高价值的蛋白质馏分（Lin Teng Shee、Angers 和 Bazinet，2007）。双极膜电渗析工艺可能是乳清蛋白浓缩液处理第一步的一部分，用于维持乳清中不同性质的脂质馏分。与化学酸化相比，双极膜电渗析工艺的优势在于无需添加盐即可进行连续酸化。在工业过程中，不管浓缩乳清蛋白溶液是否被稀释，双极膜电渗析工艺都能保持溶液的低离子强度，能够生产低灰分的浓缩乳清蛋白。

9.4 结论

在乳制品生产线中使用电渗析系统可以提高整体流程的生态效率。事实上，双极膜电渗析原位生成碱和酸，将减少酪蛋白生产中对化学品的需求，以及与化学品处理和储存相关的风险。此外，已经证明，在乳制品行业生产高附加值化合物（如生物活性肽和有机酸）方面，最近开发的新电渗析工艺具有宝贵的应用价值。这些新工艺可以更有选择性地分离或分馏乳或乳副产品中的有价值的化合物。由于功能性食品和营养品的市场不断增长，电渗析混合工艺可用于分离乳中的一些微量化合物和（或）使乳副产品增值。

电渗析工艺在分离成分领域的结论可用于开发新的膜材料，可利用脱盐与双极膜的 pH 变化相结合产生的离子强度降低效果开发新的应用。使用过滤膜可能是一种有趣的方式，来分离目标分子并减少蛋白质淤堵。Doyen 等（2014）提出的电渗析堆叠中不同截留相对分子质量过滤膜的组合，也可能是一种有前途的技术，可用于同步分离不同相对分子质量的分子。最后，在电渗析中使用结合膜是改善大分子分离的可能方法，这些大分子由于其低电荷或低电泳迁移率而无法在电场下迁移通过膜。

本章名词和术语

c_i	物质 i 的浓度
c_i^{Memb}	物质 i 在稀释侧的膜界面处的边界层中的浓度
c_i^{Sol}	溶液中物质 i 的浓度
D_i	物质 i 的扩散系数
F	法拉第常数（96500C/mol）
J_i^{Diff}	物质 i 的扩散速率

J_i^{Migr} 物质 i 的电迁移速率

J_i^{Tot} 物质 i 通过膜的通量

Nbt^- 阴离子的迁移数

Nbt^+ 阳离子的迁移数

R_U 理想气体常数，8314J/(mol·K)

T 溶液温度

z_i 物质 i 的化合价

δ 边界层的厚度

ΔU 施加在电极上的电位差

ΔX 电极之间的距离

v 对流速度

参考文献

[1] Agyei, D. and Danquah, M. K. Industrial - scale manufacturing of pharmaceutical - grade bioactive peptides. Biotechnology Advances, 2011, 29: 272-277.

[2] Aider, M., Brunet, S., and Bazinet, L. Electro-separation of chitosan oligomers by electrodialysis with ultrafiltration membrane (EDUF) and impact on electrodialytic parameters. Journal of Membrane Science, 2008, 309: 222-232.

[3] Amundson, C. H. and Watanawanichakorn, S. Production of enriched protein fractions of β-lactoglobulin and α-lactalbumin from cheese whey. Journal of Food Processing and Preservation, 1982, 6: 55-71.

[4] Baets, P. and Groot, W. J. Method of separating multivalent ions and lactate ions from a fermentation broth. US patent 2007, 7: 217, 349.

[5] Baker, R. W. Ion exchange membrane processes - Electrodialysis, in Membrane Technology and Applications, second edition. John Wiley & Sons, Ltd, Chichester, England, 2004: pp. 393-422.

[6] Batchelder, B. T. Electrodialysis applications in whey processing. Bulletin of the International Dairy Federation, 1987, 212: 84-90.

[7] Bazinet, L.. Electrodialytic phenomena and their applications in the dairy industry: a review. CRC Critical Review in Food Science and Nutrition, 2005, 45: 307-326.

[8] Bazinet, L. Déminéralisation, enrichissement et stabilisation par procédés électromembranaires, in Concepts de Génie Alimentaire: Procédés Associés et Applications à la Conservation des Aliments (eds. L. Bazinet and F. Castaigne). Éditions Tec & Doc Lavoisier, Paris, 2011: pp. 527-568.

[9] Bazinet, L., DeGrandpré, Y., and Porter, A. Electromigration of tobacco polyphenols. Separation and Purification Technology, 2005, 41: 101-107.

[10] Bazinet, L., and Firdaous, L. Membrane processes and devices for separation of bioactive peptides. Recent Patents on Biotechnology, 2009, 3: 61-72.

[11] Bazinet, L. and Firdaous, L. Recent patented applications of ion-exchange membranes in the agri-food

sector. Recent Patents on Chemical Engineering, 2011, 4: 207-216.

[12] Bazinet, L. and Firdaous, L. Separation of bioactive peptides by membrane processes: technologies and devices. Recent Patents on Biotechnology, 2013, 7: 9-27.

[13] Bazinet, L., Ippersiel, D., and Mahdavi, B. Fractionation of whey protein by bipolar membrane electroacidification. Innovative Food Sciences and Emerging Technology, 2004, 5: 17-25.

[14] Bazinet, L., Ippersiel, D., and Mahdavi, B. Effect of conductivity adjustment on the separation of whey protein by bipolar membrane electroacidification. Journal of Agricultural and Food Chemistry, 2004, 52: 1980-1984.

[15] Bazinet, L., Lachkar, D. P., and Pouliot, Y. Emerging membrane technologies and applications for added-value dairy ingredients, in Membrane Technologies and Applications (eds. K. Mohanty and M. K. Purkait). CRC Press, Taylor and Francis Group, Amsterdam, 2012: pp. 201-212.

[16] Bazinet, L., Lamarche, F., Ippersiel, D., and Amiot, J. Bipolar membrane electro-acidification to produce bovine milk casein isolate. Journal of Agricultural and Food Chemistry, 1999, 47: 5291-5296.

[17] Bazinet, L., Lamarche, F., Ippersiel, D., et al. Comparison of electrochemical and chemical acidification of skim milk. Journal of Food Science, 2000, 65: 1303-1307.

[18] Bazinet, L., Gendron, C., Ippersiel, D., et al. Effect of type of added salt and ionic strength on physicochemical and functional properties of casein isolates produced by electroacidification. Journal of Agricultural and Food Chemistry, 2002, 50: 6875-6881.

[19] Bazinet, L., Amiot, J., Poulin, J. -F., Tremblay, A., and Labbé, D. Process and system for separation of organic charged compounds. World patent application PCT/CA2005/000337 and CA patent 2. 2005, 558: 164.

[20] Berardesca, E., Distante, F., Vignoli, G. P., Oresajo, C., and Green, B. Alpha hydroxyacids modulate stratum corneum barrier function. Britain Journal of Dermatology, 1997, 137: 934-938.

[21] Boergardts, P., Krischke, W., and Troesch, W. Process for purifying dairy wastewater, US patent 5. 1998, 746: 920.

[22] Bolzer, R. Installation and process for the preparation of acid caseinates. US patent 4, 1985, 559: 119.

[23] Buck, P. Microscopic base and limits for Nernst-Planck equation applied to membrane systems. Journal of Membrane Science, 1984, 17: 1-62.

[24] Cloidt, R. and Lehmann, H. Process for the preparation of lactose from whey. EP patent 1, 2007, 869: 984-A1.

[25] Czytko, M., Ishii, K., and Kawai, K. Continuous process for preparing organic acids by fermentation, US patent 4, 1989, 882: 277.

[26] Doyen, A., Husson, E., and Bazinet, L. Use of an electrodialytic reactor for the simultaneous β-lactoglobulin enzymatic hydrolysis and fractionation of generated bioactive peptides. Food Chemistry, 2013, 136: 1193-1202.

[27] Doyen, A., Saucier, L., Beaulieu, L., Pouliot, Y., and Bazinet. L. Electroseparation of an antibacterial peptide fraction from snow crab by-products hydrolysate by electrodialysis with ultrafiltration membranes. Food Chemistry, 2012, 132: 1177-1184.

[28] Doyen, A., Udenigwe, C. C., Mitchell, P., Marette, A., Aluko, R. E., and Bazinet, L. Respective anti-diabetic and antihypertensive activities of two flaxseed protein hydrolysate fractions revealed following their simultaneous separation by electrodialysis with ultrafiltration membranes. Food Chemistry, 2014, 145: 66-76.

[29] Evdokimov, I. A., Dykalo, N. J., Permjakov, A. V., and Smirnov, E. R. Production method of milk sugar out of salty wheyfield. RU patent 2, 2009, 360: 006.

[30] Fidaleo, M. and Moresi, M. Electrodialysis applications in the food industry. Advances in Food and Nutrition Research, 2006, 51: 265-360.

[31] Firdaous, L., Dhulster, P., Amiot, J., Doyen, A., Lutin, F., Vézina, L. -P., and Bazinet, L. Investigation of the large scale bioseparation of an antihypertensive peptide from alfalfa white protein hydrolysate by an electromembrane process. Journal of Membrane Science, 2010, 355: 175-181.

[32] Fosset, S. and Tomé, D. Nutrition and health: nutraceuticals from milk, in Encyclopedia of Dairy Sciences, second edition. Elsevier, 2002: pp. 1062-1066.

[33] Fox, P. F. and McSweeney, P. L. H. Dairy Chemistry and Biochemistry. Blackie Academic, London, 1998.

[34] Gauthier, S. F., and Pouliot, Y. Functional and biological properties of peptides obtained by enzymatic hydrolysis of whey proteins. Journal of Dairy Science, 2003, 86: 78-87.

[35] Guo, R., Yao, Y., Cheng, G., et al. Synthesis of glycoconjugated poly (amindoamine) dendrimers for targeting human liver cancer cells. RSC Advances, 2012, 2: 99-102.

[36] Gutiérrez, L. F., Hamoudi, S., and Belkacemi, K. Lactobionic acid: a high value-added lactose derivative for food and pharmaceutical applications. International Dairy Journal, 2012, 26: 103-111.

[37] Gutiérrez, L. -P., Bazinet, L., Hamoudi, S. and Belkacemi, K. Production of lactobionic acid by means of a process comprising the catalytic oxidation of lactose and bipolar membrane electrodialysis: a concept-proof study. Separation and Purification Technology, 2013, 109: 23-32.

[38] Jain, S. M. and Reed, P. B. Electrodialysis, in Comprehensive Biotechnology, Vol. 2: The Principles of Biotechnology: Engineering Considerations (eds. C. L. Cooney and A. E. Humphrey). Pergamon, New York, 1985: pp. 575-590.

[39] Kitamura, S. and Ueyama, T. Method for purifying whey of lactic acid fermentation by electrodialysis. US patent 6. 2001: 204, 362.

[40] Kitts, D. D. and Weiler, K. Bioactive proteins and peptides from food sources. Applications of bioprocesses used in isolation and recovery. Current Pharmaceutical Design, 2003, 9: 1309-1323.

[41] Korhonen, H. and Pihlanto, A. Bioactive peptides: production and functionality. International Dairy Journal, 2006, 16: 945-960.

[42] Labbé, D., Araya-Farias, M., Tremblay, A., and Bazinet, L. Electromigration feasability of green tea catechins. Journal of Membrane Science, 2005, 254: 101-109.

[43] Laiteries Triballat. Procédé et installation pour la préparation de la caséine à partir du lait et produits ainsi obtenus. FR patent 2, 1979, 428: 626.

[44] Lehmann, H. and Wasen, D. Method of dephospholipidating whey, US patent 4, 1990, 897: 279.

[45] Leitz, F. B. Measurements and control in electrodialysis. Desalination, 1990, 59: 381-401.

[46] Lin Teng Shee, F., Angers, P., and Bazinet, L. Precipitation of cheddar cheese whey lipids by electrochemical acidification. Journal of Agricultural and Food Chemistry, 2005, 53: 5635-5639.

[47] Lin Teng Shee, F., Angers, P., and Bazinet, L. Delipidation of a whey protein concentrate by electroacidification with bipolar membranes (BMEA). Journal of Agricultural and Food Chemistry, 2007, 55: 3985-3989.

[48] Luo, Z., Cai, K. Y., Hu, Y., et al. Mesoporous silica nanoparticles end-capped with collagen: redox-responsive nanoreservoirs for targeted drug delivery. Angewandte Chemie International Edition, 2011, 50:

640-643.
[49] Mani, K. N. Electrodialysis water splitting technology. Journal of Membrane Science, 1991, 58: 117-138.
[50] Mani, K. N. Apparatus and process for electrodialysis of salts, US patent 6, 2001, 221: 225.
[51] Mier, M. P., Ibañez, R., and Ortiz, I. Influence of process variables on the production of bovine milk casein by electrodialysis with bipolar membranes. Biochemical Engineering Journal, 2008, 40: 304-311.
[52] N'diaye, N., Pouliot, Y., Saucier, L., Beaulieu, L., and Bazinet, L. Electroseparation of bovine lactoferrin from model and whey solutions. Separation and Purification Technology, 2010, 74: 93-99.
[53] Norddahl, B. Fermentation production and isolation of lactic acid, US patent 6. 2001, 319: 382.
[54] Norddahl, B., Eriksen, S., and Pedersen, F. M. Method for purifying lactic acid. WO patent 01, 2001: 92555-A1.
[55] Nordkvist, M., Nielsen, P. M., and Villadsen, J. Oxidation of lactose to lactobionic acid by a Microdochium nivale carbohydrate oxidase: kinetics and operational stability. Biotechnology and Bioengineering, 2007, 97: 694-707.
[56] Pearce, R. J. Thermal separation of β-lactoglobulin and -lactalbumin in bovine cheddar cheese whey. Australian Journal of Dairy Technology, 1983, 38: 144-149.
[57] Pearce, R. J. Fractionation of whey proteins. Australian Journal of Dairy Technology, 1987, 42: 75-78.
[58] Pearce, R. J. Fractionation of whey proteins. Bulletin of the International Dairy Federation, 1988, 212: 150-153.
[59] Peretti, F. A., Silveira, M. M., and Zeni, M. Use of electrodialysis technique for the separation of lactobionic acid produced by Zymomonas mobilis. Desalination, 2009, 245: 626-630.
[60] Pihlanto-Leppälä, A. Bioactive peptides derived from whey proteins: opioid and ace-inhibitory peptides. Trends in Food Science and Technology, 2001, 11: 347-356.
[61] Pihlanto-Leppälä, A., Rokka, T., and Korhonen, H. Angiotensin I converting enzyme inhibitory peptides derived from bovine milk proteins. International Dairy Journal, 1998, 8: 325-331.
[62] Poulin, J. -F., Amiot, J., and Bazinet, L. Simultaneous separation of acid and basic bioactive peptides by electrodialysis with ultrafiltration membrane. Journal of Biotechnology, 2006, 123: 314-328.
[63] Poulin, J. -F., Amiot, J., and Bazinet, L. Improved peptide fractionation by electrodialysis with ultrafiltration membrane: influence of ultrafiltration membrane stacking and electrical field strength. Journal of Membrane Science, 2007, 299: 83-90.
[64] Poulin, J. -F., Amiot, J., and Bazinet, L. Impact of feed solution flow rate on peptide fractionation by electrodialysis with ultrafiltration membrane. Journal of Agricultural and Food Chemistry, 2008, 56: 2007-2011.
[65] Pourcelly, G. and Bazinet, L. Developments of bipolar technology in food and bio-industries, in Handbook of Membrane Separations: Chemical, Pharmaceutical and Biotechnological Applications (eds. A. K. Pabby, S. S. H. Rizvi, and A. M. Sastre). CRC Press, Taylor & Francis Group, Boca Raton, FL, 2008: pp. 581-633.
[66] Slack, A. W., Amundson, C. H., and Hill, C. G. Production of enriched β-lactoglobulin and -lactalbumin whey protein fractions. Journal of Food Processing and Preservation, 1986, 10: 19-30.
[67] Stack, F. M., Hennessy, M., Mulvihill, D., and O'Kennedy, B. T. Procédé de fractionnement du petit-lait en ses éléments constitutifs, WO patent 9. 1995: 534, 216-C1.
[68] Stathopoulos, C. E. Dairy-based ingredients, in Gluten-Free Cereal Products and Beverages. Elsevier,

Amsterdam, 2008: pp. 217-236.

[69] Théodet, C. and Gandemer, G. Devenir des lipides au cours de la clarification du lactosérum. Lait, 1994, 74: 281-295.

[70] Van Nispen, J. G. M. and Jonker, R. Process for the fermentative preparation of organic acids, US patent 5. 1991, 002: 881.

[71] Yu, T., Du, Y. X., and Chen, B. Evaluation of clarithromycin lactobionate as a novel chiral selector for enantiomeric separation of basic drugs in capillary electrophoresis. Electrophoresis, 2011, 32: 1898-1905.